Intelligent Supervision and Prevention of Air Pollution

大气污染
智能化监管与防控

杜敏　李玮　连燕　等 编著

化学工业出版社

·北京·

内容简介

本书由理论与基础和实践与探索两篇组成，共8章：前2章为理论与基础篇，主要阐述了数字新技术的概念和发展状况，梳理了目前国内外大气污染监管技术的应用和发展趋势；后6章为实践与探索篇，第3～6章为中山市大气污染智能化监管和防控技术的应用情况；第7章为大气污染智能化监管防控技术的展望，在国家双碳目标的背景下结合中山市大气污染智能化监管与防控的实践成果，提出了中山市大气污染智能化监管防控与减污降碳协同增效的路径；第8章为中山市大气污染智能化监管防控技术应用的总结和展望。

本书系统描述了智能化技术在大气污染监管与防控领域的实施方法和系统架构，总结了相关经验，具有较强的实操性和参考价值，可供从事大气污染监测、污染控制及管理等的工程技术人员、科研人员及管理人员参考，也可供高等学校环境科学与工程、生态工程及相关专业师生参阅。

图书在版编目（CIP）数据

大气污染智能化监管与防控／杜敏等编著．—北京：化学工业出版社，2023.11

ISBN 978-7-122-44351-9

Ⅰ．①大…　Ⅱ．①杜…　Ⅲ．①空气污染控制－智能化－研究　Ⅳ．①X51-39

中国国家版本馆CIP数据核字（2023）第201302号

责任编辑：刘兴春　刘　婧　　文字编辑：杜　熠

责任校对：王　静　　装帧设计：韩　飞

出版发行：化学工业出版社（北京市东城区青年湖南街13号　邮政编码100011）

印　　装：北京新华印刷有限公司

787mm×1092mm　1/16　印张14¼　彩插12　字数204千字　2023年12月北京第1版第1次印刷

购书咨询：010-64518888　　售后服务：010-64518899

网　　址：http：//www.cip.com.cn

凡购买本书，如有缺损质量问题，本社销售中心负责调换。

定　　价：**158.00元**

《大气污染智能化监管与防控》编著人员名单

编著者：杜　敏　李　玮　连　燕　卫文华　李　晶
崔路凯　仇志伟

前言

大气污染防治一直是人类社会面临的一个全球性挑战。随着经济的发展和城市化进程的加快，大气污染问题越来越严重，已严重威胁到人类健康和生存环境。因此，研究大气污染防治、制定相应的政策和措施已成为各国共同关注的重要课题。随着数字新技术的快速发展和应用，智能化监管和防控在大气污染防治工作中越来越得到广泛的应用和关注。数字新技术包括物联网、人工智能、云计算、大数据、区块链等，这些新技术在大气污染监管中已成为高效、准确、快速监测、预测、分析和管理空气质量的有力工具。

作为粤港澳大湾区的重要组成部分，中山市的经济发展和城市化进程也在快速推进，但同时也面临着严峻的大气污染问题。以细颗粒物和臭氧作为典型的二次污染问题尤为突出，目前对其形成机制、环境来源等方面的认识并不十分清晰。加强中山市地区污染防治、减少大气污染物对城市环境及人体健康造成的危害，对大气污染物进行监管、有效预防控制、治理及改善等方面的研究工作已成为城市环境保护的首要任务。

本书由理论与基础和实践与探索两篇内容组成，其编著和出版旨在为中山市智能化技术应用示范城市的建设提供可借鉴的经验和思路，同时也为其他城市和地区将智能化技术应用于大气污染治理领域提供参考和借鉴，为相关技术研究人员和决策者提供全面、深入的智能化技术在大气污染监管中的应用案例和实践经验。

本书主要由杜敏、李玮、连燕编著；另外，仇志伟参与了第1章~第3章内容的编著，崔路凯参与了第4章、第5章内容的编著，卫文华参与了第6章内容的编著，李晶负责全书基础数据的收集与整理，以及恶臭溯源内容的编制。全书最后由杜敏、李玮、连燕统稿并定稿。本书的编著获得了多位专家学者、政府管理者、科技企业家等不同领域的支持和合作，特别感谢他们的积极贡献。

限于编著者水平及编著时间，书中不足和疏漏之处在所难免，敬请读者提出修改建议。

编著者

2023年6月

目录

上篇 理论与基础

第1章 绪论 2

1.1 概述 2
1.2 大气污染物 4
1.2.1 气溶胶态污染物 4
1.2.2 气态污染物 5
1.3 大气污染监测与监管 8
1.3.1 大气污染监测 8
1.3.2 大气污染监管 9
1.4 数字新技术在大气污染监管系统中的应用 10
1.4.1 人工智能技术 11
1.4.2 物联网技术 15
1.4.3 区块链技术 18
1.4.4 大数据技术 21
1.4.5 云计算技术 23
参考文献 24

第2章 国内外大气污染监管技术进展及启示 28

2.1 国内大气污染监管技术的进展 28
2.1.1 国内大气污染监管技术的发展历程 28

2.1.2　国内大气污染监管技术的现状　32
2.1.3　国内大气污染监管技术的挑战和展望　33
2.2　国外大气污染监管技术进展　34
2.2.1　欧洲大气污染监管技术的发展历程　34
2.2.2　美国大气污染监管技术的发展历程　35
2.3　国内外大气污染监管技术的经验启示　36
2.3.1　国外大气污染监管技术的经验启示　36
2.3.2　国内大气污染监管技术的经验启示　37
参考文献　38

实践与探索

第3章　区域概况：粤港澳大湾区中山市　42

3.1　自然概况　42
3.1.1　地理位置和范围　42
3.1.2　地形地貌特征　43
3.1.3　气候特征　43
3.2　人口与经济概况　43
3.3　大气污染防治概况　45
3.3.1　大气污染防治措施现状　45
3.3.2　中山市大气污染防治取得成效　48
参考文献　49

第4章　研究方法　50

4.1　大气污染防治网格化监测系统构架　50
4.1.1　数据采集和传输系统　51

4.1.2　大气网格化精准监测系统　51
4.1.3　大气网格化精细监管系统　54
4.1.4　Air+APP　55
4.2　大气环境物联网 AI 监测监管系统搭建　56
4.2.1　大气全景分析　56
4.2.2　智能监管执法　60
4.2.3　多元数据统计　63
4.2.4　智能环境分析　66
4.2.5　系统设置　67
参考文献　69

第 5 章　中山市大气污染防治网格化智慧管理系统构建　70

5.1　大气网格化系统选点规范　70
5.1.1　选点原则　70
5.1.2　布点依据　71
5.1.3　环境监测点　71
5.1.4　争议站点选择　71
5.1.5　校准点位　72
5.1.6　背景点位　72
5.2　生态环境大数据 - 大气网格化服务平台介绍　72
5.2.1　系统概述　72
5.2.2　系统架构　73
5.2.3　Web 端建设项　75
5.2.4　Air+ 空气（APP 移动端 2.0）　90
5.2.5　网格化流程　94
5.3　大气污染物联网自动化监测平台　97
5.4　大气网格化平台考核体系和成效　114
5.4.1　工作目标　114
5.4.2　实施范围和责任相关人员　114
5.4.3　责任分工　115

5.4.4 工作要求 116
5.4.5 现场排查指导手册 116
5.4.6 管控成效 120
5.5 大气污染数据的分析与应用 121
5.5.1 污染源来源分析 121
5.5.2 各类社会活动和气象条件对数据影响 130
5.5.3 中山市臭氧专项分析 149
5.5.4 大气网格化监测结果分析与应用 160
参考文献 162

第 6 章 中山市大气污染防治实践成果 163

6.1 中山市大气环境质量前后对比 163
6.1.1 六项污染物和综合指数环比变化率 163
6.1.2 六项污染物贡献度统计 164
6.1.3 珠江三角洲城市排名分析 165
6.1.4 中山市标准站排名分析 165
6.2 中山市微型空气质量检测仪数据成果分析 166
6.2.1 微型空气质量检测仪点比对报警 166
6.2.2 微型空气质量检测仪点突变报警 167
6.2.3 微型空气质量检测仪点排名 170
6.2.4 微型空气质量检测仪点镇区排名 171
6.3 全国首个微型空气质量检测仪走航应用 172
6.3.1 空气质量走航技术 172
6.3.2 中山市微型空气质量检测仪走航背景 172
6.3.3 走航排查污染源汇总 173
6.3.4 走航系统介绍 174
6.3.5 线上线下联动执法 175
6.3.6 二次复查 178
6.3.7 复查结果 178
6.3.8 项目成果获得媒体好评 179
6.4 帮扶空气质量较差镇区 181

6.4.1 石岐区帮扶背景 181
6.4.2 石岐区空气质量情况周环比 182
6.4.3 石岐区微观站数据分析 183
6.4.4 石岐区污染物来源分析 183
6.4.5 帮扶结果 185
参考文献 185

第 7 章 “双碳”背景下中山市减污降碳协同增效路径研究 186

7.1 相关的概念 186
7.1.1 碳中和 186
7.1.2 碳达峰 188
7.1.3 协同效应 188
7.1.4 减污降碳协同效应 189
7.2 我国“双碳”的相关政策 190
7.3 中山市大气污染物和 CO_2 排放现状 196
7.3.1 大气污染物 196
7.3.2 CO_2 排放现状 198
7.4 中山市减污降碳协同增效路径分析 202
参考文献 207

第 8 章 结论与展望 209

8.1 智慧环保系统 209
8.2 智慧环保技术发展的展望 211
参考文献 213

上篇

理论与基础

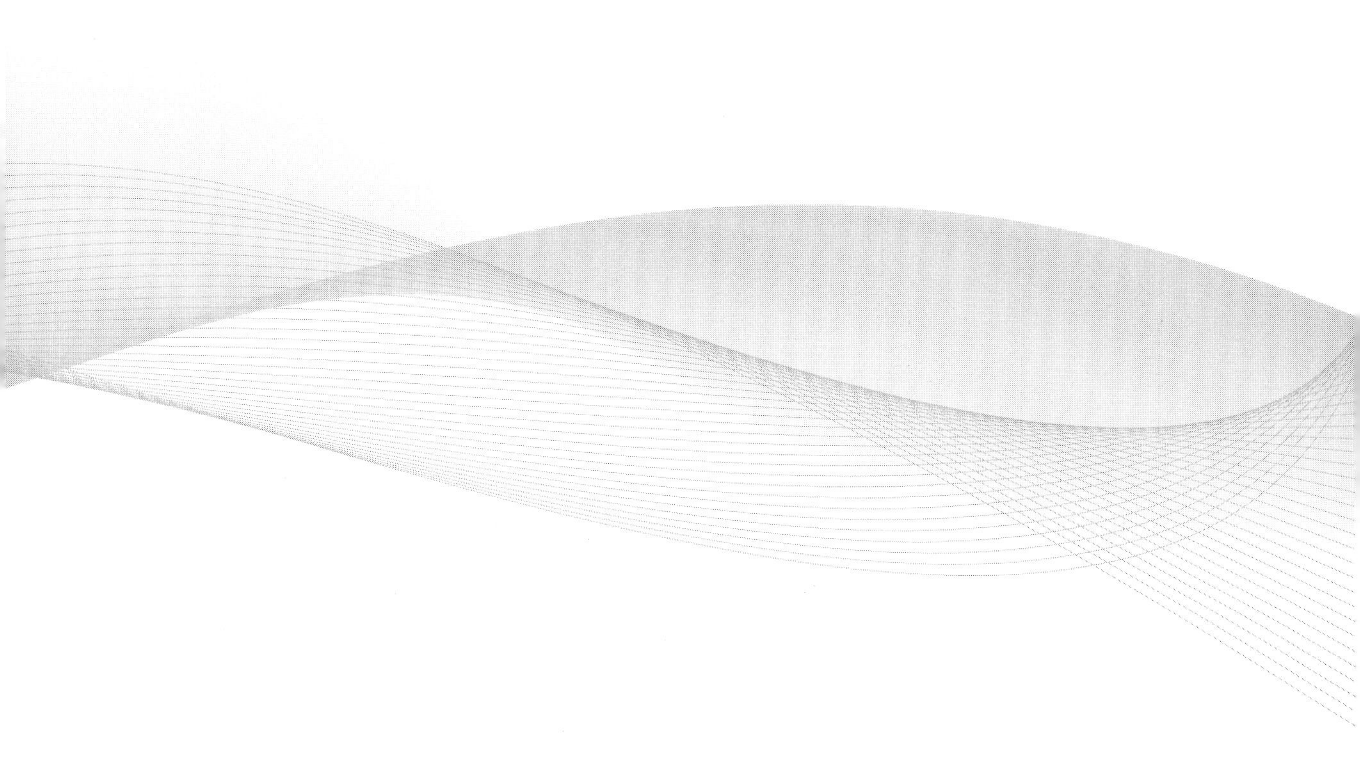

第1章

绪论

1.1 概述

大气环境是指地球大气层的气体组成、物理性质、化学反应、气象现象、气候变化等方面的综合性环境，它直接关系到地球上生物的生存和发展。大气污染是指大气中的某种物质对人、动植物等产生有害的影响，并且累积到一定浓度及持续足够的时间，以致破坏生态环境系统和人类正常生存和发展的条件（贺克斌，2011）。随着人类活动的增加，大气环境也面临着越来越多的挑战，例如大气污染、全球变暖等问题。因此，保护大气环境、维护生态平衡是人类必须重视的问题之一。

为了应对大气污染问题，2013年中国国务院发布了《大气污染防治行动计划》，提出了治理大气污染的目标和具体措施，包括严格控制工业、交通和城市燃煤等污染源的排放，推广清洁能源和低碳经济，改善大气环境质量等。自2014年开始，中国实施了超低排放标准和限制燃煤电厂建设的政策，促进了清洁能源的发展。此外，中国还推广了新能源汽车和清洁燃料车辆，鼓励煤改气、煤改电等清洁能源转型。2018年中国提出的《打赢蓝天保卫战三年行动计划》，体现了中国政府对空气质量和环境污染问题的高度关注和积极应对的决心。

大气污染监测是指利用一定的技术或方法采集、分析和评估大气中各种污染物的浓度、来源、传输和变化等信息，对大气环境进行监测和评估的过程（刘文清等，2019；赵冉等，2021）。大气污染监测的目的是更好地了解大气污染状况，及时发现和预警大气污染事件，制定科学有效的大气污染治理措施，保障公众健康和生态环境安全。大气污染监测技术主要包括传统技术和数字新技术。传统的大气污染监测通常通过地面固定监测站来研究近地表大气污染情况，其相关研究已经很成熟。然而，其存在空间覆盖范围有限、时空分辨率低、监测成本较高和数据处理复杂等劣势。数字新技术大气污染监测通常利用物联网、云计算、大数据、人工智能、区块链等技术，对大气环境中的污染物进行实时、高精度、全方位的监测、分析和预警。与传统的大气污染监测手段相比，数字新技术可以有效提高大气污染监测的时空分辨率、减少人为误差和监测成本，为科学决策和环境治理提供精准的数据支持。

目前，数字新技术在大气环境监测中的应用越来越广泛，使得对大气环境污染的监测能够更加精准和高效，这对于提高大气环境污染监测工作质量、及时开展防治工作具有至关重要的意义。数字新技术在大气污染监测中的应用日益普及。例如：

① 利用无人机技术进行大气污染监测，可以获得高分辨率的空间数据，提高监测效率和准确性（郭伟等，2017）；

② 通过卫星遥感技术对地球表面进行遥感监测，获得大范围、高时间分辨率的大气污染监测数据（李正强等，2014；高吉喜等，2020）；

③ 通过传感器和物联网技术结合，实现智能化大气污染监测和数据共享（王春迎等，2016）；

④ 利用机器学习和人工智能技术，对大气污染进行预测和模拟，提高监测效率和准确性（杨鹏和刘杰，2016；蔡旺华，2018）；

⑤ 利用大数据技术，将大量的监测数据进行处理和分析，构建大气污染模型，为大气污染治理提供科学依据（熊丽君等，2019）。

1.2　大气污染物

大气污染物指由于人类活动或自然过程排入大气的并对人和环境产生有害影响的那些物质。大气污染物的分类有很多方式，根据大气污染物的存在状态可分为气溶胶态污染物和气态污染物两大类。

1.2.1　气溶胶态污染物

气溶胶态污染物指在大气中悬浮的固体粒子和液体粒子，根据气溶胶态污染物的来源和物理性质的不同，可将其分为如下几种。

（1）粉尘（dust）

粉尘指悬浮于空气中的细小固体粒子，在重力作用下会发生沉降，但在某一时间段内在空气中保持悬浮状态。

粉尘通常是通过固体物质的破碎、分级、研磨等机械过程或土壤、岩石风化等自然过程形成的。粉尘粒径范围一般在1～200μm之间，粒径＞10μm的粒子靠重力作用能在较短时间内沉降到地面，称为降尘；粒径＜10μm的粒子能长期在大气中飘浮，称为飘尘。悬浮在空气中的粒径＜100μm的所有固体粒子，称为总悬浮颗粒（TSP）。

（2）烟（fume）

烟指燃烧过程或冶金过程中形成的固体微粒的气溶胶。在烟生成过程中总是伴有氧化之类的化学反应，熔融物质挥发后生成的气态物质冷凝时便生成各种烟尘，能长期存在于大气之中。烟的粒子是很细微的，粒径范围一般为0.01～1μm。例如，燃煤烟尘、炼钢烟尘、氧化铅烟尘等。

（3）飞灰（fly ash）

飞灰指由燃料燃烧后产生的烟气带走的无机灰分中分散的较细的粒子。灰分是含碳物质燃烧后残留的固体渣，在分析测定时假定它是完全燃烧的。

（4）黑烟（black smoke）

黑烟指燃烧过程产生的能见气溶胶，是燃料不完全燃烧的炭粒，其粒径大小约为0.5μm。

（5）雾（fog）

雾是大气中液滴悬浮体的总称。在工程中，雾一般指小液体粒子的悬浮体，是由于液体蒸气的凝结、液体的雾化以及化学反应等过程形成的，如水雾、酸雾、碱雾、油雾等。在气象学中，雾则指能见度＜1km的小水滴的悬浮体。

1.2.2　气态污染物

气态污染物指大气中以分子状态存在的污染物。

气态污染物种类众多，主要分为含硫化合物、含氮化合物、碳氧化合物、烃类化合物及卤素化合物五大类。气态污染物种类如表1-1所列。

表1-1　气态污染物种类

污染物	一次污染物	二次污染物
含硫化合物	SO_2、H_2S	SO_3、H_2SO_4
含氮化合物	NO、NH_3	NO_2、HNO_3
碳氧化合物	CO、CO_2	
烃类化合物	CH	醛、酮、过氧乙酰硝酸酯、O_3
卤素化合物	HF、HCl	

气态污染物又可以分为一次污染物和二次污染物。

（1）一次污染物

一次污染物指直接从污染源排放到空气中的原始污染物，也称原发性污染物，如SO_2、NO、CO等。它们又可分为反应物和非反应物，前者不稳定，在大气环境中常与其他物质发生化学反应，或者作催化剂促进其他污染物之间的反应；后者则不发生反应或反应速度缓慢。

（2）二次污染物

二次污染物指由一次污染物在大气中经一系列化学或光化学反应形成的与一次污染物的理化性质完全不同的新的大气污染物，也称继发性污染物，如H_2SO_4、HNO_3、过氧乙酰硝酸酯（PAN）等。

1.2.2.1 硫氧化物

硫氧化物主要成分是SO_2，它是大气污染物中数量较大、影响较广的一种气态污染物。SO_2主要来源于化石燃料的燃烧过程，硫化物矿石的焙烧、冶炼等热过程，硫酸厂、炼油厂等化工企业生产过程，其中化石燃料燃烧过程产生约96%的SO_2，其中火力发电厂排放的SO_2浓度虽然较低，但排放量却很大。

SO_2会参与工业烟雾的形成，高浓度时使人呼吸困难，是著名的伦敦烟雾事件的元凶；SO_2进入大气后会形成酸雨，腐蚀性较大，致使许多材料受到破坏，缩短其使用寿命。并且SO_2损害植物叶片，影响植物生长，刺激人的呼吸系统，是引起肺气肿和支气管炎发病的病因之一。

1.2.2.2 氮氧化物

氮和氧的化合态有很多，如N_2O、NO、NO_2、N_2O_3、N_2O_4和N_2O_5，统称为氮氧化物（NO_x）。造成大气污染的氮氧化物主要指NO和NO_2，煤、石油等燃烧过程会产生NO气体。一般空气中的NO对人体的危害较低，但NO进入大气后会被氧化成NO_2，在大气中O_3等强氧化剂或在催化剂的作用下NO被氧化的速度会加快，而NO_2具有生理刺激作用，其毒性约为NO的5倍。当NO_2参与大气中的光化学反应形成光化学烟雾后，其毒性更强。NO_2能腐蚀镍青铜材料、使燃料褪色、抑制植物生长、引起急性呼吸道疾病。

1.2.2.3 碳氧化物

碳氧化物主要指CO和CO_2。它们主要来自化石燃料的燃烧和机动车排气，是各种大气污染物中产生量最大的一类污染物。CO是一种窒息型气体，由于大气的扩散稀释作用和氧化作用，一般大气中的CO浓度水平不会造成人体危害。但在不利于扩散稀释的环境中，CO的浓度可能达到危害人类的水平，使人产生中毒症状。CO_2是动植物生命循环的基本要素，是一种无毒气体。当大气中CO_2浓度过高时会使O_2含量相对降低，高浓度CO_2也会使肌体发生缺氧窒息。自工业革命以来，人类向大气中排入的CO_2等吸热性强的温室气体逐年增加，大气的温室效应也随之增强，其引发了一系列环境问题，早已引起了世界各国的关注。

1.2.2.4 烃类化合物

烃类化合物主要来自化石燃料燃烧和机动车排气。其中的多环芳烃类物质（PAHs），如蒽、萤蒽、芘、苯并［*a*］芘、苯并蒽等，大多具有致癌作用，特别是苯并［*a*］芘是致癌能力很强的物质，并作为大气受PAHs污染的依据。烃类化合物的危害还在于它参与大气中的光化学反应，生成危害性更大的光化学烟雾。由于近代有机合成工业和石油化学工业的迅速发展，使大气中的有机化合物日益增多，其中许多是复杂的高分子有机化合物。例如，含氧的有机物有酚、醛、酮等，含氮有机物有过氧乙酰基硝酸酯、过氧硝基丙酰（PPN）、联苯胺、腈等，含氯有机物有氯化乙烯、氯醇、有机氯农药（DDT）、除草剂（TCDD）等，含硫有机物有硫醇、噻吩、二硫化碳等。这些有机物进入大气中，可能对眼、鼻、呼吸道产生强烈刺激作用，对心、肺、肝、肾等内脏产生有害影响，甚至致癌、致畸，促进遗传因子变异。

1.2.2.5 光化学烟雾

光化学烟雾是指汽车、工厂等污染源排入大气的烃类化合物和氮氧化物等一次污染物在阳光（紫外光）作用下发生光化学反应生成二次污染物，后与一次污染物混合所形成的有害浅蓝色烟雾。光化学烟雾可随大气飘移数百千米，使远离城市的农作物也受到损害。世界卫生组织和美国、日本等许多国家已把O_3或光化学氧化剂［O_3、NO_2、过氧乙酰硝酸酯（PAN）及其他能使碘化钾氧化为碘的氧化剂的总称］的水平作为判断大气环境质量的标准之一，并据以发布光化学烟雾的警报。

1.3 大气污染监测与监管

1.3.1 大气污染监测

大气污染监测是指通过对大气环境中污染物实时、连续、准确、全面的监测和分析，掌握大气污染的时空分布规律和来源，为大气污染防治提供科学依据和技术支持。大气污染监测是大气环境保护和改善的重要手段，也是实现大气环境质量标准的重要前提。

1.3.1.1 大气污染监测的主要内容

（1）监测污染物浓度

通过对大气中各种污染物浓度的实时监测，可以掌握大气污染物的时空分布规律和来源，为大气环境质量评估和污染源排放控制提供科学依据。

（2）监测气象因素

大气污染的形成和传输与气象因素密切相关，如风速、风向、温度、湿度等。通过对气象因素的实时监测，可以掌握大气污染的传输和扩散规律，为大气污染预测和预警提供重要依据。

（3）监测空气质量

空气质量是大气污染监测的核心内容，通过对空气中各种污染物的监测，可以评估空气质量状况，为公众提供空气质量信息和健康保护建议。

（4）监测污染源排放

通过对污染源的实时监测，可以掌握污染源的排放情况和污染物的种类、浓度等信息，为污染源的管理和控制提供科学依据和技术支持。

1.3.1.2 大气污染监测的主要方法

（1）现场监测

现场监测是指在大气污染源和污染物浓度高的区域设置监测点，通过现场采样和分析获得污染物浓度等信息。现场监测具有实时性和准确性，但监测范围较小、监测点数量较少，不能全面反映大气污染情况。

（2）遥感监测

遥感监测是利用卫星、飞机等遥感技术，对大气污染物浓度、分布、来源等进行监测和分析。遥感监测具有广覆盖、高时空分辨率等优点，但受天气、云层等因素的影响较大，数据的准确性和可靠性有待提高。

（3）模型模拟

模型模拟是利用数学模型对大气污染物的传输、扩散等过程进行模拟和预测。模型模拟具有快速、低成本等优点，但对模型参数的准确性和数据的可靠性要求较高。

随着数字新技术的不断发展和应用，大气污染监测也迎来了数字化、智能化的时代。数字新技术（如大数据、人工智能、物联网等）为大气污染监测提供了更为准确、全面、实时的数据支持和技术手段，为大气污染防治提供了更为有效的技术支持和决策参考。

总之，大气污染监测是大气环境保护和改善的重要手段，也是实现大气环境质量达标的重要前提。随着数字新技术的应用，大气污染监测将迎来更加数字化、智能化的发展。

1.3.2 大气污染监管

大气污染监管是指对大气环境中污染物的排放、传输、转化和积累等各个过程进行监测、监控、评估和控制的一系列行政管理活动。其目的是保护大气环境，维护人民健康和生态平衡。大气污染是当前全球所面临的一个严峻问题，特别是在一些大城市，大气污染已经成为一种常态。大气污染不仅会影响人们的健康，还会对环境造成巨大的破坏。因此，对于大气污染的监管变得越来越重要。

大气污染监管主要内容分为以下几个方面。

（1）监测和评估

大气污染监管的第一步是监测和评估。监测是为了了解大气污染的情况，评估是为了确定大气污染的程度和影响。监测和评估需要使用一些专业的仪器和设备，例如空气质量监测站、气象站、遥感卫星等。通过监测和评估，可以了解大气污染的来源和分布情况，为之后的大气污染治理工作提供科学依据。

（2）立法和政策

大气污染监管的第二步是立法和政策。政府需要制定相关的法规和政策来规范企业和个人的行为，减少大气污染物的排放。例如，限制汽车尾气的排放、控制工业企业的废气排放、推广清洁能源等。政府还可以通过一些经济手段，例如征收排污费、给予环保补贴等来鼓励企业和个人采取环保措施。

（3）执法和监督

大气污染监管的第三步是执法和监督。政府需要加强对企业和个人的执法和监督，确保法规和政策的落实。执法和监督需要建立一套完善的体系，包括监测、检查、处罚等环节。政府还可以通过公开透明的方式来增加社会监督和参与。

（4）科技创新

大气污染监管的第四步是科技创新。科技创新可以帮助我们更好地监测和治理大气污染。例如，研发更加精准的监测仪器、开发更加高效的治理技术、重点区域热点网格精细化监管等。政府需要鼓励企业和科研机构加大对大气污染治理的研发投入，促进科技创新。

总之，大气污染监管是一项复杂而严肃的工作。政府需要采取科学的方法和措施来加强对大气污染的监管，保护环境和人民的健康。

1.4　数字新技术在大气污染监管系统中的应用

数字新技术（digital new technologies）是指将计算机科学、信息技术、网络通信等现代科技手段，创新性地运用于生产、生活、文化、教育、政治等各方面的新技术，其特点包括高效、精准、智能、可持续等。

数字新技术涉及的行业十分广泛，包括但不限于人工智能、大数据、云计算、物联网、区块链等。这些技术在不同的领域中都有着广泛的应用，如在工业生产中提高效率、减少资源浪费，在医疗健康领域中提高诊断准确率、加速新药研发等。

在大气污染监管方面，数字新技术可以帮助监测大气污染物浓度、掌握大气污染源排放情况、实现大气污染物追溯等，从而更好地保护环境、保障人民身体健康。数字新技术在大气污染监管方面的应用非常广泛，例如：利用遥感技术和地理信息系统技术，可以对空气质量进行实时监测和预报，帮助政府和公众做好防范和减轻污染的工作；利用传感器技术和物联网技术，可以实现对城市空气质量的实时监测和调控；利用大数据技术和人工智能技术，可以对大气污染源进行智能识别和定位，从而更好地开展大气污染治理工作。这些数字新技术的应用，可以帮助人们更加深入地了解大气污染的情况，有针对性地采取有效的控制措施，实现大气环境的保护和治理。

总的来说，数字新技术在大气污染监管中具有重要意义。随着数字技术的发展，传感器、物联网、大数据分析等技术的不断应用，大气污染监管的数据采集、处理、传输和分析能力得到显著提升，从而实现更加高效、准确的监管和管理。数字新技术的应用还能够实现污染源的实时监测和追踪，提高监管精度和效率，降低监管成本，有助于提高环境管理水平。例如，利用物联网技术建立了大气污染源自动监控系统，可以通过大数据分析实现对重点排污单位的污染情况实时监测和数据预警；利用卫星遥感技术实现了大气污染遥感监测，可以获得更加精确的污染物浓度分布信息。这些数字新技术的应用，有助于建立更加完善的大气污染监管体系，提高污染治理效果。

下面对数字新技术中的人工智能技术、物联网技术、区块链技术、大数据技术和云计算技术进行介绍。

1.4.1 人工智能技术

人工智能（artificial intelligence，AI）是一项使用机器代替人类实现认知、识别、分析、决策等功能的技术，其本质是对人类意识与思维信息过程的模拟（贺倩，2017）。人工智能综合了计算机科学、生理学、哲学等学科，是一门利用计算机模拟人类智能行为科学的统称，它试图了解智能的实质，并生产出一种新的能与人类智能相似的方式做出反应的智能机器。该领域的研究包括机器人、语言识别、图像识别、自然语言处理和专家系统等（张妮等，2009；Rahwan et al.，2019）。

人工智能主要体现在计算智能、感知智能、认知智能3个方面：

① 计算智能，即机器智能化存储及运算的能力；

② 感知智能，即具有如同人类“听、说、看、认”的能力，主要涉及语音合成、语音识别、图像识别、多语种语音处理等技术；

③ 认知智能，即具有“理解、思考”能力，广泛应用于教育评测、知识服务、智能客服、机器翻译等领域（俞祝良，2017；张敬林等，2022）。

1.4.1.1　人工智能技术的发展历程

（1）符号主义阶段（20世纪50 ~ 80年代）

这个阶段的重点是通过符号逻辑来实现人工智能。代表性的成果包括人工智能领域的开创者John McCarthy提出的Lisp语言和人工智能的早期代表性程序Eliza。

（2）连接主义阶段（20世纪80 ~ 90年代）

这个阶段的重点是通过神经网络来实现人工智能。代表性的成果包括Hopfield神经网络和反向传播算法。

（3）统计学习阶段（20世纪90年代~ 21世纪00年代）

这个阶段的重点是通过统计学习来实现人工智能。代表性的成果包括支持向量机（support vector machine，SVM）和随机森林（random forest）。

（4）深度学习阶段（21世纪00年代至今）

这个阶段的重点是通过深度学习来实现人工智能。代表性的成果包括卷积神经网络（convolutional neural networks，CNN）和循环神经网络（recurrent neural network，RNN）。

人工智能的研究范畴包括自然语言学习与处理、知识表现、智能搜索、推理、规划、机器学习、知识获取、组合调度、感知、模式识别、逻辑程序设计、软计算、不精确和不确定的管理、人工生命、神经网络、复杂系统、遗传算法、人类思维方式等（肖博达和周国富，2018）。结合人工智能技术发展及研究，人工智能技术体系可概括为机器学习、自然语言处理、图像识别以及人机交互四大模块。在行业高速发展的背景下，各行各业纷纷开展研发人工智能模型。针对社会热点关注的智慧城市、智慧环保、智慧园区、智慧安防、智慧社区、智慧政务等领域，研发了一系列的人工智能算法模型，提升环保、市政、城管等应用场景下的管理效率，降低实施成本。

1.4.1.2 人工智能技术在大气污染监测中的应用

大气污染的类型包括物理污染、化学污染、生物污染、颗粒物污染四种类型，由于污染物质具有多样性、复杂性和变化性等特点，使得对大气的监测尤为困难。然而，人工智能以其具有自学习、自适应和自组织功能，特别是其不需要建立被控对象精确数学模型的特点，在大气环境监测中具有明显的优势（王振豪等，2019）。

（1）大气质量预测

通过对历史大气污染数据的分析，结合天气、风向等因素，使用机器学习模型预测未来一段时间内的大气质量。

（2）大气污染物排放监测

通过安装传感器等设备监测污染物的排放量和浓度，使用机器学习算法对数据进行分析和处理，提取特征并预测未来的排放情况。

（3）污染源溯源

通过对大气污染物来源的追踪，使用机器学习算法对多源数据进行整合和分析，可以精确地确定污染源的位置和类型。

（4）污染物浓度监测

使用机器学习算法对空气中的污染物浓度进行实时监测，可以提供精准的污染物浓度分布图，为相关决策提供科学依据。

马雁军等（2003）在大气污染预报中应用“反向传播”人工神经网络模型预测实测大气污染物浓度，实验结果显示，TSP和NO_x的预测值与观测值的绝对误差分别为$4\times10^{-3}\sim3\times10^{-2}mg/m^3$和$5\times10^{-3}\sim2\times10^{-2}mg/m^3$，且相关性较好。宋晖等（2011）研究认为人工神经网络技术拥有强大的非线性处理和抗噪能力，可以应用于分析复杂的大气污染系统问题，并构建基于人工神经网络的大气质量评价和预警系统。Chakma等（2017）利用北京市2013～2017年街景照片的数据集（包含天空、建筑物和污染等级的类别信息）训练了一个卷积神经网络模型，研究发现该模型能够以68.74%的准确率预测照片中的空气污染类别。Chen（2018）利用$PM_{2.5}$浓度、温度、湿度、风力的监测数据和气溶胶光学厚度的卫星遥感数据，使用BP神经网络建立了一个考虑多种因素的高精度$PM_{2.5}$预测模型，该模型能够以高精度预测未来3h内的$PM_{2.5}$浓度。段玲玲和赵铭珊（2020）认为人工智能大气环境监测系统由感知层、网络层和应用层这三部分组成，其中，感知层具备传感效果，可以采集大气环境的各种数据；网络层则起到连接各个感知节点的纽带作用，将数据传输到应用层；应用层负责数据处理和分析，为决策提供支持。莫欣岳（2021）利用人工智能技术建立了一套空气质量决策支持系统，实验结果表明预报模型表现出良好的预报能力，评价和评估模型则能够提供准确的污染信息和决策支持。李泽群和韦骏（2021）利用差分整合移动平均自回归模型（ARIMA）、后向传播神经网络（BP）以及长短期记忆神经网络（LSTM）对广州市2015～2019年的$PM_{2.5}$浓度数据进行预测，结果表明集合经验模态分解（EEMD）和提高时间分辨率有助于提高预测准确性，使用ARIMA模型和滚动预测方法的效果最佳。

综上所述，人工智能技术可以根据大量的数据进行模型训练，能够快速、准确地识别出污染源和浓度分布规律，提高了空气质量监测的精度和准确性；可以与传感器和监测设备实时联动，实现对空气污染数据的实时监测和处理，提高了监测的时效性和实时性；可以利用大数据分析、模型预测等技术手段，为政府和相关部门提供科学合理的环境治理决策和政策制定的依据，从而推进环保工作的深入发展；可以准确定位污染源和监测点，提高治理效率和监管能力，有助于推进大气污染治理的有效实施。总之，人工智能技术在大气污染监测中的应用可以提高监测的准确性和时效性，为政府和相关部门提供科学依据和决策支持，推进环保工作的深入发展，改善人们的生活环境和健康。

1.4.2　物联网技术

所谓的物联网（internet of things，IoT），其本质含义是指将各种信息传感设备和互联网进行连接，形成一个连接众多设备的，统一的网络系统。

物联网以互联网和传统电信网络为信息载体，将原先独立工作的各单位设备进行连接，使其能够以前所未有的融合状态统一操作（Huang和Li，2010；朱洪波等，2010；朱洪波等，2011）。

互联网具有以下3种特征：

① 可以实现物与物、人与物之间的无障碍通信，且能够适应多种终端特点，实现了在互联网基础上进行的拓展和延伸（朱洪波等，2011）。

② 物联网系统形成的前提是物品感觉化，互联网实现了物品的自动通信，要求物品在实际使用过程中，能够具备一定的识别和判断能力，让物体能够对周围环境的变化有一定的感知，从而实现物与物、人与物之间的通信功能。一般的解决措施是在物体上植入相应的微型感应芯片，让芯片在运作时帮助物品更好地接收来自外部的信息变化情况，并通过信息处理，让其能够应用于物品的下一步操作中。

③ 物联网系统让物品有了感官能力之后，可以实现企业功能自动化，实现一定程度的自我反馈和智能控制，具备以上功能的物品，可以完成一定程度的自动操作，摆脱了人为重复控制操作的局面，减轻了使用者的负担，让设备具有一定的自主工作能力，并可以利用互联网作为媒介，进行远程的管理（钱志鸿和王义君，2012）。

物联网技术中最重要的技术包括传感器、网络技术、无线通信技术、射频识别、信息安全技术、嵌入式技术（朱晓荣等，2011；张洪芳，2019）。

① 射频识别是一种非接触式的符号识别技术，通过无线电信号通信读取相应的数据，无需识别系统与特定目标之间建立某种机械形式的连接，通过无线信号进行连接。传感器网络技术是实现物联网使用状态的核心，解决的是物联网系统运行过程中的信息感知问题，能够通过传感器对周围的变化情况进行自动感知，并进行简单的数据分析。

② 无线通信技术。物联网的理想状态就是将所有的物品和人连接在一起，实现随时随地的通信。所以其最终发展形态具有广泛性和便捷性两大特点。无线通信是确保人和物之间进行有效信息沟通的媒介，并且无线通信技术在近些年也取得了较大的进展，我国也在当今无线通信技术领域发挥着重要的作用，参与了很多相关标准的制定。

③ 信息安全技术。由于物联网是以互联网作为基础进行的延伸，所以，在使用过程中，为了确保绝对的安全，就要对信息安全技术投入大量的资源进行研发，提高安全系数，无论是物联网还是互联网，在实际的操作过程中都需要与信息通信保持较好的连接。如果不能保证信息安全，那么所有的操作都会存在安全隐患。

近些年来，随着城市化进程的不断推进，政府以及城市居民对空气质量的关注程度也越来越高。因此，通过计算机物联网技术感知环境，对于全面提升城市生态环境水平具有重要的意义。

物联网技术在大气污染监测中的应用可表现在以下几方面。

（1）空气质量监测站网络

利用物联网技术建立起空气质量监测站网络，实现对大气污染数据的实时采集、传输和处理。监测站可以通过无线网络将数据传输到云端，并在后台对数据进行分析和处理，提供实时监测数据和环境报告。

（2）污染源在线监测系统

通过物联网技术建立污染源在线监测系统，可以实时监测重点工业企业、交通枢纽等污染源的排放情况。监测系统可以自动采集监测数据，并通过云端分析处理，提供实时的污染源排放情况和预警信息。

（3）智能传感器

利用物联网技术开发智能传感器，可以实时监测环境参数（如温度、湿度、气压、$PM_{2.5}$等），并将数据传输到云端进行分析和处理。智能传感器可以实现对空气质量的实时监测，提高监测数据的准确性和时效性。

（4）无人机监测系统

通过物联网技术结合无人机技术建立无人机监测系统可以实现对大气污染源和区域的高空、长距离监测。

无人机监测系统可以利用多种传感器和影像设备，获取高精度、高分辨率的监测数据，并将数据传输到云端进行分析和处理。邱庆（2012）以天津市临港经济区为例，基于物联网技术，搭建了工业园区大气污染应急管理系统框架并进行了设计与开发，包括感知、传输、应用三层的主要功能以及特征污染物监测系统的设计与实现，并提出了针对天津市临港经济区的大气污染预警系统。高群（2014）研究指出传统的物联网环境下空气$PM_{2.5}$污染物检测方法存在缺陷，提出采用多信号融合估计算法的物联网框架下$PM_{2.5}$高精度测试模型，实验结果表明该模型能够极大地提高$PM_{2.5}$测试的准确性。王建荣等（2015）研究开发了基于物联网技术的$PM_{2.5}$浓度检测系统，采用光散射法的传感器获取$PM_{2.5}$浓度值，并通过Wi-Fi无线技术连接网络路由器和远程服务器实现实时数据查询，实验结果显示该系统具有巡检时间短、自组织、多节点、灵敏度高等优点。魏晨辉等（2018）探讨了基于物联网技术的实时监测系统对大气中$PM_{2.5}$浓度值的确定，具有缩短巡检时间、自动生成行为、设置多个巡检节点、灵敏度高等优势。赵淑君和赵化兴（2020）通过在辉县市建立建筑工地扬尘（PM_{10}）监测示范点和拆迁工地大气污染（PM_{10}）监测示范点，设计了基于物联网的大气污染（PM_{10}）在线监测平台，实现了对PM_{10}的实时在线监控，并自动采样、处理和传输数据至数据中心，为环保部门提供实时可靠的数据依据。李宇佳（2021）基于物联网技术搭建了大气污染监测系统，并对北方某城市的大气污染物进行分析，结果表明建立大气污染监测系统具有更高的监测效率，在相同时间内能够监测出更多的污染物。国内自主研发的海东青物联网平台可以支持上百万设备的接入和处理，具有高效率的设备接入和灵活数据处理的优势，可以通用连接和控制所有终端设备，对终端设备上报的数据进行实时计算和处理，并具备数据可视化能力，辅助环境监测及时发现污染并处理，减少污染，提升环境质量。

综上所述，物联网技术在大气污染监测中能够实现大气污染的实时监测、数据分析和预警。通过物联网技术，可以将传感器、数据采集设备等设备连接起来，构建一个全方位、多层次的大气污染监测网络。这些设备可以采集到空气质量、污染源排放、气象因素等方面的数据，而这些数据可以通过物联网技术传输到云端进行实时处理和分析。同时，物联网技术还可以实现对监测设备的远程管理和维护，提高监测设备的可靠性和运行效率。通过物联网技术实现大气污染监测的实时化和智能化，可以提高监测数据的准确性和时效性，进一步提高大气污染防治的效率和效果。此外，物联网技术还可以为公众提供更加详尽的空气质量信息，使公众能够更好地了解当地的空气质量状况，并采取相应的行动来保护自己的健康。

1.4.3　区块链技术

最早提出区块链概念的是中本聪的《比特币白皮书》，但其并非以区块链的形式存在，而是以工作量证明链（proof-of-work chain）的方式呈现（Nakamoto，2008）。以下是中本聪对区块链的定义：时间戳服务会给区块中的数据项加上时间戳，然后通过哈希运算将其转化为哈希值，并广泛地传播出去，就像新闻或者在世界性新闻网络上发帖一样。要获得这个哈希值，必须证明在过去某个时刻加上时间戳的数据确实存在。每个时间戳都包含了先前的时间戳，从而形成了一条链，后面的时间戳会增强前一个时间戳的信息（Nakamoto，2008；何蒲等，2017）。

区块链技术是一种分布式账本技术，可以让多个参与者共同维护一个交易记录的数据库。它的主要特点是去中心化、透明化和安全性（沈鑫等，2016；曾诗钦等，2020）。

在区块链网络中，所有的交易记录都被保存在一个或多个区块中，并通过加密技术链接在一起形成一个不可篡改的链条，每个区块都需要被验证和确认才能被添加到链条中。这意味着，一旦一笔交易被记录在区块链上，就不能被篡改或删除，因为任何人都需要改变整个区块链才能做到这一点（王元地等，2018；张亮等，2019）。区块链技术的应用非常广泛，包括数字货币、智能合约、供应链管理、物联网等。数字货币是其中较为著名的应用之一，比特币作为第一个区块链应用，已经在全球范围内得到广泛认可和使用。

1.4.3.1　区块链技术在大气污染监测中的应用

目前，区块链技术在大气污染监测中应用的研究还相对较少，但是相关领域的研究正在逐步增加。已有的研究主要涉及区块链在大气污染监测中的数据管理、治理机制设计和应用案例等方面。

（1）环境监管

使用区块链技术建立环境监管平台，确保监测设备和数据的真实性和可靠性。区块链的分布式记账系统可以确保数据不被篡改或者删除，防止污染企业通过操纵数据来规避监管。

（2）污染排放权交易

使用区块链技术建立污染排放权交易平台，实现污染排放权的公开、透明、可追溯。通过区块链技术，交易记录和排放权可以得到完整的记录，确保排放权的真实性和可信度。此外，交易的自动化也可以减少交易成本和人为干预。

（3）空气质量数据共享

利用区块链技术建立空气质量数据共享平台，通过智能合约等技术，实现数据的共享、交换和授权。这可以提高数据的利用率，加速污染治理和应急响应的速度和效率。

（4）空气质量溯源

利用区块链技术建立空气质量溯源平台，实现污染源和污染物的追溯和溯源。通过记录空气质量数据的来源、时间、地点等信息，可以快速定位污染源和追踪污染物的传播路径，为环保执法提供有力的证据。

（5）空气质量治理激励机制

使用区块链技术建立空气质量治理激励机制，通过奖励和惩罚机制，激励企业和公众采取环保行动和减少污染排放。

1.4.3.2 区块链技术产品功能

区块链的分布式共识机制可以确保奖励和惩罚的公正性和透明度。王缙玉等（2022）通过区块链技术的应用，构建了大气污染物排放监管信息的多维共享体系，以机动车尾气排放为例进行了实证分析，结果表明该体系能够有效提高监管信息的共享意愿，为改善城市大气污染提供了新思路和信息化支撑。目前，国内部分高科技公司自主研发云链技术也对全面提升城市生态环境水平具有重要的意义。云链技术利用区块链去中心化、共识机制、安全、透明、数据不可篡改、可追溯等特性与数字身份、智能合约和数据空间技术，结合“宜云则云，宜链则链”的理念，提供跨层级、跨地域、跨部门、跨业务的数据集成、数据治理、数据管理、数据共享、数据确权等能力，促进产业互联网和数字经济领域的协同创新。

① 通过统一标准的应用程序接口（API）或数据源接入数据，保证采集的数据干净、有效、可用。

② 通过数据目录实现数据定义、治理、标准建立，保证在不见数据的情况下快速了解数据内容。

③ 依据《政务信息资源共享管理暂行办法》等国家相关制度标准的规定，制定平台共享标准，将数据上链发布市场，实现数据确权、可用、可追溯。

④ 数据市场各类功能确保共享资源能被需求方快速获取、了解并发挥价值。

⑤ 审批授权生成订单进行上链，保证数据从哪来、到哪去有据可循，权责分明。

⑥ 每次数据的使用时间、次数、报错等使用情况，上链对数据使用

方是否合法、合理使用本部门的数据进行监督。

总的来看，在大气污染监测中区块链技术有着重要的应用意义。

首先，区块链技术可以提高大气污染数据的可靠性和透明度。传统的数据记录方式容易出现篡改或误报，导致监测数据不准确。而区块链技术可以保证数据不可被篡改，每一个数据记录都经过验证，确保数据的准确性和可信度。

其次，区块链技术可以促进数据共享和数据交换。在大气污染监测中，不同的机构和部门需要共享监测数据，以便更好地了解污染状况和制定应对措施。而区块链技术可以提供一种去中心化的共享机制，确保数据安全和保密性的同时实现数据共享。

最后，区块链技术可以加强大气污染治理的有效性和公正性。通过区块链技术的记录和追溯功能，可以对污染源进行溯源，找到责任方，进而加强污染治理的监管和执行力度。同时，区块链技术还可以提高治理的公正性，保障各方利益和权益。

因此，区块链技术在大气污染监测中的应用，将会推动数据的准确性、共享性和治理的有效性和公正性，为大气污染治理提供了一种新的技术手段和思路。

1.4.4 大数据技术

大数据（big data）是指无法用传统数据处理技术处理的大量、复杂、多变的数据集合。这些数据通常包括结构化数据（如关系型数据库中的数据）和非结构化数据（如文本、图像、音频和视频等）（刘智慧和张泉灵，2014）。大数据技术是指对大规模数据的收集、处理、分析和应用的技术方法和工具（涂新莉等，2014）。随着信息技术的飞速发展和互联网的普及，各种形式的数据不断增长，大数据技术也逐渐成了信息技术领域的重要组成部分。

大数据技术可以帮助人们更好地理解和分析海量数据，并从中发现规律和趋势。这些数据可以来自各种来源，包括社交媒体、传感器、移动设备、物联网设备等。大数据技术可以帮助企业和组织更好地了解客户需求、市场趋势和业务模式，并以此做出更明智的决策（赵鹏和朱祎兰，2022）。

大数据技术包括数据采集、存储、处理和分析等方面（倪晨皓，2021；赵鹏和朱祎兰，2022）。其中，数据处理和分析是关键的环节，需要使用各种算法和工具来实现。例如，机器学习、数据挖掘和人工智能等技术可以帮助人们从数据中提取有用的信息和知识。同时，大数据技术也带来了很多挑战，如数据隐私和安全等问题。总的来说，大数据技术是一种非常有前途的技术，可以帮助人们更好地理解和利用海量数据，从而推动社会和经济的发展。

大气污染监测是大数据技术应用的一个重要领域。随着城市化进程的加速和人们环保意识的增强，对大气污染的监测需求越来越迫切。传统的大气污染监测方法主要是基于单点监测站和手动采集的数据，这种方法的局限性在于数据量有限、采集频率低，不能准确反映污染的时空变化。而大数据技术可以通过集成多种传感器和监测设备、互联网数据、卫星遥感数据等，构建出大规模、高分辨率、实时更新的大气污染监测系统。这样的系统可以实时监测大气环境的变化，对大气污染进行实时监测、预测和预警，并提供相应的应对措施。同时，大数据技术还可以通过分析数据中的关联性和趋势性，帮助政府和企业更好地制定环保政策和技术标准，促进大气污染治理工作的开展。例如，在大气污染监测中，大数据技术可以通过智能监测站点和移动监测装置来实现数据的快速、准确采集。同时，使用互联网和移动通信技术，监测数据可以实时传输到监测平台进行处理和分析。大数据技术还可以基于数据挖掘和机器学习等算法，实现对大气污染源的快速识别和追踪，为污染治理提供更精确、更及时的数据支持。此外，大数据技术可以通过数据可视化和交互式分析等方式，将大气污染数据呈现给决策者和公众，帮助他们更好地了解污染状况，提高公众的环保意识，促进环境保护行动的开展。

因此，大数据技术在大气污染监测中的意义不可忽视。它不仅可以提高监测效率和精度，还可以帮助制定污染控制策略，推动环保意识的提高和环境保护行动的开展。

1.4.5 云计算技术

云计算技术是一种基于互联网的计算方式，它将计算资源、存储资源、网络资源等虚拟化，通过云计算服务商提供的平台，为用户提供各种计算服务（王佳隽等，2010）。

（1）云计算技术的优势

① 云计算技术可以提供灵活的计算资源。用户可以根据自己的需求，随时调整计算资源的规模和配置，不需要自己购买和维护硬件设备，可以大大降低成本和风险。

② 云计算技术可以提供高速、可靠性的计算服务。云计算服务商通常会采取多机房、多地域、多副本等技术手段来保障服务的可靠性和可用性。用户可以享受到高水平的服务质量，减少因硬件故障、网络故障等因素导致的服务中断和数据丢失的风险。其次，云计算技术可以提供高性能的计算服务。云计算服务商通常会采用先进的硬件设备和优化的软件系统来提供高性能的计算服务。用户可以享受到高速的计算和数据处理能力，提高工作效率和服务质量。

③ 云计算技术可以提供安全的计算服务。云计算服务商通常会采取多重安全措施来保护用户的数据和计算环境不受攻击和泄露。用户可以享受到高水平的安全保障，减少因信息泄露和计算环境受到攻击而导致的损失和风险。

因此，云计算技术在今天的信息化时代中具有越来越重要的地位。它不仅可以为企业、政府等组织提供高质量、高效率的计算服务，还可以为各种新型应用场景（如人工智能、物联网等）提供支撑和保障，促进数字化、智能化和信息化的发展。

（2）云计算技术在大气污染监测中的应用

云计算技术在大气污染监测中具有重要的意义。大气污染监测需要大量的数据处理和存储，传统的计算方式难以胜任这些任务。云计算技术可以提供强大的计算资源和存储资源，为大气污染监测提供必要的支撑。

① 数据采集与处理。云计算技术可以实现对大气污染监测数据的实时采集、处理和分析。例如，可以通过云平台提供的分布式计算和存储资源，实现对分布式气象站、污染源监测设备等设备产生的大量数据进行实时处理和分析，以及快速反馈异常情况。

② 模型预测和优化。云计算技术可以利用强大的计算和存储能力，实现复杂的数值模拟和预测，帮助科学家和环保部门更准确地了解大气污染物的传输、扩散和累积规律，优化监测和预警方案，以及制定更加科学、合理的环保政策。

③ 数据共享和交流。云计算技术可以实现数据的共享和交流，促进各地区环保部门和科学家之间的信息互通。例如，可以建立共享数据平台，实现大气污染监测数据的在线查询、下载和共享，提高数据的利用率和价值。

④ 可视化展示。云计算技术可以实现大气污染物监测数据的可视化展示，提高数据的可读性和直观性。例如，可以通过数据分析和可视化技术，制作大气污染物监测地图、图表等可视化工具，帮助政府和公众更好地了解大气污染情况，以及相关的环保政策。

因此，云计算技术在大气污染监测中具有重要的作用。它可以为大气污染监测提供强大的计算和存储资源，提高数据处理和决策效率，同时保障数据的可靠性、安全性和隐私性，为环境保护和公共安全提供有力的支撑。

参考文献

[1] 蔡旺华. 运用机器学习方法预测空气中臭氧浓度［J］. 中国环境管理，2018，10(2)：78-84.

[2] 段玲玲，赵铭珊. 人工智能在环境监测中的应用分析［J］. 环境与发展，2020，32（10）：177-178.

[3] 高吉喜，赵少华，侯鹏. 中国生态环境遥感四十年［J］. 地球信息科学学报，2020，22（4）：705-719.

[4] 高群. 物联网框架下 $PM_{2.5}$ 高精度测试模型仿真分析［J］. 计算机仿真，2014，31（11）：377-380.

[5] 桂小渝，李士安．计算机网络云计算技术［J］．长江信息通信，2022，35（3）：97-99．
[6] 郭伟，余华芬，黄国栋．基于无人机的 $PM_{2.5}$ 监测技术研究［J］．测绘通报，2017（S1）：147-151．
[7] 国务院．大气污染防治行动计划．http：//www．gov．cn/ gongbao/ content/ 2013/ content_ 2496394．htm，2013-09-10．
[8] 国务院．打赢蓝天保卫战三年行动计划．http：// www．gov．cn/ gongbao/ content/ 2018/ content_ 5306820．htm，2018-06-27．
[9] 贺克斌．大气颗粒物与区域复合污染［M］．北京：科学出版社，2011．
[10] 何蒲，于戈，张岩峰，等．区块链技术与应用前瞻综述［J］．计算机科学，2017，44（4）：1-7，15．
[11] 贺倩．人工智能技术发展研究［J］．现代电信科技，2016，46（2）：18-21，27．
[12] 贺倩．人工智能技术的发展与应用［J］．电力信息与通信技术，2017，15（9）：32-37．
[13] 蒋一帆．区块链技术在京津冀大气污染治理中的应用研究［J］．四川环境，2022，41（2）：145-150．
[14] 李连山．大气污染控制工程［M］．武汉：武汉理工大学出版社，2003．
[15] 李宇佳．基于物联网技术的大气污染环境监测及其治理研究［J］．能源与环保，2021，43（10）：12-16，22．
[16] 李泽群，韦骏．利用人工智能神经网络预测广州市 $PM_{2.5}$ 日浓度［J］．北京大学学报（自然科学版），2021，57（4）：645-652．
[17] 李正强，许华，张莹，等．基于卫星数据的灰霾污染遥感监测方法及系统设计［J］．中国环境监测，2014，30（3）：159-165．
[18] 刘子伊．我国大气污染治理中大数据技术应用及其展望［J］．资源节约与环保，2022（1）：125-128．
[19] 刘景良．大气污染控制工程［M］．北京：中国轻工业出版社，2002．
[20] 刘文清，陈臻懿，刘建国，等．区域大气环境污染光学探测技术进展［J］．环境科学研究，2019，32（10）：1645-1650．
[21] 刘晓明．人工智能技术在环境监测中的重要应用［J］．环境工程，2023，41（3）：281．
[22] 刘智慧，张泉灵．大数据技术研究综述［J］．浙江大学学报（工学版），2014，48（6）：957-972．
[23] 马雁军，杨洪斌，张云海．BP神经网络法在大气污染预报中的应用研究［J］．气象，2003（7）：49-52．
[24] 莫欣岳．基于人工智能的空气质量决策支持系统建模研究［D］．兰州：兰州大学，2021．
[25] 倪晨皓．大数据技术应用现状及发展趋势研究［J］．中国管理信息化，2021，24（16）：179-180．
[26] 钱志鸿，王义君．物联网技术与应用研究［J］．电子学报，2012，40（5）：1023-1029．
[27] 邱庆．基于物联网的工业园区大气污染事故防范与应急系统研究［D］．北京：清华大学，2012．
[28] 邵奇峰，金澈清，张召，等．区块链技术：架构及进展［J］．计算机学报，2018，41（5）：969-988．
[29] 沈鑫，裴庆祺，刘雪峰．区块链技术综述［J］．网络与信息安全学报，2016，2

（11）：11-20.
［30］宋晖，薛云，胡晓晖，等. 基于人工神经网络的大气质量智能评价预警系统的设计与应用［J］. 现代计算机（专业版），2011，360（8）：68-70.
［31］孙燕铭，周传玉. 长三角区域大气污染协同治理的时空演化特征及其影响因素［J］. 地理研究，2022，41（10）：2742-2759.
［32］涂新莉，刘波，林伟伟. 大数据研究综述［J］. 计算机应用研究，2014，31（6）：1612-1616，1623.
［33］王春迎，潘本峰，吴修祥，等. 基于大数据分析的大气网格化监测质控技术研究［J］. 中国环境监测，2016，32（6）：1-6.
［34］王佳隽，吕智慧，吴杰，等. 云计算技术发展分析及其应用探讨［J］. 计算机工程与设计，2010，31（20）：4404-4409.
［35］王建荣，邱选兵，李传亮，等. 基于物联网的大气环境 $PM_{2.5}$ 实时监测系统［J］. 河南师范大学学报（自然科学版），2015，43（6）：40-45.
［36］王缙玉，薛晓芳，窦君鹏. 区块链背景下大气污染物排放监管信息的共享体系建构——以机动车尾气排放为例［J］. 生态经济，2022，38（12）：167-173.
［37］王元地，李粒，胡谍. 区块链研究综述［J］. 中国矿业大学学报（社会科学版），2018，20（3）：74-86.
［38］王振豪，梁爽，李若飞，等. 人工智能在大气环境监测的应用研究进展［J］. 环境与发展，2019，31（8）：174-176.
［39］魏晨辉，张浩晨，宿晓锋. 以物联网为基础的大气环境 $PM_{2.5}$ 实时监测系统［J］. 电子技术与软件工程，2018（1）：15.
［40］肖博达，周国富. 人工智能技术发展及应用综述［J］. 福建电脑，2018，34（1）：98-99，103.
［41］熊丽君，袁明珠，吴建强. 大数据技术在生态环境领域的应用综述［J］. 生态环境学报，2019，28（12）：2454-2463.
［42］熊振湖，费雪宁，迟勇志，等. 大气污染防治技术及工程应用［M］. 北京：机械工业出版社，2003.
［43］杨鹏，刘杰. 大气污染物时空变化规律及其智能优化算法研究［M］. 北京：科学出版社，2016.
［44］俞祝良. 人工智能技术发展概述［J］. 南京信息工程大学学报（自然科学版），2017，9（3）：297-304.
［45］曾诗钦，霍如，黄韬，等. 区块链技术研究综述：原理、进展与应用［J］. 通信学报，2020，41（1）：134-151.
［46］张洪芳. 物联网技术研究综述［J］. 中国新通信，2019，21（16）：40.
［47］张敬林，薛珂，杨智鹏，等. 人工智能与物联网在大气科学领域中的应用［J］. 地球物理学进展，2022，37（1）：94-109.
［48］张亮，刘百祥，张如意，等. 区块链技术综述［J］. 计算机工程，2019，45（5）：1-12.
［49］张妮，徐文尚，王文文. 人工智能技术发展及应用研究综述［J］. 煤矿机械，2009，30（2）：4-7.
［50］张应福. 物联网技术与应用［J］. 通信与信息技术，2010（1）：50-53.
［51］赵东敏. 人工智能技术在大气环境监测中的应用［J］. 环境工程，2023，41（3）：322.
［52］赵鹏，朱祎兰. 大数据技术综述与发展展望［J］. 宇航总体技术，2022，6（1）：55-60.

［53］赵冉，胡启后，孙中平，等．天地一体化遥感监测大气污染技术进展［J］．环境科学研究，2021，34（1）：28-40．
［54］赵淑君，赵化兴．基于物联网的大气污染（PM_{10}）在线监测平台的设计［J］．电脑知识与技术，2020，16（10）：279-280．
［55］朱洪波，杨龙祥，于全．物联网的技术思想与应用策略研究［J］．通信学报，2010，31（11）：2-9．
［56］朱洪波，杨龙祥，朱琦．物联网技术进展与应用［J］．南京邮电大学学报（自然科学版），2011，31（1）：1-9．
［57］朱晓荣，孙君，齐丽娜，等．物联网［M］．北京：人民邮电出版社，2010．
［58］Chakma A，Vizena B，Cao T，et al. Image-based air quality analysis using deep convolutional neural network［C］// 2017 IEEE International Conference on Image Processing（ICIP），2017：3949-3952．
［59］Chen Y. Prediction algorithm of $PM_{2.5}$ mass concentration based on adaptive BP neural network［J］．Computing，2018，100（8）：825-838．
［60］https：//www. doc88. com/p-29299041622499. html
［61］Huang Y H，Li G Y. Descriptive models for internet of things［C］．International Conference on Intelligent Control and Information Processing IEEE，2010：483-486．
［62］Nakamoto S. Bitcoin：A peer-to-peer electronic cash system［J］．Consulted，2008．
［63］Rahwan I，Cebrian M，Obradovich N，et al. Machine behaviour［J］．Nature，2019，568（7753）：477-486．

第2章

国内外大气污染监管技术进展及启示

2.1 国内大气污染监管技术的进展

大气污染监管技术是指对大气污染物进行监测、评估、预报和管理的技术。中国政府通过大力发展大气污染监管技术，实现对大气污染物的全面监测和管理，保护环境和人民健康。

下面将从大气污染监管技术的发展历程、大气污染监管技术的现状和大气污染监管技术的挑战和展望的角度，对中国大气污染监管技术的研究进展进行综述。

2.1.1 国内大气污染监管技术的发展历程

中国大气污染监管技术可以追溯到20世纪80年代末，当时随着经济的快速发展和工业化进程的加速，大气污染问题变得越来越严重，政府开始加强对大气污染的监管和治理。

我国大气污染监管技术的发展历程可以分为以下几个阶段。

2.1.1.1　传统监测技术阶段（20 世纪 80 年代前）

这个阶段的重点是对大气污染物采用传统的监测方法，如人工采样和化学分析等。这种方法操作复杂、周期长、成本高。20世纪80年代前，中国大气污染传统监测技术处于起步阶段。当时，中国的大气污染主要集中在大城市和工业区，而对大气污染的监测和管理还处于初级阶段。中国政府开始重视大气污染问题，加强对大气污染的监测和治理。而在监测设备方面，20世纪80年代前期，中国的大气污染监测设备主要是传统的手工采样和化学分析方法。这种方法需要人工采样和分析，效率低下、误差大，不能满足大规模监测的需求。

总的来看，中国大气污染传统监测技术阶段存在以下几个方面的局限：

① 监测设备的限制。20世纪80年代前期，中国的大气污染监测设备主要是传统的手工采样和化学分析方法，效率低下、误差大。

② 监测网络的不完善。监测网络覆盖面积较小，监测设备分布不均，监测数据的时空分辨率较低，不能满足大气污染物的全面监测和管理需求。

③ 监测数据处理和分析的不足。大气污染监测的数据处理和分析能力较弱，不能满足对大气污染物的深入分析和评估需求。

综上所述，20世纪80年代前，中国大气污染传统监测技术处于起步阶段，监测设备主要是传统的手工采样和化学分析方法，监测网络覆盖面积较小，监测数据处理和分析能力较弱。然而，随着科技的发展和政府的重视，中国大气污染监测技术得到了不断发展和完善，为大气污染物的监测和管理提供了有力支持。

2.1.1.2　自动化监测技术阶段（20 世纪 80 年代至 21 世纪初）

这个阶段的重点是采用自动化监测技术，如自动采样和在线监测等。这种方法可以实现对大气污染物的实时监测，但设备成本高、维护难度大。传统的手工采样和化学分析方法已经不能满足大规模监测的需求，20世纪80年代至90年代初期，中国开始引进国外的自动化监测设备，如美国的TEOM（tapered element oscillating microbalance）和TSP（total suspended particulate）等设备。并逐步实现对大气污染物的自动化监测。这些设备包括自动采样器、自动分析仪、自动在线监测仪等。这些设备可以实现对大气污染物的实时监测，提高了监测效率和准确性。

20世纪90年代，中国政府开始加强大气污染物监测网络的建设。这个网络不仅覆盖了大城市和工业区，还逐步扩展到全国各地。监测网络的建设为大气污染物的监测和管理提供了基础。此外，中国开始建立大气污染物监测数据处理和分析系统。这个系统可以对监测数据进行处理和分析，确定大气污染物的来源和影响范围。同时，中国还建立了大气污染物预报系统，实现对大气污染物的预报和预警。

2.1.1.3　信息化监测技术阶段（21世纪初至今）

这个阶段的重点是采用信息化技术，如互联网、物联网等，实现对大气污染物的智能化监测。这种方法可以实现对大气污染物的智能化监测和管理，但需要大量的数据支持和算法支持。为了解决人工监管网格化管理效率低、时效性较差、突发事件响应率较低、设备昂贵等难题，更好地进行大气污染监管工作，我国研究了利用采样传感器技术进行大气污染防治网格化监测的技术，并且已经在部分城市得到了较为广泛的应用。利用传感器技术可以打破传统网格化监管的点位限制，根据当地的大气实况建立不同级别的污染监测网格，做到大气污染监管更加精细化、专业化、实时化。但是，这种传感器技术也存在着一定的弊端，例如，传感器的响应会受到外界环境的影响，导致灵敏度下降，准确率降低等。目前，学者们正在研究如何进行传感器校正，以提高其准确性，如进行标物校准、驯化校准、大数据分析的实时校准、传递校准、数据校准、传感器技术修复、复核等。除此之外，新兴的遥感技术也被逐渐应用于大气污染监管。遥感技术依托于卫星监测结果数据，结合地面空气质量监测、污染源在线监测、车载光学遥测技术等技术手段，对目的点进行大气污染监管。同时，云计算和物联网技术的不断发展，也必将促进互联网与大气污染监管技术的更好融合。通过互联网平台进行环境监测，实现环境管理的智能化，提高环境污染突发事件的预警能力，促进公众深入参与环境监管，这无疑是目前的一大趋势。除了遥感技术，我国还将最新的物联网技术应用于大气污染监测取证方面。为了避免大气污染监测“重管理、轻取证”的弊端，物联网技术以多元数据传输与融合技术为基础，实现机载、车载、便携式监测设备数据与执法系统的实时通信，再利用数据库与计算模型，精准识别大气污染区，从而做到快速取证，形成新一代软硬件结合的固定源大气污染物排放现场执法监管系统，显著提高了环境执法工作的执法效率与精准度。物联网技术还将大气污染监控、水污染监控、土壤污染监控相结合，共同构建了一个环境污染质量监控系统，提高了环境污染的监管效果。总体框架如图2-1所示。

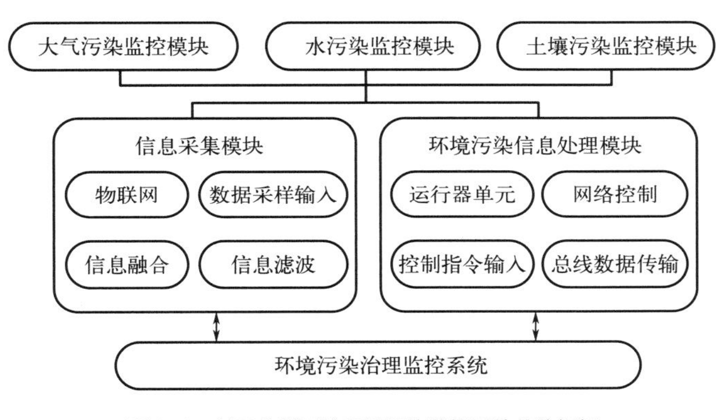

图 2-1　基于物联网的环境污染监控系统总体框架

目前热门的人工智能技术也被应用于大气污染监测中。人工智能技术通过搭载传感器技术和无线通信技术等多种先进技术来构建感知层、利用大量网络节点构成信息传输通道来完善网络层、借助多种智能设备构成应用层，对实时收集到的大气数据进行分析，有助于政府有针对性地制定大气治理方法。在党的二十大上，刘保献代表率先在全国构建起$PM_{2.5}$来源解析技术体系以及挥发性有机化合物（VOCs）监测及质控方法，为全国起了带头示范作用，推动了我国大气污染监测技术的进步。

总的来看，我国大气污染信息化监测技术的进步可以为大气污染治理提供科学依据，促进环境保护和可持续发展。

① 提高监测效率和准确性。自动化监测设备可以实现对大气污染物的实时监测，提高监测效率和准确性。信息化监测技术可以进一步提高监测效率和准确性，实现对大气污染物的全面监测和管理，提高大气污染治理的科学性和有效性。

② 降低监测成本。自动化监测设备可以降低监测成本，信息化监测技术可以进一步降低监测成本，提高监测效率和准确性。这将有助于降低大气污染治理的成本，提高治理的经济效益。

③ 提高数据处理和分析能力。信息化监测技术可以实现对大气污染物监测数据的存储、处理和分析，提高数据处理和分析的效率和准确性。这将有助于实现对大气污染物的深入分析和评估，为大气污染治理提供科学依据。

④ 促进环境保护和可持续发展。信息化监测技术可以提高大气污染治理的科学性和有效性，促进环境保护和可持续发展。大气污染治理的成功将有助于改善人民的生态环境和生活质量，提高国家的环境形象和国际竞争力。

⑤ 推动信息化技术的发展。信息化监测技术的应用将推动信息化技术的发展，促进信息化技术在环境保护和可持续发展领域的应用。同时，信息化监测技术的发展也将促进监测设备和信息处理技术的创新，推动相关产业的发展。

2.1.2　国内大气污染监管技术的现状

目前，中国大气污染监管技术的现状可以分为以下几个方面。

(1) 大气污染物监测网络建设

通过建立大气污染物监测网络，实现对大气污染物的全面监测和管理。目前，我国的大气污染物监测网络已经覆盖了全国大部分地区。

(2) 大气污染物监测设备更新

通过更新大气污染物监测设备，实现对大气污染物的自动化监测和管理。我国的大气污染物监测设备已经实现了自动化、智能化和信息化。

(3) 大气污染物监测数据管理

通过建立大气污染物监测数据管理系统，实现对大气污染物监测数据的统一管理和共享。目前，我国的大气污染物监测数据管理系统已经实现了全国数据的统一管理和共享。

（4）大气污染物监管技术创新

通过创新大气污染物监管技术，实现对大气污染物的智能化监测和管理。目前，人工智能、物联网、大数据、云计算等数字新技术已广泛应用于我国的大气污染物监管领域。

2.1.3　国内大气污染监管技术的挑战和展望

2.1.3.1　我国大气污染监管技术面临的挑战

（1）监测设备的维护和更新

大气污染物监测设备需要定期维护和更新，这需要大量的人力和财力。

（2）监测数据的质量和准确性

大气污染物监测数据的质量和准确性对于监管决策具有重要意义，需要加强数据质量的监控和管理。

（3）监管技术的创新和应用

大气污染物监管技术需要不断创新和应用才能满足不断变化的监管需求。

2.1.3.2　我国大气污染监管技术的发展

在未来，我国大气污染监管技术的发展方向可以从智能化、精准化、智能监管、智能决策等方面努力。

（1）智能化监测技术

通过机器学习、深度学习和人工智能等技术实现对大气污染物的智能化监测和管理。

（2）精准化监管技术

通过精准化监管技术，实现对大气污染物的精准监管和管理。

（3）多源数据融合技术

通过多源数据融合技术，实现对大气污染物的全面监测和管理。

（4）环境监管大数据平台

通过建立环境监管大数据平台，实现对大气污染物监管数据的统一管理和共享。

（5）智能化监管决策支持系统

通过建立智能化监管决策支持系统，实现对大气污染物监管决策的智能化支持和管理。

2.2　国外大气污染监管技术进展

随着全球经济的发展，大气污染成了一个全球性的问题。为了应对这一问题，各个国家都在积极探索大气污染监管技术，其中包括了传统监测技术和信息化监测技术。在国外，大气污染监管技术已经取得了很大的进展。

2.2.1　欧洲大气污染监管技术的发展历程

欧洲是世界上最早开始大气污染监管技术研究和实践的地区之一。20世纪50年代，欧洲开始对大气污染进行监测和研究，主要采用传统监测技术，例如采样和分析方法。当时主要关注的是硫氧化物和颗粒物的排放和浓度。20世纪60年代，随着工业化的发展和交通运输的增长，欧洲的大气污染问题日益突出。欧洲开始采用自动化监测技术，例如自动化监测设备和远程监测技术，以提高监测效率和准确性。20世纪70年代，欧洲开始采用新型监测技术，例如无人机监测技术和卫星遥感技术。这些技术可以实现对大气污染物的全面监测和管理，提高大气污染治理的科学性和有效性。20世纪80年代，欧洲开始采用数据处理和分析技术，例如数据挖掘技术、人工智能技术和大数据技术等。这些技术可以对监测数据进行深入分析和评估，为大气污染治理提供科学依据。20世纪90年代至今，欧洲在大气污染监管技术方面取得了很大的进展。欧洲开始采用源头控制技术、减排技术和清洁能源技术等治理技术，降低大气污染物的排放，减少大气污染的程度和影响。同时，欧洲还在积极推广新型监测技术和数据处理与分析技术，提高大气污染治理的科学性和有效性。

总之，欧洲在大气污染监管技术方面的发展历程可以概括为传统监测技术、自动化监测技术、新型监测技术、数据处理和分析技术以及治理技术。欧洲的技术发展经验为其他国家和地区的大气污染治理提供了借鉴和启示。

2.2.2　美国大气污染监管技术的发展历程

美国大气污染监管技术的发展历程可以分为以下几个阶段。

（1）20世纪50 ～ 90年代

自1955年开始，美国相继颁布了《空气污染控制法》《机动车空气污染控制法》《空气质量法》等多项大气污染管制法规。然而，由于当时尚未完全掌握大气污染的形成规律，这些法律并未能够有效地实现减排目标。

1970年，美国颁布了《清洁空气法》，并于1977年和1990年进行了两次修正。该法案是一项全国性的立法，由联邦政府制定空气质量标准、车辆认证、检测、减排配件应用、燃料生产标准等多项制度。该法案为环境保护署开展行政管理提供了依据，赋予了其对污染大气的行为提起民事和刑事诉讼的权利。该法案在保护环境和公众健康方面发挥了重要作用。

美国在大气污染防治方面采用了市场经济手段控制污染排放，并建立了排污权交易体系，这是其最具特色的治理方式。自20世纪70年代以来，美国环境保护署（US EPA）借鉴了水污染治理的排污许可证制度，对大气污染企业进行管理。由于不同所有者之间排污权的交易必须是有偿的，因此排污权交易市场应运而生，并逐步建立了排污权交易体系。

1990年，《清洁大气法修正案》通过后，联邦政府开始实施酸雨控制计划，其中排污交易主要集中于二氧化硫的减排。该计划在全国范围内的电力行业得到实施，并制定了可靠的法律依据和详细的实施方案，是迄今为止最广泛的排污权交易实践之一。该计划的实施为企业实现减排目标提供了更多的选择，并降低了减排成本，对于改善大气环境产生了积极的影响。

（2）21世纪00年代至今

在这个时期，美国政府开始注重更加科学、智能化的大气污染管理。主要技术包括大气模型、卫星监测、远距离污染控制等。这些技术的应用使得美国大气污染监管技术变得更加完善和先进，能够有效地监控和控制污染物的排放，保护了环境和民众健康。

2.3 国内外大气污染监管技术的经验启示

环境监测技术可以了解大气的各种物质的成分，监测空气质量，从而得到大气污染指数，实现对大气污染的精准监管已是大势所趋。但目前国内外对大气污染监管方面的技术掌握得不够全面，研究内容多集中于大气污染的治理上，相关大气污染监督技术的研究较少，如表2-1所列。这启示我们应努力掌握大气污染监管技术的专业知识，建立起多套精确完整的不同污染治理效果评估体系，同时结合地方特色，因地制宜，实现网格化管理。

表2-1 主题检索

检索源	检索主题（中英文扩展）	限定类型（次要主题）	检索所得文章数量
中国知网 CNKI	大气污染	监督	1182（中文） 190（外文）
	大气污染	监督技术 中国 / 外国	0
ScienceDirect	Air Pollution	Supervision	6（外文）

2.3.1 国外大气污染监管技术的经验启示

2.3.1.1 美国的排污权交易市场

美国在大气污染防治方面，最具特色的是利用市场经济手段控制污染排放，建立了排污权交易体系。自20世纪70年代以来，环境保护署借鉴了水污染治理的排污许可证制度，对大气污染企业进行管理，并通过排污权交易市场实现了污染权的交易。排污权交易体系最初是在酸雨治理中出现的，后来在温室气体减排方面也得到了应用。排污权交易市场的建立为企业实现减排目标提供了更多的选择，同时也降低了减排成本。

2.3.1.2 欧盟的“综合污染防治”原则

欧盟采用了“综合污染防治”原则，通过对污染源进行全面管理，实现了对大气污染的有效控制。欧盟制定了大气污染防治指令，要求各成员国在国内制定大气污染防治计划，并对大气污染源进行全面管理和监管。欧盟还实施了大气污染排放许可证制度，对企业进行排放许可，确保企业排放不超过许可范围。

2.3.2 国内大气污染监管技术的经验启示

（1）“大气十条”等政策措施

我国在大气污染治理方面采取了《大气污染防治行动计划》（简称“大气十条”）等一系列政策措施，通过加强监管、推广清洁技术、实施减排措施等手段，取得了一定的成效。我国还建立了大气污染源在线监测系统，对大气污染进行实时监测和数据共享，提高了监管效率和监管水平。

（2）加强监测和数据共享

在大气污染监管技术方面，应加强监测和数据共享，建立全国性的监测网络，提高监管效率和监管水平。我国应加强大气污染源在线监测系统的建设，实现对大气污染的精准监测和数据共享。

（3）国际合作

各国应加强国际合作，共同应对全球大气污染问题，推动全球环境治理的可持续发展。我国应加强与国际组织和其他国家的合作，共同研究和推广大气污染治理技术，探索解决大气污染问题的有效途径。

（4）推广清洁技术

我国应加强清洁技术的研发和推广，鼓励企业采用清洁生产技术和清洁能源，减少污染物排放。同时，政府应加强对清洁技术的扶持和引导，推动企业进行技术升级和转型升级，促进经济可持续发展。

（5）加强法律法规建设

我国应加强大气污染治理法律法规的建设，完善大气污染防治法律体系，提高法律法规的科学性、系统性和可操作性。同时，应加强对大气污染违法行为的处罚力度，形成有效的威慑机制，促进企业合法经营和社会和谐发展。

（6）加强公众参与

我国应加强公众参与，提高公众的环保意识和环保行动力。政府应加强对公众的环保教育和宣传，鼓励公众参与环保监督，推动环保事业的可持续发展。

综上所述，大气污染治理是全球性的环境问题，需要各国共同努力。通过借鉴国外的经验，我国可以采取适合自身国情的大气污染治理技术，加强监管、推广清洁技术、完善法律法规、加强公众参与等方面的工作，促进大气环境的改善，实现经济可持续发展和社会和谐发展。

参考文献

［1］安磊．新形势下污染源自动监控工作的问题与对策［J］．环境与发展，2019，31（7）：238，240．
［2］段玲玲，赵铭珊．人工智能在环境监测中的应用分析［J］．环境与发展，2020，32（10）：177-178．
［3］贺健．环境监测在当前水及大气污染防治工作中的作用分析［J］．科技资讯，2022，20（18）：139-141．
［4］蒋正庭．技术驱动的精准监管：地方政府落实大气污染治理的机制研究［D］．杭州：浙江工商大学，2021．
［5］金民．基于物联网的大气、水、土壤污染治理监控系统研究［J］．环境科学与管理，2021，46（4）：146-150．
［6］刘柏音，刘孝富，孙启宏，等．基于物联网的固定源大气污染物排放现场执法监管

信息系统设计与应用［J］. 环境工程技术学报，2022，12（5）：1687-1694.
［7］刘烨，李雯. 大气污染网格化监测与传感器技术应用分析［J］. 资源节约与环保，2022（4）：62-65.
［8］王春迎，潘本峰，吴修祥，等. 基于大数据分析的大气网格化监测质控技术研究［J］. 中国环境监测，2016，32（6）：1-6.
［9］王桥，厉青，王中挺，等.“散乱污”企业遥感动态监管技术及应用［J］. 环境科学研究，2021，34（3）：511-522.
［10］吴玥弢，仲伟周. 城市化与大气污染——基于西安市的经验分析［J］. 当代经济科学，2015，37（3）：71-79，127.
［11］徐锋，吕国军，徐乐铱，等. 走航监测在化工区大气 VOCs 污染调查及监管中的应用［J］. 四川环境，2021，40（3）：71-76.
［12］赵鹏，刘保献. 代表：京标技术助津冀环境监测远程监管升级［N］. 北京城市副中心报，2022-10-21（002）.
［13］Abdul Salam. Internet of things for sustainable community development：Wireless communications，sensing，and systems［M］. Berlin：Springer，2020.
［14］Carlos Granell，Denis Havlik，Sven Schade，et al. Future Internet technologies for environmental applications［J］. Environmental Modelling and Software，2016，78.
［15］Gonçalo Marques，Rui Pitarma. A cost-effective air quality supervision solution for enhanced living environments through the internet of things［J］. Electronics，2019，8（2）.
［16］Hakim I T，Budianto B，Immanuel GS，et al. Development of air quality mobile tools for observation［J］. IOP Conference Series：Earth and Environmental Science，2021，893（1）.
［17］J. Andrew Kelly，Herman R. J. Vollebergh. Adaptive policy mechanisms for transboundary air pollution regulation：Reasons and recommendations［J］. Environmental Science and Policy，2012，21.
［18］Maher G R. Air pollution regulation of nonvehicular，organic-solvent emissions by Los Angeles Rule 66.［J］. Journal of the American Oil Chemists' Society，1967，44（8）.
［19］Nishihashi M，Mukai H，Terao Y，et al. Greenhouse gases and air pollutants monitoring project around Jakarta megacity［J］. IOP Conference Series：Earth and Environmental Science，2019，303.
［20］Ohbyung Kwon，Namyeon Lee，Bongsik Shin. Data quality management，data usage experience and acquisition intention of big data analytics［J］. International Journal of Information Management，2014，34（3）.
［21］Photphanloet Chadaphim，Lipikorn Rajalida. PM_{10} concentration forecast using modified depth-first search and supervised learning neural network［J］. Science of The Total Environment，2020，727（prepublish）.
［22］Sehl Mellouli，Luis F. Luna-Reyes，Jing Zhang，et al. Big data，open government and e-government：Issues，policies and recommendations［J］. Information Polity，2014，19（1，2）.
［23］Wayne B. Gray，Mary E. De ily. Compliance and enforcement：Air pollution regulation in the U. S. steel industry［J］. Journal of Environmental Economics and Management，1996，31（1）.
［24］Wu Yunna，Liao Mingjuan，Hu Mengyao，et al. Effectiveness assessment of air pollution prevention and control under collaborative supervision in the Beijing-Tianjin-Hebei region［J］. Sustainable Cities and Society，2020，64（prepublish）.
［25］Yang Xiaodong，Wu Haitao，et al. Does the development of the internet contribute to air pollution control in China? Mechanism discussion and empirical test［J］. Structural Change and Economic Dynamics，2021，56.

下篇

实践与探索

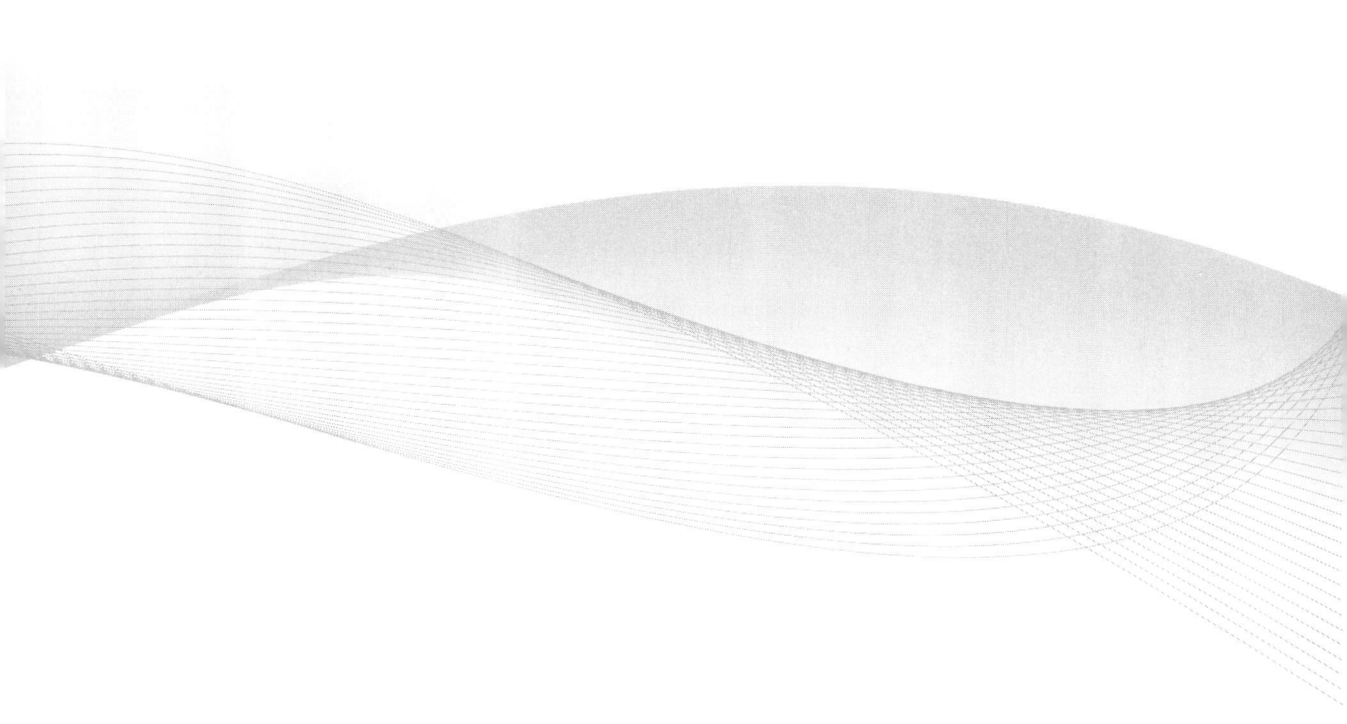

第3章

区域概况：粤港澳大湾区中山市

3.1 自然概况

3.1.1 地理位置和范围

中山市位于广东省中南部，珠江三角洲中部偏南的西、北江下游出海处，地处粤港澳大湾区城市群几何中心。地理坐标：东经113° 09′～113° 46′，北纬22° 11′～22° 47′。中山市市境面积1783.67km^2，截至2023年10月常住人口443.11万人。东与深圳市、香港特别行政区隔海相望，中山港至香港特别行政区51海里（1海里=1.852km，后同）；东南与珠海市接壤，毗邻澳门特别行政区，石岐至澳门特别行政区60km；西面和西南面与江门市新会区和珠海市斗门区相邻；北面和西北面与广州市南沙区和佛山市顺德区相接；马鞍和大茅等海岛分布在市境东西的珠江口沿岸。中山市是中国4个不设市辖区的地级市之一，市政府驻东区街道，下辖25个镇区，总面积1783.67km^2。

3.1.2　地形地貌特征

中山市地形平面轮廓似一个紧握而向上举的拳头，南北狭长，东西短窄。地形配置分北部平原区、中部山地区和南部平原区。中山市平原面积约1242km^2，由低山丘陵分隔成三大片：

① 北部平原，范围东起张家边，西至古镇，北达黄圃，南到石岐附近，是全市最广阔的平原；

② 南部平原，又称金斗湾平原，南及东南与珠海市接壤，西南傍磨刀门水道，北和西北背靠五桂山低山丘陵和白水林高丘陵，是市内第二大平原；

③ 西南部平原，位于磨刀门水道中游东侧，地势偏低，大部分在海平面以下，地下水位高，是市内低层土壤分布地区。

中山市低山丘陵台地位于市境中部偏南，面积约400km^2。滩涂主要分布在市境东面沿海、西南部沿海和河岸，面积约150km^2。

3.1.3　气候特征

中山市位于低纬度区，全境均在北回归线以南，属亚热带季风气候，光热充足，雨量充沛，年平均降水量为1886mm，日照时长1705.4h。年平均雷暴日数为68.2d。影响中山市灾害天气主要有台风、暴雨和强对流。

3.2　人口与经济概况

2021年末，中山市常住人口446.69万人，城镇化率为87.0%。年末户籍人口198.74万人，其中城镇人口176.71万人；出生人口2.34万人，出生率12.01‰；死亡人口1.08万人，死亡率5.57‰；自然增长人口1.26万人，自然增长率6.44‰。

2019年，中山市实现地区生产总值3101.10亿元，同比增长1.2%，增速比前三季度提高0.1个百分点。分产业看，第一产业增加值62.60亿元，同比下降2.0%；第二产业增加值1521.82亿元，同比下降1.6%；第三产业增加值1516.68亿元，同比增长4.4%。三次产业结构进一步调整为2.0 ∶ 49.1 ∶ 48.9。

主要工业产业群有以下几类。

（1）装备制造业

装备制造业是中山市支柱产业。坐落在东部的中山（临海）装备制造业基地和鲤鱼工业园，是中山市最为重要的装备制造业产业平台，有船舶制造和海洋工程、节能装备和替代能源、纺织机械、汽车配件等行业，领潮的龙头企业有广船国际船舶制造及海洋工程有限公司、广东明阳电气集团有限公司、立信门富士纺织机械有限公司、中山日信工业有限公司、伟福科技工业（中山）有限公司等。

（2）家电产业

中山市拥有超过300家规模以上的家电企业，位处北部的南头镇、东凤镇和小榄镇是生产家电的大镇，拥有TCL、长虹、奥马、美的、万和、华帝、长青集团等声名显赫的家电业巨头。

（3）纺织服饰

沙溪镇拥有霞湖世家、东方儿女、三番、柏仙多格等自主服装品牌近200个，是中国休闲服饰名镇；大涌镇因其系列齐全的牛仔服饰在国内市场占有率达40%，被授予了“中国牛仔服装名镇”称号。

（4）电子产业

电子产业属于传统优势产业，有中国电子（中山）基地（位于火炬开发区）和中国电子音响产业基地（位于小榄镇）。前者扎根了纬创资通（中山）有限公司，以及国碁电子、佳能、卡西欧等大型跨国企业；后者拥有音响企业1000多家，爱浪、山水（日本）、威莱、威发（丹麦）、雅佳（日本）、名氏风（英国）、声雅、国光等国内外知名音响品牌企业在此茁壮成长。

（5）灯饰产业

以古镇系列灯具为龙头，辐射周边横栏镇及相关镇区的灯饰生产。素有“中国灯饰之都”美誉的古镇，拥有7km长的“灯饰一条街”（超过1000家企业），坐拥欧普照明、华艺灯饰、胜球灯饰、开元灯饰等著名的行业品牌。

（6）健康医药产业

健康医药产业主要分布在火炬区、南朗镇及石岐区。位于火炬开发区内的国家健康科技产业基地，占地13.5km^2，落户企业130多家，是目前最具规模的国家级健康产业园区；南朗镇的华南现代中医药城是中山市全力打造的另一个医药产业平台，发展势头喜人；总部坐落在石岐区的完美（中国）有限公司则是享誉国内外的健康产品制造和销售商。

（7）小家电产业

小家电产业主要分布在北部的东凤镇、小榄镇、南头镇和黄圃镇。其中，拥有“中国小家电产业基地”之称的东凤镇，聚集了小家电及其配套企业达1000多家，并已建成了全球最大的电风扇制造基地。

（8）五金制品产业

孕育了“中国五金制品产业基地”——小榄镇，并发展成以锁具、燃气具为龙头，上下游产品及各类配件齐全的产业群。

3.3　大气污染防治概况

3.3.1　大气污染防治措施现状

近年来，中山市的城市化进程和工业化进程导致中山市的大气污染日益严重。除此之外，中山市内有长腰山等山坡，同时也有八公里河等河流，如此特殊的地理环境，使得中山市一旦遭遇持续的不利气象灾害其大气污染物便会不断积累，导致中山市的空气质量迅速变差。例如，在2013年全年，中山市发生了12次持续性空气污染。此外，由大气污染引起的疾病也在逐渐增多，在2017年，心脑血管疾病引起的疾病是中山市人口主要死因，占中山市全部死因的38.84%。面对大气污染，中山市出台了许多大气污染防治措施，使中山市的大气污染防治得到了良好的收益，有力地回应了国家"打赢蓝天保卫战"的口号。

3.3.1.1　成立中山市气象观测场

中山市在紫马岭设立了气象站，内有中山市气象观测场。中山市紫马岭国家气象站主要是利用自动站和人工站进行监测。这种监测方式在利用了现代化设备的同时也采取了人工监管的模式，得到的大气污染数据较为真实；但是，与此同时，它也存在着自动监测数据和人工核验数据存在误差、两种方式的读数仪器存在差异、人工读数相对来说较容易出现粗差等缺点。

3.3.1.2　联合区市开展多项环境合作项目

作为粤港澳大湾区的一部分，中山市与其他区市联合开展了多项环境合作项目，如粤港清洁生产伙伴计划、粤港环保及应对气候变化合作小组、粤港碳标签、粤澳环保合作协议、粤港澳珠江三角洲区域空气监测网络、粤港澳区域大气污染联防联治、粤港澳气象现代化建设等多项环境合作项目，且已于2022年4月初步建成粤港澳大湾区温室气体监测网，具有较好的温室气体和大气污染协同控制基础。同时，粤港澳大湾区在全局熵值法的基础上选取指标，构建评价指标体系；同时采用耦合协调度模型，测算各指标之间的耦合度，以此研究区域层面温室气体和大气污染物协调控制现状。

3.3.1.3　发布多项大气污染防治公告

据中山市生态环境局数据，2020～2021年中山市共发布了13项公告，其中与大气污染防治相关的有5项，体现了中山市政府对于大气污染防治的重视。

近年来，针对大气污染防治，中山市政府还出台了一系列专门方案和政策，例如《中山市大气污染防治强化措施方案》。该方案提出要进行工业源治理，依法取缔“小散乱污”企业；同时还要开展移动源治理，主要是对一些交通工具所排放的大气污染物进行治理；除此之外，还需要进行面源治理，即加强对扬尘、油烟、焚烧污染的管控。最后，该方案还提及了应对污染天气的措施以及阐述了政府和部门的责任，对中山市的大气污染防治起到引导作用。

3.3.1.4 建立空气质量多模式预报系统

中山市建立空气质量多模式预报系统，该系统结合气象模式和污染模式，同时利用可量化、精准化的数值预报，为中山市提供了丰富的气象和污染预报产品，也为重污染天气应急措施的开展提供关键技术支持。

3.3.1.5 加快仪器的更新迭代

中山市一直从未停下大气污染防治的脚步。近年来，中山市在持续采购大气环境网格化监管系统服务项目，例如中山市大气环境网格化监管系统项目一期及二期服务项目，同时购置了许多固定微型空气质量检测仪等，用以检测$PM_{2.5}$、PM_{10}等大气污染物，以协助达到大气污染防治的目的。此外，中山市还投入大量的资金用于整治黄标车、补贴锅炉改造和新能源方面。

3.3.1.6 精准识别污染来源，分级评估

在2022年，中山市发布了“中山市大气环境重点区域污染来源精准识别管控项目（2022年）招标公告”，同时还公开了“中山市涉挥发性有机物（VOCs）重点企业（2021年版）分级管理评定结果”，对中山市内排放挥发性有机物的重点企业进行了污染等级评定。

3.3.1.7 紧跟前沿技术，开拓创新

中山市的大气污染防治技术一直走在科技前线。中山市结合最新的大气污染监测技术，配置了VOCs质谱走航监测车。这台设备搭载了空气质量传感器、气象系统、视频系统、VOCs移动质谱仪、后备电源安全系

统等几大部分，具有及时、精准地提供污染源的位置、实时绘制污染源地图等功能。

3.3.2　中山市大气污染防治取得成效

近几年，中山市城市空气中的二氧化硫、可吸入颗粒物（PM_{10}）、细颗粒物（$PM_{2.5}$）的年平均浓度或特定的百分位数浓度均达到环境空气质量（GB 3095—2012）二级标准，降尘达到广东省推荐标准，2019年全市环境空气质量指数（AQI）介于19～206之间，2020年全市环境空气质量指数（AQI）介于16～198之间。2015～2018年中山市日平均大气污染物浓度如表3-1所列，中山市的空气质量较好。

表3-1　2015～2018年中山市日平均大气污染物浓度

大气污染物	日平均浓度 /（μg/m³）	污染物项目浓度限值 /（μg/m³）	空气质量分指数（IAQI）	空气质量级别
PM_{10}	46.1	0～50	0～50	一级
$PM_{2.5}$	30.9	0～35		
SO_2	10.3	0～50		
CO	0.9	0～2		
O_3	84.7	0～100		
NO_2	31.7	0～40		

注：大气污染物 O_3 中的浓度为每日8h的平均浓度。

中山市将改善空气质量作为高质量发展的“生命线”，大气污染防治责任考核2014年、2015年、2016年连续三年获“优秀”，$PM_{2.5}$、PM_{10}、CO、NO_2、SO_2五项指标已实现多年持续下降并稳定达标，2019年PM_{10}、NO_2、SO_2浓度降幅均高于广东省、珠江三角洲的平均水平，超额完成《大气污染防治行动计划》空气质量改善目标任务。

在推进蓝天保卫战过程中，中山市不断探索现代化大气治理体系建设，逐步形成系统谋划、精细化管理和科学防控的治理思路，助力中山市绿色发展。

参考文献

[1] 陈健儿，黄志强．投入超 10 亿整治大气污染［N］．中山日报，2014-10-25（002）．

[2] 杜敏．“系统化、精细化、科学化”——中山打好蓝天保卫战助推高质量发展［J］．环境，2020（5）：24-26．

[3] 段献忠，陈欢欢．珠江三角洲空气污染时空分布特征及一次区域性污染过程气象特征数值模拟［J］．中山大学研究生学刊（自然科学与医学版），2008，29（3）：42-49．

[4] 房小怡，蒋维楣，吴涧，等．城市空气质量数值预报模式系统及其应用［J］．环境科学学报，2004（1）：111-115．

[5] 冯志强，宋怡恒．中山市新气象观测站人工站与自动站气象要素对比［J］．广东气象，2008，30（S2）：103-105．

[6] 胡凯旋，林维，夏生林，等．2017 年中山市急性心脑血管事件流行特征分析［J］．中国慢性病预防与控制，2019，27（6）：478-481．

[7] 蒋争明，徐迅宇，陈吟晖，等．空气质量多模式预报系统在中山市的应用［J］．中国环境监测，2018，34（4）：34-43．

[8] 刘海艳，于会彬，王志刚．粤港澳大湾区温室气体和大气污染物协同控制现状分析［J/OL］．环境工程技术学报：1-11［2022-11-26］.http：//kns.cnki.net/kcms/detail/11.5972.X.20220810.1012.006.html

[9] 王文丁，陈焕盛，姚雪峰，等．中山市 2013 年污染天气形势和气象要素特征分析［J］．中国环境监测，2016，32（1）：44-52．

[10] 闫莹莹，肖欢欢．科技神器“揪”出大气污染黑点［N］．中山日报，2021-08-30（003）．DOI：10．38337/n.cnki.nzsrb.2021.001976．

[11] 张浩玲，李玉，卢潮，等．中山市学校大气细颗粒物及内聚成分分析［J］．职业与健康，2022，38（3）：380-383．

[12] 张浩玲，林海，李俊毅，等．2015 ～ 2018 年中山市大气污染物与急性心脑血管疾病发病的广义相加模型分析［J］．职业与健康，2022，38（18）：2541-2545．

[13] 中山市人民政府办公室．中山市人民政府办公室关于印发中山市大气污染防治强化措施方案的通知［EB/OL］．http：//www.zs.gov.cn/zwgk/gzdt/tzgg/content/post_300488.html，2017-10-27．

[14] 中山市生态环境局．2019 年中山市生态环境质量报告书［N］．中山日报，2020-06-05（010）．

[15] 中山市生态环境局．2020 年中山市大气环境和水环境质量报告书［N］．中山日报，2021-06-05（003）．

[16] 2015 年中山市环境质量报告书［N］．中山日报，2016-06-03（009）．

[17] 2016 年中山市环境质量报告书［N］．中山日报，2017-06-03（005）．

第4章

研究方法

4.1 大气污染防治网格化监测系统构架

大气网格化监测系统是采用“网格化布点+多元数据融合+时空数据分析”的模式，在重点区域以网格形式布设现场监测点，用以获取实时、全面、高密的大气污染物浓度数据，运用基于GIS的后台数据分析系统，实现全市大气污染物浓度的时空动态变化趋势分析，进而判断污染来源，追溯污染物扩散趋势，对污染源起到最大程度的监管作用，为环境执法和决策提供直接依据。

目前，中山市按照2km×2km大气网格化布点监测工作，2018年完成100台固定微型空气质量检测仪的安装，2019年又增加了200台固定微型空气质量检测仪，总计300台固定微型空气质量检测仪。微型空气质量检测仪的监测指标有$PM_{2.5}$、PM_{10}、CO、NO_2、SO_2、O_3、TVOCs、温度、湿度、风速风向。参考《环境空气质量监测点位布设技术规范（试行）》（HJ 664—2013）要求，结合中山市地形地貌特征、工业产业分布特征，按照传输通道、国控站周边、主要工业企业、五桂山周边等方式布设空气微观监测设备，同时对重点涉气污染企业提供VOCs监测服务。其中，国控站周边布设28个站点、市控站周边布设12个站点、传输通道布设64个站点、主要工业企业布设60个站点（增设VOCs）、五桂山周边布设25个站点、网格化布设111个站点。中山市目前建设有生态环境大数据服务平台，主要包含数据采集和传输系统、大气网格化精准监测系统、大气网格化精细监管系统、Air+APP。

4.1.1 数据采集和传输系统

数据采集和传输系统各模块以及功能如表4-1所列。

表4-1 数据采集和传输系统各模块以及功能

模块	功能
数据收发服务	数据通信管理系统与现场采集设备的接口实现。主要功能是接收现场设备采集到的数据并提交给数据解析服务；并从数据解析服务接收指令或者应答并下发到现场设备
数据解析服务	数据解析服务是接收数据收发服务传送过来的数据并根据协议库中的相关协议进行数据分析整理，并将分析整理结果分发给相应的服务；接收Web端的指令并按照协议库中内容进行数据组合并发送给数据收发服务
数据存储服务	数据存储服务是通信系统将解析后的数据按照相关要求插入业务数据库。建立缓冲机制实现数据入库失败后的二次入库功能
日志服务	日志服务是系统要将整个数据处理的环节以日志的形式详细记录，便于以后对数据进行跟踪

4.1.2 大气网格化精准监测系统

大气网格化精准监测系统各模块以及功能如表4-2所列。

表4-2 大气网格化精准监测系统各模块以及功能

模块		功能
环境动态	首页	（1）实现根据不同区域用户登录而展示不同信息，展示当前城市空气质量信息，主要内容包含：实时AQI指数、统计时间、空气质量等级，6参数（$PM_{2.5}$、PM_{10}、CO、SO_2、O_3、NO_2）指数（及首要污染物），当天天气情况（天气、温度、湿度、风向及风速）。 （2）实现站点实时数据GIS展示。 （3）实现省内年累计综合指数排名、区域综合指数排名统计展示。

续表

<table>
<tr><th colspan="2">模块</th><th>功能</th></tr>
<tr><td rowspan="5">环境动态</td><td>首页</td><td>（4）实现城市大气污染防治目标考核：当年考核进度，累计优良天数统计、6参数（$PM_{2.5}$、PM_{10}、CO、SO_2、O_3、NO_2）当前累计情况及年目标。
（5）实现年累计污染地图：当前用户所属区域的下级行政区划的空气质量6参数（$PM_{2.5}$、PM_{10}、CO、SO_2、O_3、NO_2）年累计污染统计。
（6）实现污染日历：当月空气质量统计及同比分析。
（7）实现实时AQI地图：当前用户所属区域实时空气质量等级及AQI指数展示。
（8）实现天气预报：未来5天天气预报</td></tr>
<tr><td>实时数据</td><td>实现微型空气质量检测仪、国/省/市控站及区域实时数据查询</td></tr>
<tr><td>实时地图</td><td>（1）实现在GIS地图上展示当前用户权限范围内可查看的所有站点的AQI、$PM_{2.5}$、PM_{10}、CO、NO_2、O_3、SO_2、风向、风速的参数数值。
（2）实时地图基础功能包括：
① 地图可以选择区域和站点；
② 地图可以选择不同参数；
③ 地图辅助功能区，提供辅助功能，包含测距功能、地图普通/直观显示切换、地图全屏展示、重新加载数据</td></tr>
<tr><td>污染地图</td><td>（1）实现地图实时动态展示各参数（$PM_{2.5}$、PM_{10}、CO、NO_2、O_3、SO_2）污染情况。
（2）地图可以选择不同参数，实时动态展示站点参数数值</td></tr>
<tr><td>污染日历</td><td>（1）实现按日历形式展示区域每天的污染情况。
（2）展示当前区域当年的同比环比污染情况</td></tr>
<tr><td rowspan="2">管控策略</td><td>达标考核</td><td>提供站点、区域的AQI及六项参数的达标情况，支持环比和自定义时间查询、支持查询结果导出excel；分别以表格和图例的形式展示</td></tr>
<tr><td>预警预判</td><td>通过设置AQI或6参数的目标值，模拟计算6参数当前累计值以及剩余控制等达标情况，同时支持日度目标、月度目标、年度目标的计算；模拟计算如优良天数要达到设定目标值，所需的当年累计和剩余天数情况</td></tr>
<tr><td rowspan="5">综合排名</td><td>全国排名</td><td>（1）将全国主要城市按照小时、日、周、月、年进行综合指数排名，可显示综合指数及主要污染物的浓度，污染指数信息。支持正序倒序排名。
（2）累计查询：可查询截止到当前所选日期的小时、日、周、月、年的累计指数排名。
（3）自定义查询：选择时间段内区域的综合指数排名，默认正序。
（4）数据导出：可以将查询结果导出excel保存</td></tr>
<tr><td>省内排名</td><td>将本省范围内城市的空气质量数据按照小时、日、周、月、年进行综合指数排名，可显示综合指数及主要污染物的浓度、污染指数信息。可将选择时间所在小时、日、周、月、年的综合指数进行排名，支持正序倒序排名</td></tr>
<tr><td>区域排名</td><td>将当前城市下属区县按照小时、日、周、月、年进行综合指数排名，可显示综合指数及主要污染物的浓度，污染指数信息。支持正序倒序排名</td></tr>
<tr><td>关注城市排名</td><td>可将选择时间所在小时、日、周、月、年的综合指数进行排名，支持正序倒序排名</td></tr>
<tr><td>自定义排名</td><td>（1）实现可以查看自定义时间段内，自定义城市及站点的排名情况。
（2）实现小时、日数据选择：按照日/时进行数据切换，支持按最近一天、最</td></tr>
</table>

续表

模块		功能
综合排名	自定义排名	近一周、最近一月三种快捷方式及自定义时间段内的综合指数排名。 （3）实现污染物切换：默认综合指数排名，选择 $PM_{2.5}$、PM_{10} 等污染物后，显示按照选择的污染物进行排名情况支持正序倒序排名。 （4）支持将查询结果导出 excel
分析研判	同比分析	实现对各地区各项参数同比分析
	环比分析	实现对各地区各项参数环比分析
	占比分析	实现污染物占比分析
	风向玫瑰	实现风向玫瑰图展示
	历史地图	实现以地图的模式展示历史不同区域、不同时间段、不同参数的数据情况
	污染贡献占比	实现对各个污染物贡献占比分析
	优良天数	实现统计各地区和站点的月或者年度的优良天数，并给出去年同期对比情况
数据仓库	数据查询	查询各区域、站点的实时、日、周数据
	数据比对	查询不同区域或站点，某个参数的比对数据
	AQI 查询	查询各区域、站点的小时、日 AQI 数据
	综合指数查询	查询各区域、站点的时、日、周、月各参数指数与综合指数
	单点多参趋势	查看某个区域或站点的不同参数的趋势图
	多点单参趋势	查询不同站点或区域某个参数的趋势图
	累计趋势	查询某个站点或区域，某个参数的月、年累计数据
	日均趋势	查询各区域或站点，最近 1 月或 1 周时间内，24 小时各参数均值趋势图
报告服务	空气质量日报	提供空气质量日报功能。报告通过图表来呈现环境数据，包括对空气质量 AQI 各项污染物的具体统计分析情况、对比情况、预报情况、与历史同期对比情况等进行数据分析和图形显示
	空气质量通告	对空气质量通告进行查询和浏览，通告是指区域上月和累积到上月的空气质量变化情况。可查看当天或历史通告。通告内容主要是空气质量综合指数、主要污染物、同比变化、排名等
	微型空气质量检测仪统计	提供微型空气质量检测仪自动监控统计表
	报告管理	对空气质量报告进行管理
运营服务	数据传输率	查询站点设备数据传输情况
	设备在线率	查看设备指定月份在线时长、在线率的情况
	联网状态	以地图的形式显示设备的在线、掉线状态

续表

模块		功能
运营服务	数据有效率	查看设备某一时间段上传数据的情况
	报警记录	查看点位的五类报警
	通知人维护	短信通知人维护
	短信记录	对已发送短信的查询功能
	设备异常统计	异常数据次数统计，并可查看异常详情
系统配置	站点信息	提供站点基本信息的维护管理功能，可对站点进行增加、修改、删除、查询等操作
	站点参数	提供配置站点监测的参数功能
	站点分组设置	将站点进行分组，以方便其他功能操作
	通知人维护	短信通知人维护
	区域信息	对区域信息进行维护管理，提供对区域的增加、修改、删除操作
	关心城市设置	实现关注城市管理，可增加、删除
	计算区域配置	区域数据是由站点数据统计而来，在此可配置区域由哪些站点数据统计
工作群	工作群	服务经理可以根据分配给自己的项目，创建工作群，并且修改相关配置

4.1.3　大气网格化精细监管系统

大气网格化精细监管系统各模块以及功能如表4-3所列。

表4-3　大气网格化精细监管系统各模块以及功能

模块		功能
环境网格化信息地图	监控点信息	以地理信息为基础，对重点监控点进行标注，可查看监控点的信息
	地图基本操作	对地图进行基本操作。污染源分图层进行显示、隐藏，支持快捷图层的切换
	事件信息	能够在地图上显示及查询各类状态的事件信息
	污染源信息	能够在地图上显示及查询污染源信息
	网格员信息	以地理信息为基础，实现对网格员的实时位置及信息查看
事件中心	事件管理	（1）实现对自查自纠、设备报警事件、群众举报事件、督察上报事件的统一管理，可对事件进行增加、删除、修改、批量结案、分发、派遣等操作。 （2）事件中心通过权限控制，不同级别用户只能操作管辖范围内的事件

续表

模块		功能
事件中心	事件详情	选择某一事件可查看事件详细信息。包括事件基本信息、处理流程、设备报警信息、事件评论
	已办待办	（1）当前用户的待办事件统计、列表，支持待办提醒。 （2）当前用户的已办事件历史查询、统计。 （3）显示网格事件所有流程节点中的任务统计，可查看详细事件列表、事件详情、当前处理人、各节点处理时间、处理意见、附近站点信息
	事件定位	网格事件和网格员之间的路径提示，方便网格员快速定位事件地点
	污染事件溯源	基于 GIS 地图监测站点叠加风玫瑰图，初步研判污染因子来源方向，用图表结合显示站点周边污染源，根据 AQI 数值范围不同显示不同范围内的污染源，例如，AQI 为 80 ～ 100 显示站点周边 1km 的污染源，100 ～ 150 显示站点周边 3km 的污染源，以此类推，并将此部分污染源作为嫌疑污染源，为加大巡查和治理力度提供依据
	考核统计	对事件处理完成率、事件处理及时率、事件区域分布、事件类型占比、污染类型占比等进行统计分析
网格管理	网格划分	根据当地网格体系，实现网格基本信息的填写、删除、修改等功能，在 GIS 地图上实现网格边界展现
	网格角色	根据用户类型，配置不同的网格角色，将网格与用户关联起来
事件考核	考核统计	对事件处理完成率、事件处理及时率、事件区域分布、事件类型占比、污染类型占比等进行统计分析

4.1.4　Air+APP

Air+APP 各模块以及功能如表 4-4 所列。

表 4-4　Air+APP 各模块以及功能

模块	功能
标准站	（1）实现标准监测站点实时监测数据、污染物、AQI、站点排名。 （2）可按时、日、月、年进行展示排名。 （3）排名方式支持正序倒序。 （4）支持站点收藏。 （5）支持站点详细信息查看。 （6）支持附近站点比对功能，支持 500m、1000m、1500m、2000m 距离参数选择
微型空气质量检测仪	（1）实现微观监测站点实时监测数据、污染物、AQI、站点排名。 （2）实现监测站点分类过滤展示。 （3）可按时、日、月、年进行展示排名。 （4）排名方式支持正序倒序。 （5）支持站点收藏。 （6）支持站点详细信息查看。 （7）支持附近站点比对功能，支持 500m、1000m、1500m、2000m 距离参数选择

续表

模块	功能
城区排名	实现城区 AQI、污染物等信息的排名展示
乡镇排名	实现乡镇 AQI、污染物等信息的排名展示
全国城市空气质量查询	查看全国范围内其他城市的空气质量信息，并可与当前城市、区域进行比对
巡检	实现移动端事件上报及流程处理，事件发生后可自动生成任务电子单，依据监测对象类型选择不同管理部门各自的派单流程进行任务派单并反馈处理结果
关注	将重点关注的监测点位、城区、乡镇、区域设置关注后，可实现快速查看关注点位数据
热力图	通过空气质量热力图，动态展示过去某一时间段内的污染变化过程
污染日历	按日历形式展示区域当年或历史每一天的污染情况
时报	提供空气质量小时报告。包含区域空气质量环境、优良天气统计、区域国控点环境
日报	提供空气质量当日报告。包括空气质量与气象条件关系分析、与去年的同比分析、优良天气统计、当月同比分析、当年同比分析、各站点空气质量超标情况、未来五日空气天气预报
云图	实现将标准站、微型空气质量检测仪的站点进行分类，并将监测参数的值显示在地图上，更形象地展示空气质量
工作圈	提供工作即时消息功能。实现语音聊天、文字、图片、群聊、定位、事件上报、污染源标注、今日统计，支持关键字智能匹配、话题、置顶、提醒、点赞、评论、历史消息搜索、历史记录清空、消息统计
消息	提供当前用户接收系统推送信息，无缝集成资讯、事件、时报、日报、运维，支持分享知识、心得

4.2　大气环境物联网 AI 监测监管系统搭建

大气环境物联网AI监测监管系统由大气全景分析、智能监管执法、多元数据统计、智能环境分析和设置五部分组成，如图4-1所示。

4.2.1　大气全景分析

大气全景分析主要包括实时地图和动态地图。

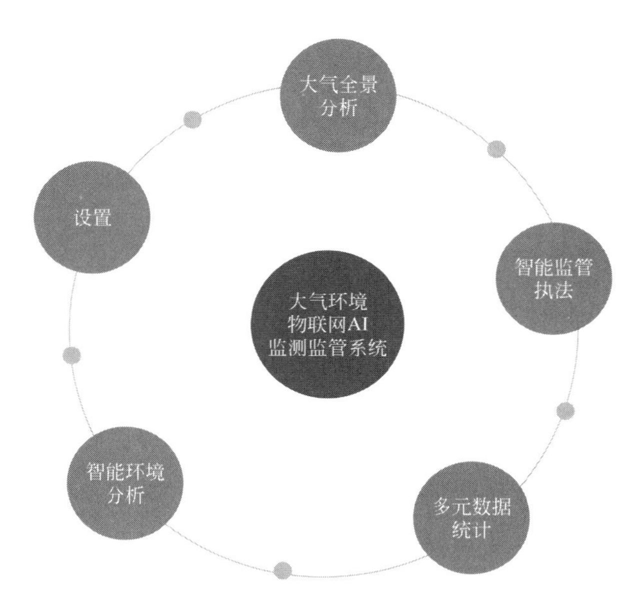

图 4-1　大气环境物联网 AI 监测监管系统

4.2.1.1　实时地图

实时地图的功能可分为监测点定位、辅助分析工具、模式切换、数据详情、标准站分析、其他环境监测点、视频数据、污染源展示、主页、动态管控、污染溯源、污染预测、运维设备。

实时地图的具体功能如下所述。

(1) 监测点定位

监测点定位可分为3种类型，分别是：

① 多元数据类型，包括环境监测点和污染源；

② 环境监测点，包含环境监测固定点、环境监测移动点，污染源包含人为标记污染源和监管污染源；

③ 通过图层控制不同的点位类型的显示与隐藏。

(2) 辅助工具分析

辅助工具分析为区域定位、搜索、点位数据、风场、测距、数据分析。

辅助工具分析各个功能的作用如图4-2所示。

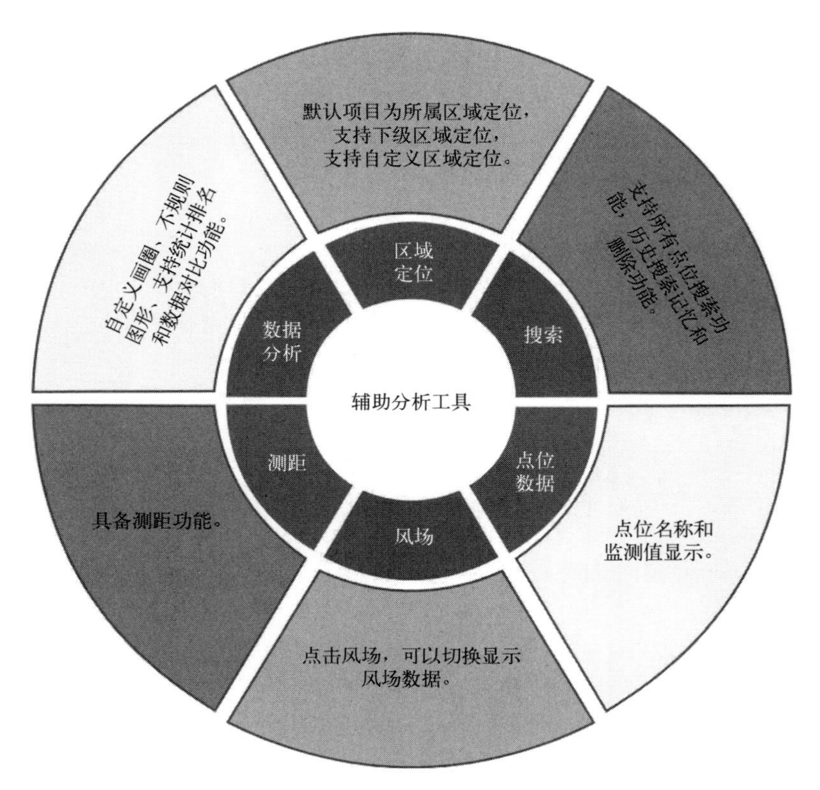

图 4-2　辅助工具分析各个功能的作用

（3）模式切换

模式切换可支持卫星地图和卫星模式切换。

（4）数据详情

数据详情可支持不同的数据类型实时数据展示以及展示该点位的实时监测数据、24小时数据及7天日数据变化趋势。

（5）标准站分析

标准站分析的内容主要包括3个方面：

① 进行实时数据显示，通过变化趋势展示数据详情，可以掌握环境的大体概况。

② 统计该点周边3km范围内的事件。

③ 分析周边监测点与该标准点的相关性。

（6）其他环境监测点

其他环境监测点不仅可以进行实时数据显示，通过变化趋势展示数据详情，还可以统计该点一定时间范围内产生的事件。

（7）视频数据

视频数据为实时的视频数据，可支持查看各类摄像头接入，查看实时视频。

（8）污染源

污染源的数据监测，可以通过实时数据显示，观察其变化趋势的数据详情。除此之外，还可以通过该点周边3km监测点位、污染源、报警事件。

（9）主页

辅助分析工具的主页主要展示环境监测情况、排名统计、报警、预警、AI事件。具体功能如图4-3所示。

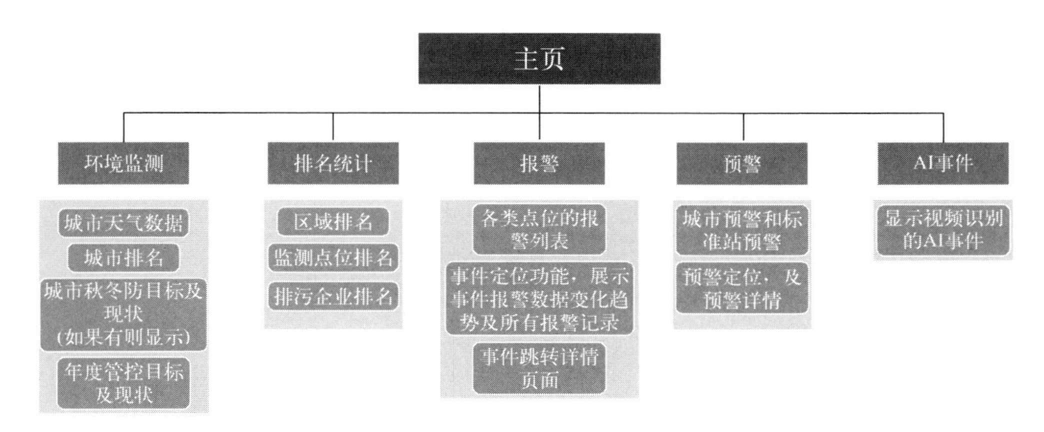

图 4-3　主页各个功能的作用

（10）动态管控

动态管控可分为实时管控、日管控和周管控。

① 实时管控的内容包括根据实时气象数据显示实时管控清单以及实时显示处理人员和车辆定位。

② 日管控主要是根据预测日数据生成日管控清单。

③ 周管控主要是根据预测的周数据生成周管控清单。

（11）溯源分析

溯源分析主要通过综合分析区域内外部污染传输情况，统计内外部传输污染贡献度以及分析各环境监测点对标准站的污染相关性。

（12）污染预测

污染预测主要分为24小时预测和7天预测。

① 24小时预测主要为区域24小时AQI、首要污染物的预测，并结合天气预测进行展示。此外，还包括标准站24小时预测展示。根据24小时污染结果提出管控建议。

② 7天预测主要包括区域未来7天的天气、空气质量预测，并根据预测结果提出管控建议。

（13）运维设备

运维设备包括点位运维设备和污染源运维设备。

① 点位运维设备指环境监测固定点在线、掉线情况并记录掉线时间。

② 污染源运维设备，指监管的污染源的在线、掉线情况并记录掉线时间。

4.2.1.2 动态地图

动态地图主要包括污染云图和历史地图。

① 污染云图可以实现自定义时间内区域污染情况热力图动态播放。

② 历史地图能够实现在GIS地图上各环境监测点及污染源的历史数据。

4.2.2 智能监管执法

智能监管执法功能主要包括6个方面，分别为事件概况、事件云图、事件列表、自动上报来源、人为上报来源和事件详情。

4.2.2.1 事件概况

大气环境物联网AI监测监管系统智能监管执法事件概况功能为：

① 实现本周、本月、本年三个时间维度的监测。

② 统计本周事件总数；事件各阶段的事件数，分别是“待启动、待派遣、待认领、待处理、待审核、待结案、已结案、已关闭”，该流程可根据项目需求自定义设置。

③ 统计本周7天“设备上报”和“巡查上报”的事件。

④ 统计不同时间维度下平均办结时间、响应及时率、办结率。

4.2.2.2　事件云图

根据三个时间维度的事件概况生成事件云图。

4.2.2.3　事件列表

智能监管执法事件列表功能由高级筛选、导出数据、批量操作、动态列表、环境问题、设备问题和列表内容 7 部分组成。

（1）高级筛选

支持：按时间范围、区县、管控区、上报类型、上报来源、设备类型、报警策略、事件状态、模糊搜索（支持事件名称和事件 ID 模糊搜索）、与我相关、我的收藏。

（2）导出数据

支持自定义参数导出事件数据。

（3）批量操作

支持批量关闭和批量删除。

（4）动态列表

列表默认显示8列内容，可以自定义切换显示其他内容。

（5）环境问题

环境事件分为自动上报、人为上报。

① 自动上报即各种环境监测根据环境报警策略自动触发上报的事件。

② 人为上报分管控上报和督查上报。其中，管控上报即动态管控过程中实时上报；督查上报即根据各项目情况配置。

（6）设备问题

设备故障分为自动上报和人为上报。

① 自动上报即各种环境监测设备根据无效和掉线报警策略自动触发上报的设备事件。

② 人为上报即可通过管控上报。

（7）列表内容

主要包括默认和可扩展两部分。

① 默认：事件名称、上报类型、上报来源、事件类型、报警内容、事件状态、报警值、报警详情。

② 可扩展：事件ID、更新时间、责任单位、报警策略。

4.2.2.4 自动上报来源

智能监管执法自动上报来源于标准站报警、微型空气质量检测仪报警和视频点报警。根据标准站配置的报警策略自动触发上报事件为标准站报警。根据微型空气质量检测仪配置的策略自动触发上报事件为微型空气质量检测仪报警。通过AI模型自动抓取事件，进行报警并自动生成图片为视频点报警。

4.2.2.5 人为上报来源

智能监管执法的人为上报来源分为两类：一是人为上报事件，这种类型属于管控上报；二是上级指派事件，这种类型属于督查上报。

4.2.2.6 事件详情

智能监管执法事件详情分为环境概览详情和事件详情。

（1）环境概览详情

环境概览详情功能包括事件处理操作；点位实时数据情况。

（2）事件详情

该事件包含报警条数，报警最多参数，报警高发/低发时段；逐条报警信息情况展示；点位24小时变化趋势；周围点位变化趋势；点位AI溯源情况；点位周围不同范围内污染源变化情况；新增“收藏”功能。事件详情功能是用于事件处理情况跟踪。

4.2.3　多元数据统计

大气环境物联网AI监测监管系统的多元数据统计模块由数据统计、数据查询和数据比对三部分构成。

4.2.3.1　数据统计

数据统计主要包括事件统计、绩效考核、服务人员统计、设备运营统计和污染源统计。

（1）事件统计

事件统计可分为数据查询和筛选管控区、自定义时间段，按不同维度对事件进行统计。筛选管控区、自定义时间段，按不同维度对事件进行统计，包括：统计不同流程节点事件数量；统计不同来源、不同流程节点事件数量；按日、按周、按月统计不同来源的事件数量并以曲线图展示；按区县的事件及时率和结案率进行统计。

（2）绩效考核

绩效考核包括辖区考核、部门考核和人员考核。

1）辖区考核

① 综合考核维度：综合得分、响应率得分、经办率得分。

② 列表统计维度：响应任务数、经办任务数、考核数、考核事件、总任务。总任务为：a. 支持二级部门、三级部门按列表展示，包括综合得分、响应率得分、经办率得分、考核事件数、事件数；b. 查看该区域的考核详情，查看响应排扣分项和经办扣分项。

2）部门考核

① 综合考核维度：综合得分、响应率得分、经办率得分。

② 列表统计维度：响应任务数、经办任务数、考核数、考核事件、

总任务。总任务为：a. 支持二级辖区、三级辖区、四级辖区按列表展示，包括综合得分、响应率得分、经办率得分、考核事件数、事件数；b. 查看该区域的考核详情，查看响应排扣分项和经办扣分项。

3）人员考核

① 统计维度：响应任务数、经办任务数、考核数、考核事件、总任务。

② 单人考核维度：综合得分、响应率得分、经办率得分。

③ 单人统计维度：考核事件、总任务查看响应排扣分项和经办扣分项。

(3) 服务人员统计

服务人员统计包括数据查询和数据导出。

1）数据查询

① 对服务人员进行统计，包括运维人员考核统计，包括上报事件数和设备事件完成率。

② 网格人员考核统计，包括网格人员响应及时率、事件处理率，并计算出总分。

2）数据导出

支持excel格式导出。按所选区域、所选时间范围内导出运维人员考核统计和网格人员考核统计。

(4) 设备运营统计

设备运营统计包括数据查询和数据导出。

1）数据查询

对微观固定站和微观流动站的设备报警和设备运转情况进行统计，包括对设备异常报警次数和掉线报警进行统计和对设备在线率和数据传输率进行统计。

2）数据导出

支持excel格式导出。按所选区域（或支持MN或微观点名称搜索）及所选时间范围内导出设备报警和掉线报警详情，以及设备在线率和数据传输率统计情况。

（5）污染源统计

污染源统计分为数据查询和数据导出。

1）数据查询

统计标记污染源总数，以及9类污染源数量。统计标记可按区域和按标记人员，并选择时间范围进行分类统计，同时也支持查看不同时间刻度（日、周、月）的数据统计。

2）数据导出

支持excel格式导出。数据导出可按区域导出各类污染源数量以及按人员导出各类污染源数量。

4.2.3.2 数据查询

多元数据统计模块的数据查询由环境监测、污染源（排污企业）和污染源组成。

（1）环境监测

环境监测数据查询的数据包括标准站数据查询和微型空气质量检测仪数据查询。标准站数据查询功能和微型空气质量检测仪数据查询功能均可进行实时排名、历史排名、历史数据查询和导出功能。

（2）污染源（排污企业）

污染源（排污企业）数据查询功能可分为末端数据查询和用电监控查询。其中，末端数据包括实时排名、历史排名和历史数据查询和导出功能；用电监控包括实时数据列表、历史数据查询和导出功能和污染源。

（3）污染源

污染源数据查询分为餐饮油烟和机动车尾气。餐饮油烟污染源数据和机动车尾气污染源包括实时数据列表、历史数据查询和导出功能。

4.2.3.3 数据比对

多元数据统计模块的数据比对功能，其作用为可支持同一参数不同设备类型数据对比。

4.2.4　智能环境分析

大气环境物联网AI监测监管系统智能环境分析由模型分析和主题分析组成。

（1）模型分析

模型分析可以进行预测分析，预测区域未来72小时空气质量以及展示未来72小时天气情况和未来72小时空气质量情况。

（2）主题分析

主题分析包括区域分析、考核点分析和微观点分析。

1）区域分析

包含达标考核、区域排名、污染日历、污染分析，如表4-5所列。

表4-5　智能环境主题分析中区域分析的功能

区域分析功能类型	主要作用
达标考核	（1）区域年度达标情况统计，并以柱状图形式对比展示。 （2）分解日目标、月目标、年目标。 （3）支持excel导出统计报表
区域排名	（1）按城市进行排名，分2+26城市、168城市、337城市、74城市、长江中游城市、长江三角洲城市、成渝地区城市、汾渭平原城市、珠江三角洲城市进行排名。 （2）支持城市下级的区（县）进行排名
污染日历	（1）统计用户所有城市和区域的污染日历。 （2）支持同比、环比
污染分析	（1）污染传输分析，分析8个方向各污染传输情况。 （2）污染云图变化。 （3）各污染监测值变化趋势，并支持添加气象数据进行对比。 （4）污染占比：首要污染物占比和达标占比、污染指数贡献率、等级占比分布。 （5）按日、按月、按年进行累积变化趋势统计。 （6）各监测值月累积比对。 （7）支持添加多城市或区域进行对比

2）国控点考核点分析

国控点分析包含达标考核、变化趋势、污染排名、污染分析，如表4-6所列。

表 4-6　智能环境主题分析中国控点考核分析的功能

国控点考核分析功能类型	主要作用
达标考核	（1）国控点年度达标情况统计，并以柱状图形式对比展示。 （2）分解日目标、月目标、年目标。 （3）支持 excel 导出统计报表
变化趋势	（1）每个国控点按不同时间刻度（小时、日、月）变化趋势，以列表和曲线图形式展示。 （2）支持多点单因子变化趋势
污染排名	（1）查看国控点在空间分布情况和时间维度排名。 （2）查看某个国控点周边（自定义范围）内微观点排名。 （3）排名支持导出功能
污染分析	（1）国控点按不同时间刻度（日、月、年）累积浓度趋势变化。 （2）国控点不同污染物之间的相关性分析。 （3）气象数据变化趋势。 （4）周边微观点变化趋势。 （5）周边污染源分布情况。 （6）事件在空间维度和时间维度的统计。 （7）AI 溯源分析结果

3）微观点分析

对微观点的排名和变化趋势进行统计，包括排名（统计所有微型空气质量检测仪排名）和统计各个微型空气质量检测仪不同时间刻度（分钟、小时、日）变化趋势。

4.2.5　系统设置

大气环境物联网AI监测监管系统的设置功能由项目管理、角色管理、网格管理、事件流程、绩效考核配置、策略管理、用户管理、业务管理、目标管理、排名管理、污染源管理、点位管理、服务小组、管控区设置和预警设置组成。如表4-7所列。

表 4-7　大气环境物联网 AI 监测监管系统的设置功能的要素组成及功能

设置功能的要素	主要功能
项目管理	实现对项目基本情况的设置
角色管理	实现本项目人员角色的统一管理
网格管理	（1）网格配置。 （2）网格与点位关联配置

续表

设置功能的要素	主要功能
事件流程	（1）事件流程可视化配置界面，支持各项目不同类型的事件配置、不同的事件处理流程。 （2）不同事件不同节点考核时间配置
绩效考核配置	（1）权重设置。 （2）奖励和扣分规则设置
策略管理	（1）可以实现不同项目配置不同的策略规则。 （2）可以实现同一项目内不同点位配置不同的策略规则。 （3）可以实现同一策略规则设置不同的阈值
用户管理	（1）客户管理实现对甲方客户的管理。包括客户登录名、密码、手机号等信息的统一管理。 （2）内部用户管理实现对公司内部职工的统一管理，实现公司内部人员可以使用企业微信完成项目登录
业务管理	对系统的所有业务进行管理
目标管理	（1）实现对项目目标的设置。 （2）实现日目标、月目标、年目标的设置
排名设置	（1）设置排名类型：城市排名，区域排名，街道办排名，微观点排名等。 （2）设置排名依据，根据项目需求设置不同排名的计算方式
污染源管理	（1）污染源统计。统计污染源的总数以及污染源分类统计。 （2）污染源列表。污染源统计字段包括“污染源名称、污染源分类、标记时间、标记人、位置、图片数量、操作”。编辑页面可以对“污染源名称、污染源分类、污染源类别标记时间、标记人、图片”等信息进行修改。 （3）删除。可以对某条污染源信息进行删除
点位管理	（1）环境监测固定点。点位管理包括“微观点、市控点、省控点、国控点”。微观点列表显示字段“点位名称、站点 MN、所属区域、操作”，操作可进行“编辑和删除”，编辑页面可查询点位的基础信息“点位名称、点位位置、经纬度、类型、MN 号、运维人员”，可编辑相关业务属性“点位分类、点位对应策略、所属区域、所属网格”。“市控点、省控点、国控点”显示点位名称、所属区域，操作可进行“查看”，可查询该标准站的“点位名称、点位位置、经纬度、点位类型、所属区域”。 （2）环境监测移动点。车辆信息列表“车牌号、车辆 SN 、所属区域、操作”，操作可进行“编辑和删除”，编辑页面可查询车辆的基础信息“车牌号、车辆 SN 、运维人员”，可编辑相关业务属性“点位参数、所属区域”
服务小组	（1）运维小组。对运维小组能进行增删查改。对小组内的运维人员、点位设备、车载设备能进行新增、删除、修改。 （2）处理小组。建立不同层级的处理小组，对处理小组能进行增删查改。对小组内的处理人员、点位设备、车载设备能进行新增、删除、修改。 （3）组织管理。建立联防联控小组，对小组结构、成员能进行新增、删除、修改
管控区设置	（1）固定管控区和动态管控区设置，及周边关注的污染源。 （2）针对国控点、省控点、市控点可以设置固定管控区和动态管控区。 （3）每类点位管控区范围内自定义关注的污染源

续表

设置功能的要素	主要功能
预警设置	预警规则设置分为区域预警和点位预警。 （1）区域预警：可设置气象数据作为触发条件，并设置相关的管控措施。 （2）点位预警：可设置气象数据和微观点的监测值作为触发条件，并设置相关的管控措施

参考文献

[1] 樊华．基于 Android 的大气环境监测系统的设计与实现［D］．上海：同济大学，2017．

[2] 乐曹伟．面向智慧城市大气网格化环境监测系统的数据预测模型研究［D］．杭州：浙江工业大学，2021．

[3] 李沫．乌鲁木齐市大气网格化监测体系建设及应用［J］．环境生态学，2020，2（9）：89-91．

[4] 蔺旭东，付献斌，孔德瀚，等．TAGE：一种新的大气污染物来源及输送情况的网格化分析方法［J］．中国环境科学，2019，39（1）：106-117．

[5] 刘保献，姜南，金萌，等．光散射原理的大气 $PM_{2.5}$ 小型传感器监测性能评估研究［J］．环境科学研究，2023，36（3）：510-518．

[6] 刘烨，李雯．大气污染网格化监测与传感器技术应用分析［J］．资源节约与环保，2022（4）：62-65．

[7] 尚伟，白笑晨，孙亚刚，等．大气网格化监测系统的构建及其在区域环境空气质量精细化管理中的应用［J］．环境工程学报，2022，16（9）：3081-3091．

[8] 郜菁菁．上海市嘉定区大气颗粒物网格化监测［J］．装备环境工程，2020，17（3）：100-107．

[9] 唐伟，何平，杨强，等．基于 IVE 模型和大数据分析的杭州市道路移动源主要温室气体排放清单研究［J］．环境科学学报，2018，38（4）：1368-1376．

[10] 王春迎，潘本峰，吴修祥，等．基于大数据分析的大气网格化监测质控技术研究［J］．中国环境监测，2016，32（6）：1-6．

[11] 王莉华，安欣欣，景宽，等．大气网格化监测运行维护管理现状与展望［J］．中国环境监测，2021，37（2）：16-22．

[12] 温雪山，刘荣安．大气污染防治网格化监测的应用案例分析［J］．节能与环保，2019（11）：108-109．

[13] 郑君瑜，张礼俊，钟流举，等．珠江三角洲大气面源排放清单及空间分布特征［J］．中国环境科学，2009，29（5）：455-460．

[14] 周德荣，秦玮，陈俊，等．基于 GIS 分析江苏省夏秋季大气污染热点特征［J］．环境监测管理与技术，2022，34（1）：16-20．

第5章

中山市大气污染防治网格化智慧管理系统构建

5.1 大气网格化系统选点规范

5.1.1 选点原则

大气网格化系统选点要遵循以下几点原则。

① 布点应选择尽量空旷的地区，不要在不宜采样的角落或者污染物排污口布点；

② 监测点应设在整个监测区域的高、中、低三种不同污染物浓度的地方；

③ 在污染源比较集中、主导风向比较明显的情况下，应将污染源的下风向作为主要监测范围；

④ 工业较密集的城区和工矿区，人口密度及污染物超标地区，要适当增设监测点；

⑤ 城市郊区和农村，人口密度小及污染物浓度低的地区，可酌情少设监测点。

总的来说，点位布设应综合考虑监测范围大小、污染物的空间分布特征、人口分布密度、气象、地形、经济条件等因素。

5.1.2　布点依据

中山市目前拥有4个国控点，分别为华柏园、张溪、南区、紫马岭，全部集中在市中心位置。城区5个空气自动监测子站包括华柏园、张溪、南区、长江旅游区、紫马岭公园。华柏园大气自动监测站位于中心城区；张溪空气自动监测站位于华侨中学内；紫马岭公园空气自动监测站位于紫马岭公园内。

目前现有监测点位难以满足全市环境空气质量评估数据需求。综合考虑中山市重点污染企业分布，除了五桂山、南区、西区、阜沙没有重点排污单位以外，重点排污单位遍布其他所有乡镇，其中三角镇和小榄镇最多。考虑到排污单位分布范围较广、各行政区区域面积不等且各乡镇的排污企业数量不同、地理位置及气象条件相差较大（西、北方位的乡镇靠近大陆，东、南方位的乡镇沿海），按行政区布点，对三角镇、小榄镇等排污企业较多的乡镇加密布点，着重加强这些地区的大气环境监测管理。

5.1.3　环境监测点

原则上环境监测点位布设在热点网格内，且均匀分布。每个网格部署至少1个环境监测点位，网格与网格之间的点位尽可能均匀部署。结合地面空气质量监测站、路网密集程度适当多部署站点，农林山野少部署点位。重点工业密集区域适当增加VOCs点位的数量，工厂较少的地区则减少VOCs的布点，但是布点不得少于1个。

中山市大气网格化布点参考《大气$PM_{2.5}$网格化监测点位布设技术指南》3km网格化布点，结合中山市小型工厂数量多、分布密集，中山市大气网格化布点按2km一个网格布点，网格化布点更多更密。

5.1.4　争议站点选择

中山市大气网格化系统直接对中山市所有镇区空气质量排名，由于部分微型空气质量检测仪点数据升高受附近镇区的影响，将这类容易受附近镇区影响的站点划归为争议站点，争议站点不参与镇区考核，争议站点统一归属中山市。

5.1.5　校准点位

校准点位安装在国控站周边50m内，校准点用于车载设备上移动比对所有固定点位数据。

5.1.6　背景点位

每个镇区都要有至少一个背景点位，背景点位选择在农林山区或者镇区级别以上的公园内，用以比较镇区环境点位的数据。

5.2　生态环境大数据－大气网格化服务平台介绍

5.2.1　系统概述

5.2.1.1　建设背景

近年来，党中央、国务院高度重视环境保护工作，将其作为贯彻落实科学发展观的重要内容，作为转变经济发展方式的重要手段，作为推进生态文明建设的根本措施。

习近平总书记在党的十九大报告中指出，要加快生态文明体制改革，建设美丽中国：一是要推进绿色发展；二是要着力解决突出环境问题；三是要加大生态系统保护力度；四是要改革生态环境监管体制。习近平总书记在多次讲话中提到“建设生态文明，关系人民福祉，关乎民族未来”“让良好生态环境成为人民生活质量的增长点，成为展现我国良好形象的发力点”。

信息化是驱动现代化建设的先导力量，习近平总书记多次主持会议专题研究推动大数据建设和应用，集中体现了党中央对信息化工作的高度重视。大数据、互联网、人工智能等信息技术正成为推进生态环境治理体系和治理能力现代化的重要手段。生态环境信息化建设关系生态环境保护工作能否迈上新台阶、提升新水平、开创新局面，对打好污染防治攻坚战具有重要的支撑作用，推进数据资源全面整合共享已成为主要工作任务。

5.2.1.2　建设内容

“生态环境大数据-大气网格化服务平台（V2.0）”采用物联网监测环境，组合布设微型空气质量检测仪监测设备，形成大范围、高密度的环境监控网络，为区域或整体环境质量提供基础数据，结合政府管理手段，形成结合“环境监测、环境监管”为一体的决策支撑平台。

5.2.1.3　建设理念

以改善环境质量、确保环境安全、科学环境管理为主线，以消除环境监管盲区、提升监管水平为目标，以整合环境资源、落实监管责任为重点，基于三个一（“一套数”“一张图”“一朵云”），构建了市、镇区二级监管体系，形成环保部门统一协调、相关部门各负其责、社会各界广泛参与的监测监管体系。

5.2.1.4　建设目标

环境信息系统融合将以环境信息的全面高效感知为基础，以信息安全及时传输和深入智能处理为手段，紧紧围绕“说清”与“管好”，实现环境保护业务协同化、管理现代化、决策科学化，有效推动环保工作信息化、智慧化的进程，更好地服务于环境管理和政府综合决策。

5.2.2　系统架构

生态环境大数据-大气网格化服务平台系统架构如图5-1所示，首先由感知层收集环境数据，再到平台层校准、统计、存储数据，最后到应用层展示数据。

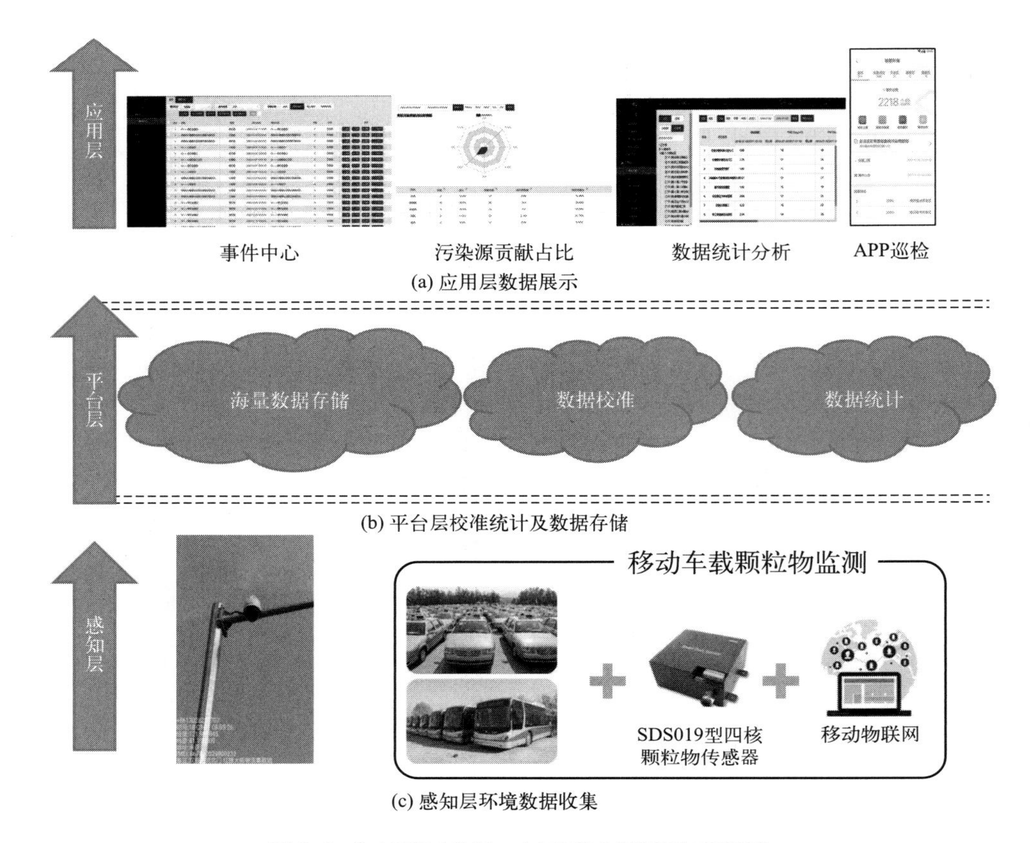

图 5-1　生态环境大数据 - 大气网格化服务平台系统架构

感知层的数据分为固定微型空气质量检测仪和移动微型空气质量检测仪，固定微型空气质量检测仪不断采集数据，每10min向平台层传输一组数据。数据包含空气质量浓度参数，每个参数的最高值、最低值和平均值和标志位等内容；数据还包含工况参数方便观察设备运行的状态。移动微型空气质量检测仪要比固定站多传输经纬度，其他内容一致，移动站每10s传一组数据。

平台层接收感知层上传的各类数据，这些数据包含浓度数据、现场图片和视频数据。平台层自动汇总和统计感知层上传的数据，通过应用层将各种统计和分析好的数据展示出来。

监管系统是接收到监测系统的污染数据，将污染数据变为以固定站为基础的污染事件，污染事件会通过网络（Web）或应用程序（APP）流转到相应的处置人上。

5.2.3 Web端建设项

生态环境大数据-大气网格化服务平台是一个基于互联网技术的环境监测与治理平台，旨在为政府、企业和公众提供全面、准确、实时的大气环境监测数据和服务。Web端建设项是该平台的重要组成部分，由用户管理、大气监测、网格监管和权限管理四个部分组成，其具体的功能如图5-2所示。其中，用户管理包括用户注册、登录、密码管理等功能；大气监测主要包括对大气污染物的浓度、气象要素、空气质量指数等数据进行分析，生成各种图表和报告，以便用户更直观地了解大气环境状况；网管监管主要包括网格划分、网格角色、网格分析、事件分析等环节；权限管理主要是对用户进行身份验证和权限控制，确保数据的安全性和保密性。

5.2.3.1 用户登录

生态环境大数据-大气网格化服务平台的用户登录界面如图5-3所示（书后另见彩图）。

5.2.3.2 大气监测

生态环境大数据-大气网格化服务平台大气监测模板的功能主要由环境动态、管控策略、综合排名、分析研判、数据仓库、报告服务和运营服务组成。

（1）环境动态

环境动态-实时数据模块展示最近5min、最近1h或最近1d的数据，数据类型包含所有微型空气质量检测仪和标准站，如图5-4所示。

环境动态可查询的内容包括实时数据、实时地图、污染地图和污染日历。大气环境实时数据查询功能包含查询时间和查询目标两个维度，查询时间包含实时（5min）、小时和日，查询目标包含微型空气质量检测仪、国控市县站和区域。查询内容包含3类时间、3种目标的综合指数、AQI、对应时段的污染等级、标准6参数（SO_2、NO_2、CO、O_3、$PM_{2.5}$、PM_{10}）浓度和首要污染物。

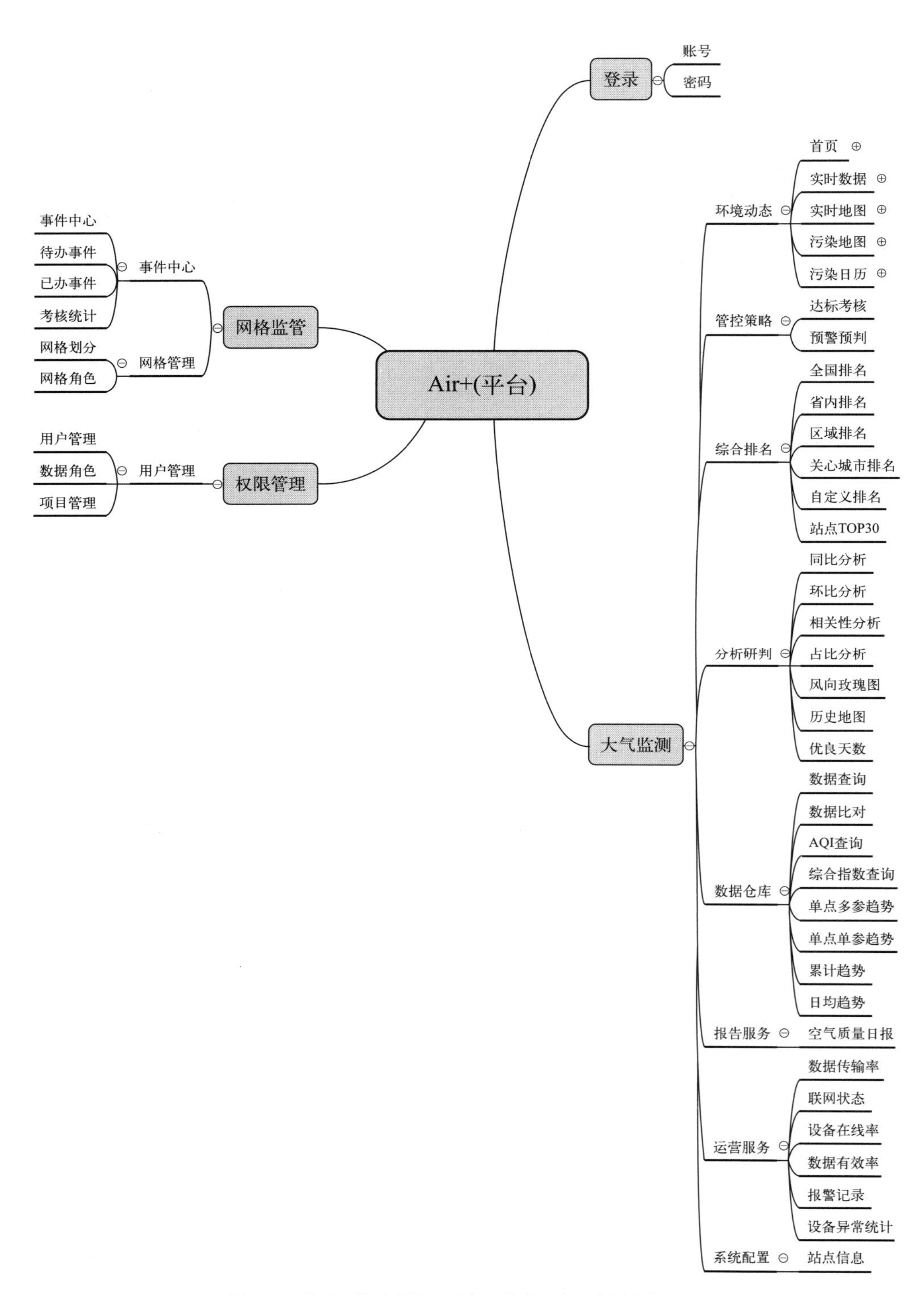

图 5-2　生态环境大数据 - 大气网格化服务平台的功能组成

图 5-3　生态环境大数据 - 大气网格化服务平台界面
（网址：http：//www.dpt.daqi110.com/login.jsp）

序号	监测点	综合指数	AQI	等级	PM2.5	PM10	SO2	NO2	CO	O3	首要污染物
1	096南头-志朗包装公司	3.33	46	优	18	46	22	61	0.692	16	
2	030火炬-濠头文化广场voc	3.16	51	良	20	52	20	46	0.650	34	PM10
3	025港口-喜城百货voc	3.46	51	良	20	52	16	65	0.861	7	PM10
4	249鸿基家具对面.	3.71	56	良	24	62	22	56	0.836	24	PM10
5	247滨网第一工业区路口公交站牌对面.	3.58	54	良	21	57	16	58	0.908	36	PM10
6	248博锐斯新材料.	3.5	53	良	20	55	18	60	0.862	20	PM10
7	251中国南方电网.	3.53	53	良	21	56	20	59	0.844	18	PM10
8	250美姿堂美容门口.	3.46	57	良	24	63	20	47	0.867	22	PM10
9	208祁安苑西北.	3.32	51	良	19	51	22	51	0.659	39	PM10
10	209濠横路	3.84	50	优	35	41	31	46	0.792	61	
11	210福涌村村口.	3.74	56	良	23	61	21	58	0.680	38	PM10

图 5-4　环境动态 - 实时数据模块

感知层所有设备检测到的数据均映射到实时地图（GIS）上，GIS 界面最上端可选择显示对应的标准 6 参数、VOCs 数据和风速风向数据，右上角可以测距、全屏浏览、切换卫星地图。

平台界面右侧为筛选栏，可以筛选出指定的镇区微型空气质量检测仪数据或者自定义的站点数据。最右侧还可以通过模糊查询筛选出指定的站点，填写站点名称部分信息点击回车可以单独筛选出符合条件的站点。

点击站点可以看到这个站点所有参数的数据，还可以在弹出框内点击周边按钮比对附近站点的数据。

环境动态污染日历查询功能如图5-5所示（书后另见彩图）。污染日历使用中山市日AQI数据，使用污染等级对应的颜色标记当日的空气质量等级。默认界面为月环比展示，可以看到指定年份的逐月数据。点击同比按钮将逐月同比污染天。

污染地图使用微型空气质量检测仪污染物数据和经纬度分别绘制出6项污染物的等值线图，可以按分钟、小时查询指定时段的污染云图，选择一个时间段可以快速浏览到这个时间段的污染物动态变化过程，可以看到污染物的生成和消退过程，还可以看到各项污染物的过境过程。

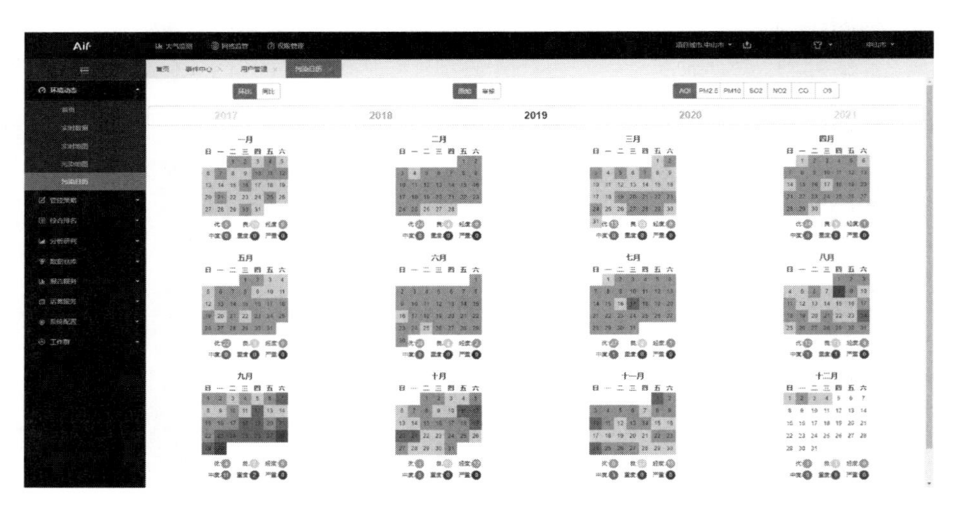

图5-5 大气环境动态污染日历查询功能界面

（2）管控策略

管控策略包括达标考核和预警预判。其中，达标考核可以以表格和柱状图的形式看到站点或镇区的AQI达标天数情况、达标率同比情况和各项参数的污染天数，如图5-6所示（书后另见彩图）。

预警预判以3个目标管控中山市的达标考核情况，这3个目标分别为日报、月报和年报，如图5-7所示。左上角为设置目标值，可以提前设置当日、当月或者当年的$PM_{2.5}$均值、PM_{10}均值、CO 95分位数、SO_2均值、

NO_2均值和臭氧90分位数。底部有进度条模块为当前周期的累积浓度，可以从进度条上直观地看到当前累积浓度和目标浓度的关系。右上角模块可设置日、月、年目标值。

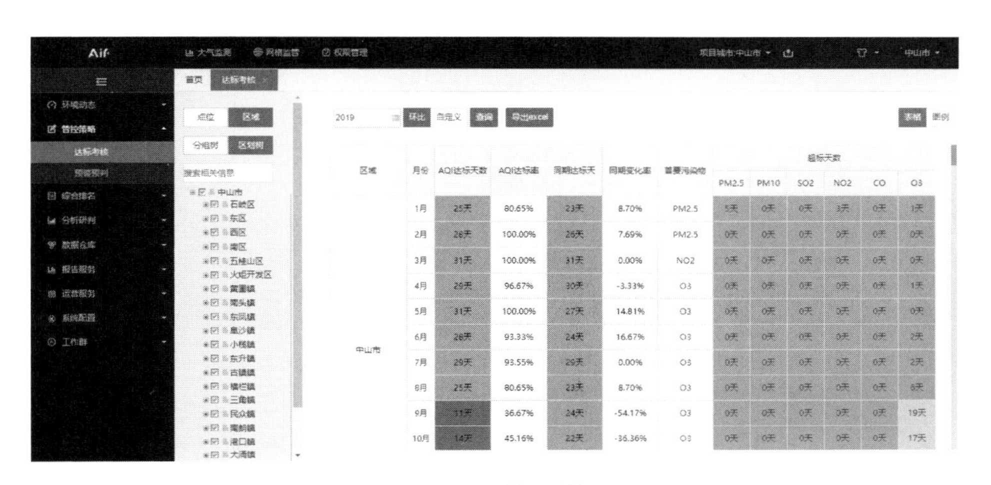

图 5-6　达标考核的功能界面

图 5-7　预警预判的功能界面

（3）综合排名

综合排名包含全国城市的排名、省内城市的排名、市内镇区的排名、自定义的关心城市排名、自定义排名和当前小时数据排名倒数30的排名。

全国排名模块，可以选择要查询的数据时间周期，数据时间周期类型包含分钟数据、小时数据、日数据、月数据、年数据和当日累计数据，如果以上时间周期都不满足可以点击自定义按钮自由选择要查询的时间段。查询的城市组包含168个重点城市和珠江三角洲城市，如图5-8所示。查询内容包含排名、城市名和所属省份、综合指数、主要污染物、各个参数平均浓度和分位数还有各个参数对应的分指数。

排名	区域名称	所属区域	综合指数	主要污染物	PM2.5		PM10		SO2		NO2		CO		O3	
					浓度	指数	浓度	指数	浓度	指数	浓度	指数	浓度	指数	浓度	指数
1	舟山市	浙江省	1.50	O3	8	0.23	23	0.33	6	0.1	10	0.25	0.6	0.15	71	0.44
2	台州市	浙江省	1.62	NO2	8	0.23	27	0.39	4	0.07	19	0.48	0.4	0.1	56	0.35
3	南通市	江苏省	1.69	PM10	14	0.4	31	0.44	4	0.07	12	0.3	0.4	0.1	60	0.38
4	温州市	浙江省	1.71	NO2	10	0.29	22	0.31	7	0.12	26	0.65	0.5	0.12	36	0.22
5	福州市	福建省	1.72	NO2	11	0.31	21	0.3	5	0.08	20	0.5	0.6	0.15	60	0.38
6	盐城市	江苏省	1.74	PM10	12	0.34	32	0.46	3	0.05	17	0.42	0.2	0.05	68	0.42
7	扬州市	江苏省	1.80	NO2	11	0.31	32	0.46	4	0.07	20	0.5	0.2	0.05	66	0.41
8	丽水市	浙江省	1.80	NO2	12	0.34	25	0.36	5	0.08	26	0.65	0.6	0.15	36	0.22
9	日照市	山东省	1.81	PM10	14	0.4	33	0.47	4	0.07	14	0.35	0.3	0.08	70	0.44
10	黄山市	安徽省	1.86	O3	15	0.43	25	0.36	6	0.1	15	0.38	0.5	0.12	75	0.47

图5-8　全国排名查询的功能界面

省内排名查询内容和全国排名一致，查询目标可以只看广东省内城市，如图5-9所示。剩余排名模块的查询内容和全国排名一致，查询对象为模块名称。区域排名是查询市内镇区的排名，关心城市排名是查询对象是自己设置的关心城市的排名。自定义排名可以查询到以上所有种类的排名，还可以查询指定多个站点的或指定多个区域的排名。站点TOP30这个模块可快速列出当前小时数据最高的30个站点。

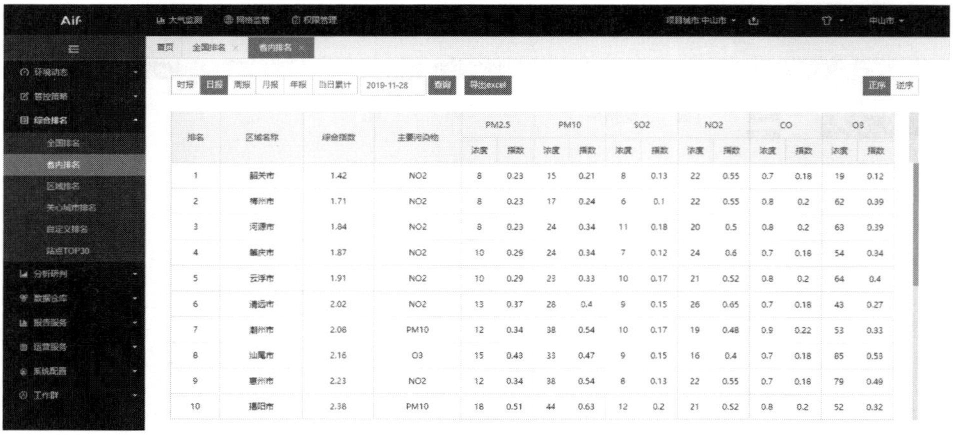

排名	区域名称	综合指数	主要污染物	PM2.5		PM10		SO2		NO2		CO		O3	
				浓度	指数	浓度	指数	浓度	指数	浓度	指数	浓度	指数	浓度	指数
1	韶关市	1.42	NO2	8	0.23	15	0.21	8	0.13	22	0.55	0.7	0.18	19	0.12
2	梅州市	1.71	NO2	8	0.23	17	0.24	6	0.1	22	0.55	0.8	0.2	62	0.39
3	河源市	1.84	NO2	8	0.23	24	0.34	11	0.18	20	0.5	0.8	0.2	63	0.39
4	肇庆市	1.87	NO2	10	0.29	24	0.34	7	0.12	24	0.6	0.7	0.18	54	0.34
5	云浮市	1.91	NO2	10	0.29	23	0.33	10	0.17	21	0.52	0.8	0.2	64	0.4
6	清远市	2.02	NO2	13	0.37	28	0.4	9	0.15	26	0.65	0.7	0.18	43	0.27
7	潮州市	2.08	PM10	12	0.34	38	0.54	10	0.17	19	0.48	0.9	0.22	53	0.33
8	汕尾市	2.16	O3	15	0.43	33	0.47	9	0.15	16	0.4	0.7	0.18	85	0.53
9	惠州市	2.23	NO2	12	0.34	38	0.54	8	0.13	22	0.55	0.7	0.18	79	0.49
10	揭阳市	2.38	PM10	18	0.51	44	0.63	12	0.2	21	0.52	0.8	0.2	52	0.32

图5-9　省内排名查询的功能界面

（4）分析研判

分析研判模块汇总站点数据为区域、城市数据，通过对站点、区域、城市的数据的统计来分析研判空气质量污染的过程和可能的走向。

同比分析和环比分析使用所有的微型空气质量检测仪点和标准站点的数据，汇总站点数据为区域数据或城市数据。对站点、区域、城市这三种数据进行环比、同比的统计，可直观地看到不同点位、区域、城市的浓度和指数环比和同比情况，如图5-10所示。

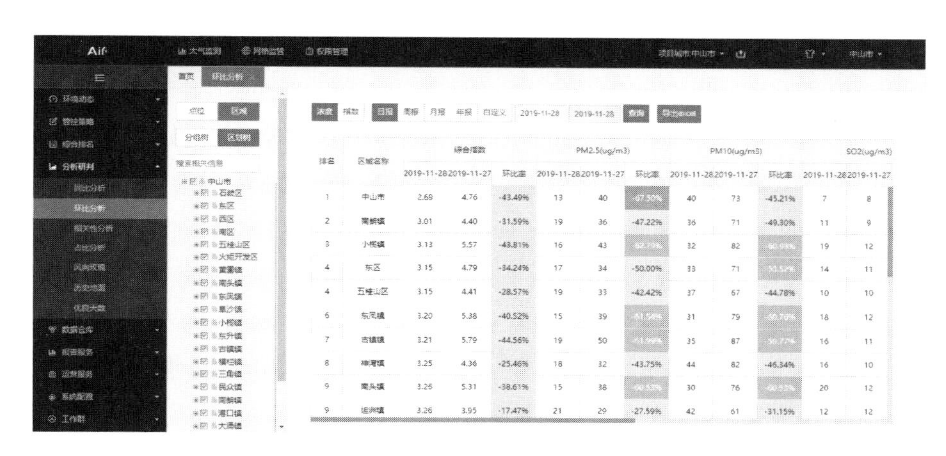

图 5-10　分析研判模块的环比分析功能界面

相关性分析使用所有的微型空气质量检测仪点和标准站点的数据，汇总站点数据为区域数据或城市数据。对站点、区域、城市这三种数据的任意两个参数绘制散点图，如图5-11所示（书后另见彩图）。对比任意

图 5-11　分析研判模块的相关性分析功能界面

两个参数的相关性可以看到臭氧污染天和非臭氧污染天O_3和VOCs数据的相关性，从而判断站点或镇区的O_3污染主要受到NO_x控制还是VOCs控制。还可以看出颗粒物的主要来源是不是来自不完全燃烧。

风向玫瑰模块可以查询指定站点、区域或城市的风速风向玫瑰图，如图5-12所示（书后另见彩图）。发生污染事件可以在这个模块查当时的主导风向，从而达到溯源的目的，还可以查询多个国控站的风速风向数据作为城市的主导风向。

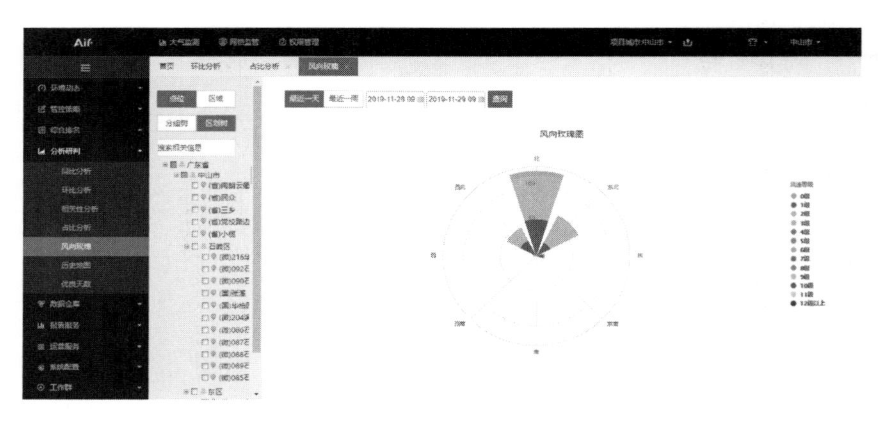

图5-12　分析研判模块的风向玫瑰分析功能界面

占比分析模块主要从三个维度去统计百分比：第一张图统计优良天数或小时数占比和首要污染物小时或天数占比；第二张图统计指数占比；第三张图统计小时或日的污染级别占比。如图5-13所示（书后另见彩图）。

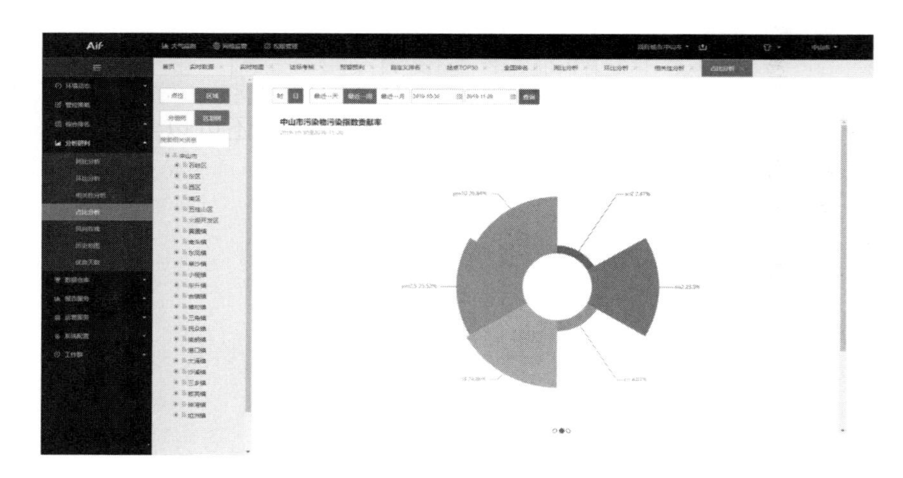

图5-13　分析研判模块的占比分析功能界面

历史地图模块从GIS上查询所有微型空气质量检测仪的历史数据，这个模块主要用来溯源污染源，查询高值逆向排查到污染源。

优良天数查询站点、区域、城市的月/年优良天数，并对月/年的优良天数进行同比统计。如图5-14所示。

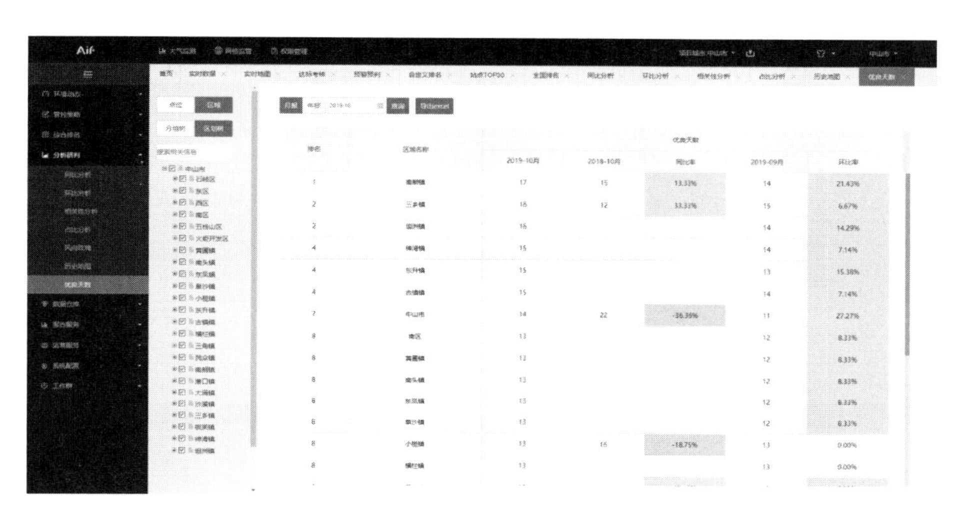

图5-14 分析研判模块的优良天数查询功能界面

（5）数据仓库

数据仓库提供丰富的数据查询和下载内容，可以结合获取的标准站（国控、省控、市控）、微型空气质量检测仪各项参数数据，按（区域、点位）和时间两个维度查询，以列表、图表的形式展示查询内容。

1）数据查询模块

按查询出站点或区域的分钟、小时或日数据进行查询。数据内容包含站点、区域、时间、最大值、最小值、平均值，还可以导出数据。如图5-15所示。

2）数据比对模块

数据比对模块和数据查询模块的查询内容一致，只是数据展示的形式不同，数据比对模块展示的列数据，这种数据展示方便站点和站点或区域和区域之间的比对。如图5-16所示（书后另见彩图）。

3）数据导出模块

数据导出功能和数据查询功能比较一致，唯一的区别就是导出的对象，数据查询功能是只能导出一个，而数据导出功能则可以导出多个。

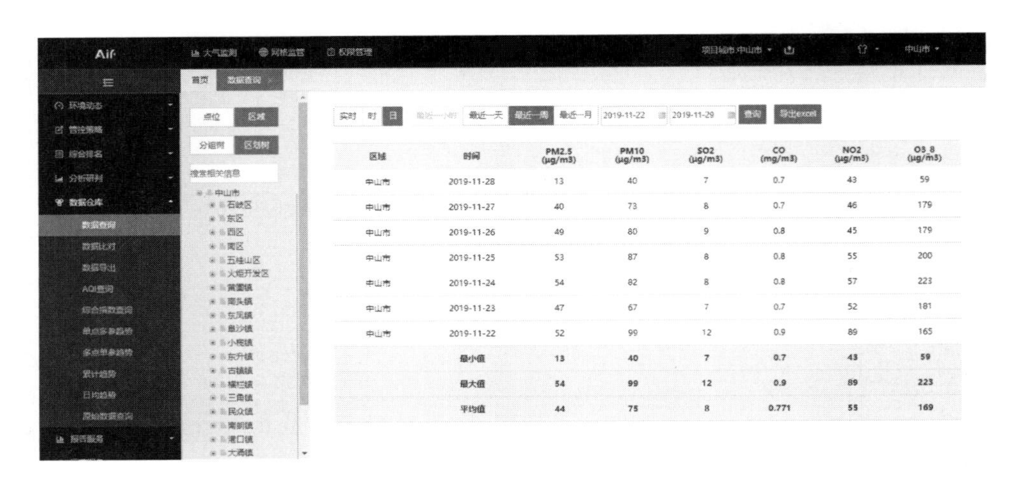

图 5-15　数据查询模板的功能界面

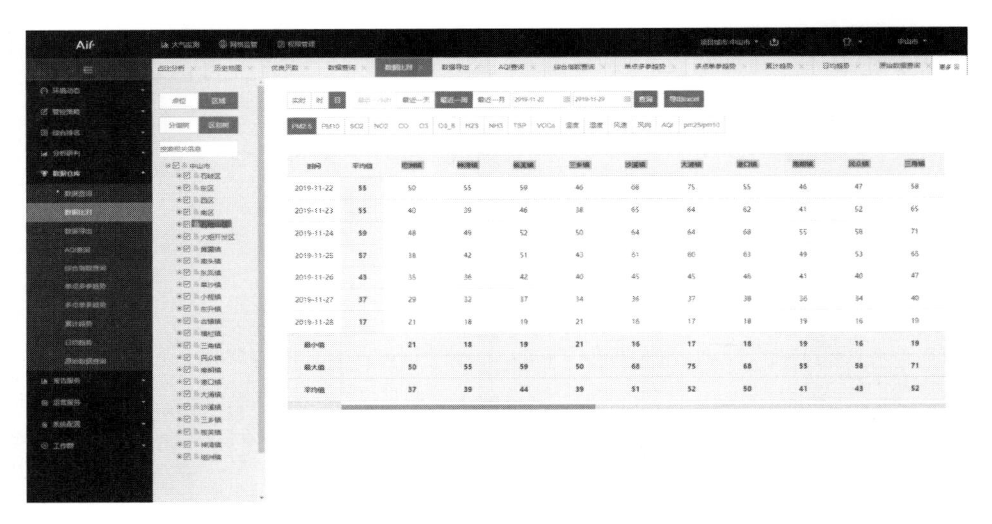

图 5-16　数据比对模块的功能界面

4）AQI查询模块

AQI查询可以选择多个对象查询其小时或日数据，数据内容包含AQI值、首要污染物、污染等级和各个参数的浓度和指数。如图5-17所示（书后另见彩图）。

5）综合指数查询模块

查询内容和AQI查询的内容基本一致，把AQI换成综合指数，把指数更换成综合指数分指数。

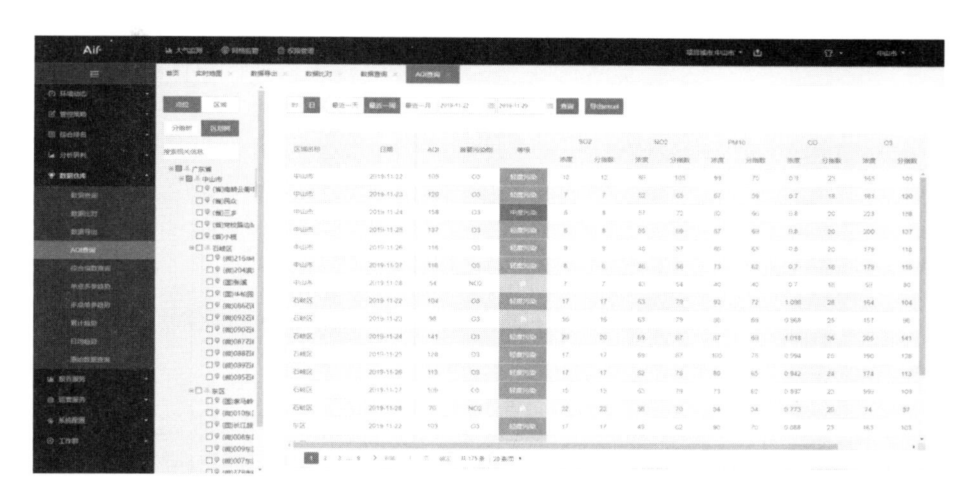

图 5-17　AQI 查询的功能界面

6）单点多参数趋势模块

将一个站点多个参数的数据按时间序列绘制成趋势图，这个图可以直观地看到污染物的规律性，通过污染物波动情况可以推断站点附近存在污染源类型和污染持续时间，如图5-18所示（书后另见彩图）。单参趋势图可以观察到突变的数据和对应的时间段，还可以看到各个镇区整体的污染趋势走向。

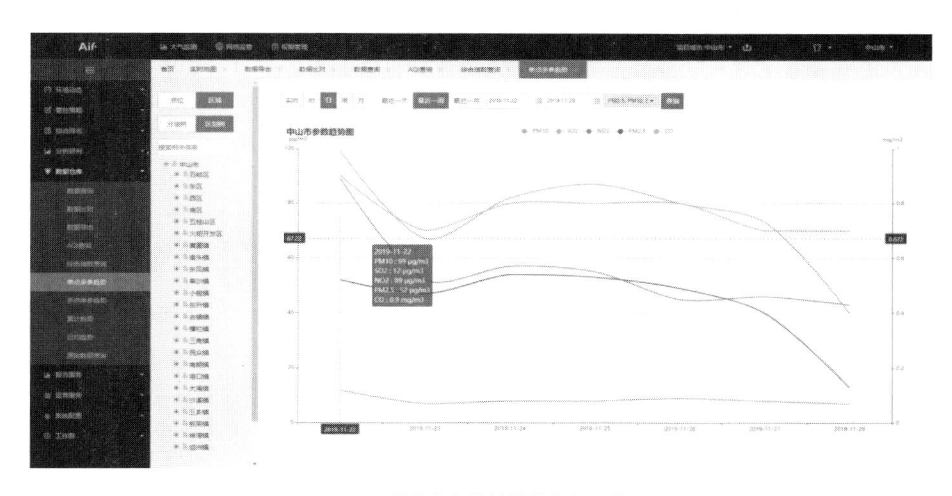

图 5-18　单点多参数趋势模块的功能界面

（6）报告服务

报告服务是大气监测模板的重要功能之一，主要包括空气质量日报、空气质量报告、微观站统计和报告管理。

1）空气质量日报

其是报告服务的一个重要组成部分，主要用于发布每日的空气质量状况。自动生成空气质量日报，每天凌晨1点即可了解昨日空气质量情况还有次日的天气预报，如图5-19所示。

图5-19　报告服务模板的空气质量日报功能界面

2）空气质量报告

主要用于发布定期的空气质量报告，包括全国各地的空气质量指数、各类污染物浓度、气象要素等数据，并提供相应的分析和评估。空气质量报告还会对过去一段时间内的空气质量状况进行回顾和总结，为后续的治理工作提供科学依据。

3）微观站统计

主要用于统计各个微观站点的监测数据和监测结果。微观站统计对每个微观站点的监测数据进行统计和分析，包括大气污染物浓度、气象要素、空气质量指数等数据。同时，微观站统计还会提供相应的图表和报告，以便用户更加直观地了解各个微观站点的监测数据和监测结果。

4）报告管理

报告管理是报告服务的另一个重要功能，主要用于管理空气质量日报、空气质量报告、微观站统计等报告。报告管理提供报告的上传、下载、删除、编辑等功能，以确保报告的及时更新和准确性。同时，报告管理还可以对报告进行分类和归档，以便用户更加方便地查找和使用报告。

总之，报告服务是大气监测模板的重要功能之一，主要包括空气质量日报、空气质量报告、微观站统计和报告管理等功能。通过提供全面、准确、实时的空气质量数据和报告，为政府、企业和公众提供科学依据，促进大气环境的治理和改善。

（7）运营服务

大气监测中的运营服务包括数据传输率、联网状态、设备在线率、数据有效性、报警记录和设备异常统计。对已安装的微型空气质量检测仪设备做运营统计查询，便于运营人员做设备故障排查、设备校准服务等。

1）数据传输率

监测设备采集的数据需要通过网络传输到数据中心进行处理和分析。数据传输率是指监测设备上传数据的速率，如图5-20所示。

图5-20 运营服务模板的数据传输率功能界面

2）联网状态

监测设备需要与网络保持联网状态，以确保数据能够及时上传到数据中心。

3）设备在线率

设备在线率是指监测设备在一定时间内在线的比例。设备在线率直接影响到数据的采集和传输，因此运营服务需要提供设备在线率的监测和分析，以便及时发现设备故障和维护设备。

4）数据有效性

监测设备采集的数据需要经过处理和分析才能得出有用的结论。数据有效性是指监测设备采集的数据是否准确、完整、可靠。

5）报警记录

根据平台报警规则，以微型空气质量检测仪的分钟、小时数据为基础，生成了5种报警记录，实现不同点位实时监控，自动报警。如图5-21所示。

图5-21　运营服务模板的报警记录功能界面

6）设备异常统计

设备异常统计是指对监测设备的异常情况进行统计和分析，以便及时发现和解决设备故障，确保监测数据的准确性和连续性。

5.2.3.3　网格监管

网格监管包括事件中心、网格管理和事件分析等。下面主要介绍事件中心和事件来源两部分内容。

（1）事件中心

事件中心是网格监管的重点，其用于实时监测、分析和处理大气环境事件，具体包括微型空气质量检测仪、标准站和高空AI烟火产生的报警信息同步至事件中心，生成相应的报警事件，每一行信息或者多行信息对应一条报警事件，每一行事件末尾有3个按钮，这3个按钮从左到右分别是流程流转按钮、事件详情查看按钮和事件删除按钮，如图5-22所示。流程流转按钮包含事件上报、事件分发、中心派遣、二级网格员认领、二级网格员处理、二级网格长审核、数据经理结案、事件关闭。如图5-23所示。

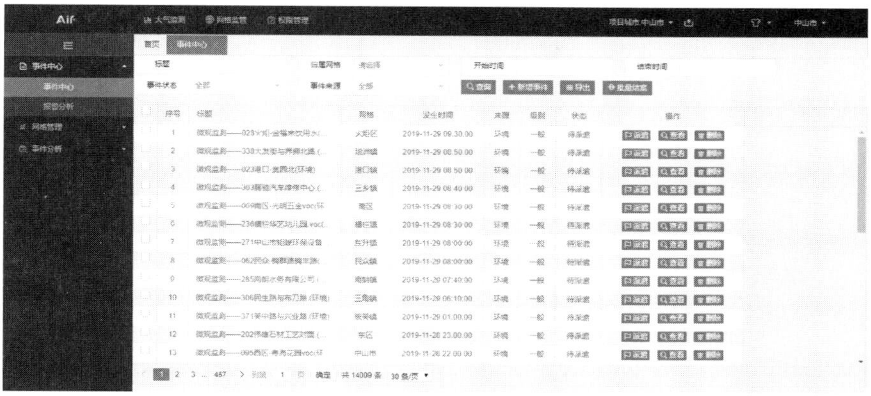

序号	标题	网格	发生时间	来源	级别	状态	操作
1	微观监测——028火炬-[illegible]	火炬区	2019-11-29 09:30:00	环境	一般	待派遣	派遣 查看 删除
2	微观监测——338[illegible]	[illegible]	2019-11-29 08:50:00	环境	一般	待派遣	派遣 查看 删除
3	微观监测——023港口-[illegible](环境)	港口镇	2019-11-29 08:50:00	环境	一般	待派遣	派遣 查看 删除
4	微观监测——303[illegible]汽车维修中心.(	三乡镇	2019-11-29 08:40:00	环境	一般	待派遣	派遣 查看 删除
5	微观监测——069南区-光明五金voc(环	南区	2019-11-29 08:30:00	环境	一般	待派遣	派遣 查看 删除
6	微观监测——236[illegible](	[illegible]	2019-11-29 08:30:00	环境	一般	待派遣	派遣 查看 删除
7	微观监测——271中山市[illegible]环保设备	东升镇	2019-11-29 08:00:00	环境	一般	待派遣	派遣 查看 删除
8	微观监测——062民众-[illegible]	民众镇	2019-11-29 08:00:00	环境	一般	待派遣	派遣 查看 删除
9	微观监测——285[illegible]有限公司(	[illegible]	2019-11-29 07:40:00	环境	一般	待派遣	派遣 查看 删除
10	微观监测——306民生路与[illegible](环境)	三角镇	2019-11-29 06:10:00	环境	一般	待派遣	派遣 查看 删除
11	微观监测——371[illegible](环境)	板芙镇	2019-11-29 01:00:00	环境	一般	待派遣	派遣 查看 删除
12	微观监测——202[illegible]石材工艺[illegible](	东区	2019-11-28 23:00:00	环境	一般	待派遣	派遣 查看 删除
13	微观监测——095西区-[illegible](环	中山市	2019-11-28 22:00:00	环境	一般	待派遣	派遣 查看 删除

图5-22　网格监管模板的事件中心功能界面

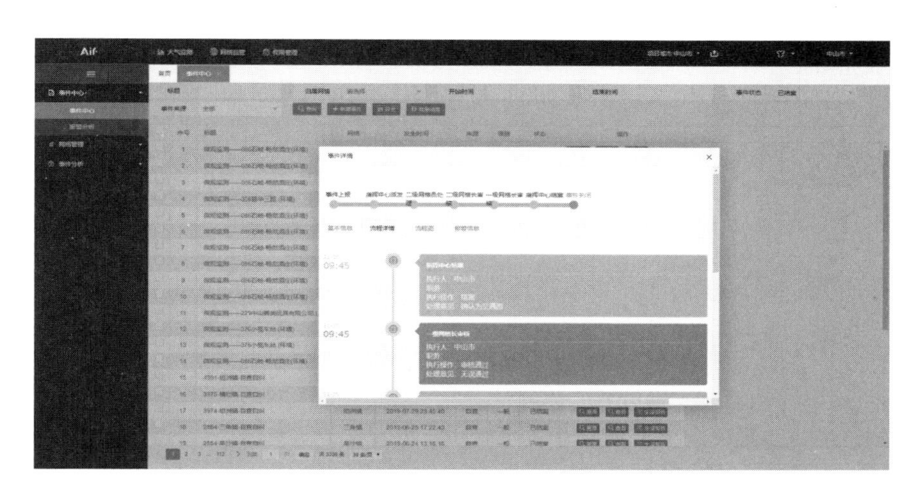

图5-23　网格监管模板的事件详情功能界面

如果指定微型空气质量检测仪、标准站和高空AI烟雾识别设备上报后一直没有分发派遣，则这个站点之后产生的报警信息都会累积到这个事件中。事件分发后，这个站点再次触发报警则会生成新的事件，而不是累积在旧的事件中。

（2）事件来源

事件来源有公众上报、相互督查、自查自纠、设备报警（设备）和设备报警（环境）5类报警。

① 公众上报是公众上传的污染源信息，流程和常规流程一致；

② 相互督查为镇区之间相互督查上传的污染源信息，流程和常规流

程一致；

③ 自查自纠为主动发现的污染源主动上传的事件，流程为上传、审核和结案；

④ 设备报警（设备）为运维人员使用流程，运维人员收到报警信息现场处理损坏设备后主动给结案，如图5-24所示；

⑤ 设备报警（环境）的流程会在APP部分详细解释。

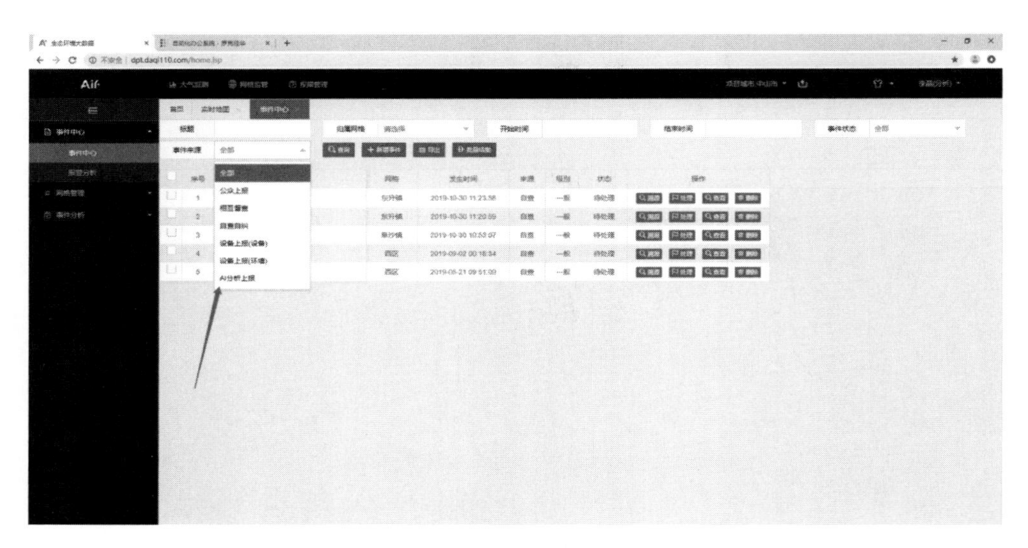

图5-24　网格监管模板的公众上报功能界面

5.2.4　Air+空气（APP移动端2.0）

Air+空气APP响应党在十八届五中全会提出的创新、协调、绿色、开放、共享发展理念，采用“网格化布点+多元数据融合+时空数据分析”的模式，实现六项污染物在时间、空间维度上全方位信息自动生成。通过网格化加密布点，实现实时数据动态监测。基于GIS的后台数据分析系统，进行监测数据的筛查、校准、统计分析和动图绘制，实现全国大气污染物时空动态变化趋势分析，进而判断污染来源，追溯污染物扩散趋势，对污染源起到最大程度的监管作用，为环境执法和决策提供直接依据。

Air+空气APP由首页、工作圈、消息、个人中心和大气110五部分组成。Air+空气APP程序下载界面如图5-25所示。

图 5-25　Air+ 空气 APP（Android/iOS）

Air+空气APP具体的功能，如图5-26所示。

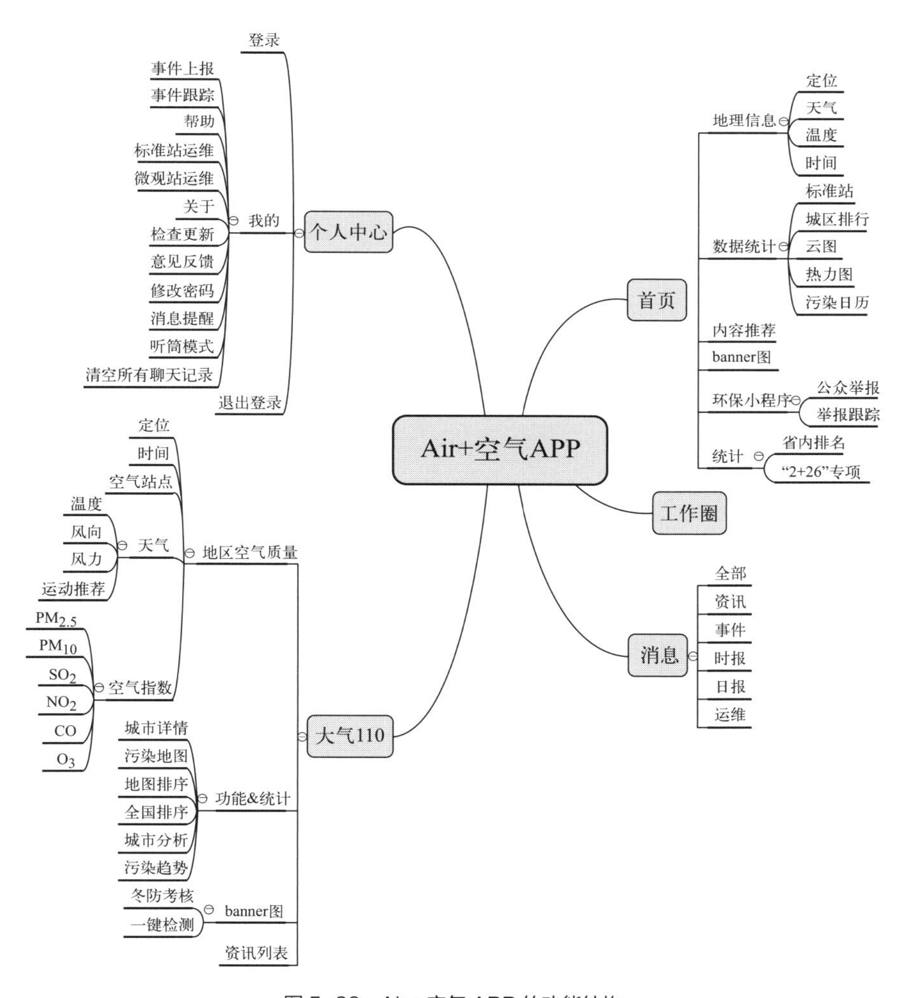

图 5-26　Air+ 空气 APP 的功能结构

5.2.4.1　首页

首页从上到下依次为登录状态、AQI天数考核、功能模块组、时报推送、省内排名。如图5-27所示。

图5-27　Air+ 空气APP的首页

点击中山市后面的双向箭头可以切换城市；全年考核为当前市AQI优良天数完成的情况；下面的模块组的按钮是APP同步Web的数据，可以在移动端浏览大部分Web端的内容和流程；点击时报按钮则可以看到最近一个小时中山市的空气质量情况。点击省内排名模块直接查看省内城市最近一天的空气质量日排名。

5.2.4.2　工作圈

工作圈类似于微信群，小机器人每小时和每天推送时报和日报，还可以和小机器人对话获取最新的空气质量信息。如图5-28所示。

5.2.4.3　消息

消息模块为当前账号收到所有信息的汇总和分类，可以按信息种类查询这个账号收到的信息。如图5-29所示。

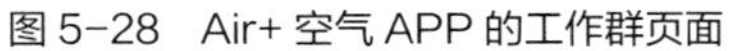

图 5-28　Air+ 空气 APP 的工作群页面

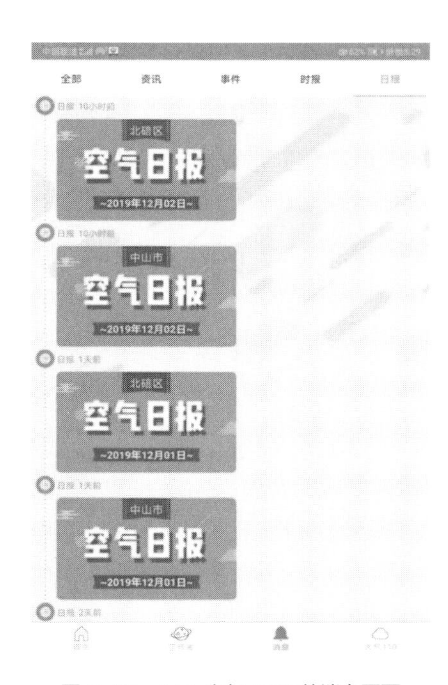

图 5-29　Air+ 空气 APP 的消息页面

5.2.4.4　巡检功能

Air+空气APP还具有巡检功能，能够实现从检查任务录入—检查任务派发—检查任务签收—检查任务申请审核—检查任务审核通过的流程执行。如图5-30所示为小榄镇露天焚烧垃圾事件为例。

图 5-30　Air+ 空气 APP 的巡检功能的过程

如果提交上来的处理信息真实有效即可通过审核，否则回退重新处理。进入结案界面，事件结案后会存入数据库中，点击查看按钮可以看到这个事件从发生到结案的详细过程。

5.2.5　网格化流程

5.2.5.1　环境事件流程（设备）

环境事件流程的过程如图5-31所示。

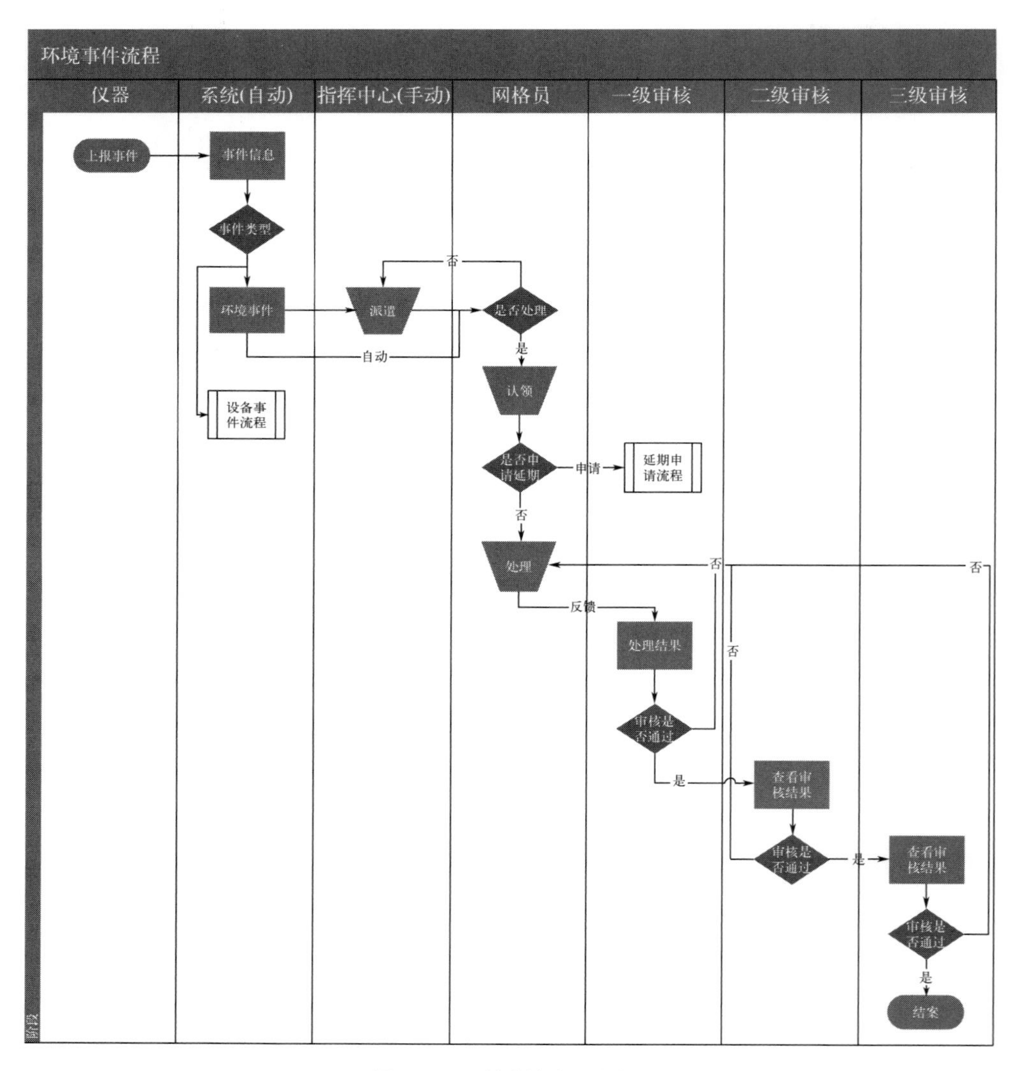

图5-31　环境事件流程的过程

5.2.5.2　设备事件流程（设备）

设备事件流程的过程如图5-32所示。

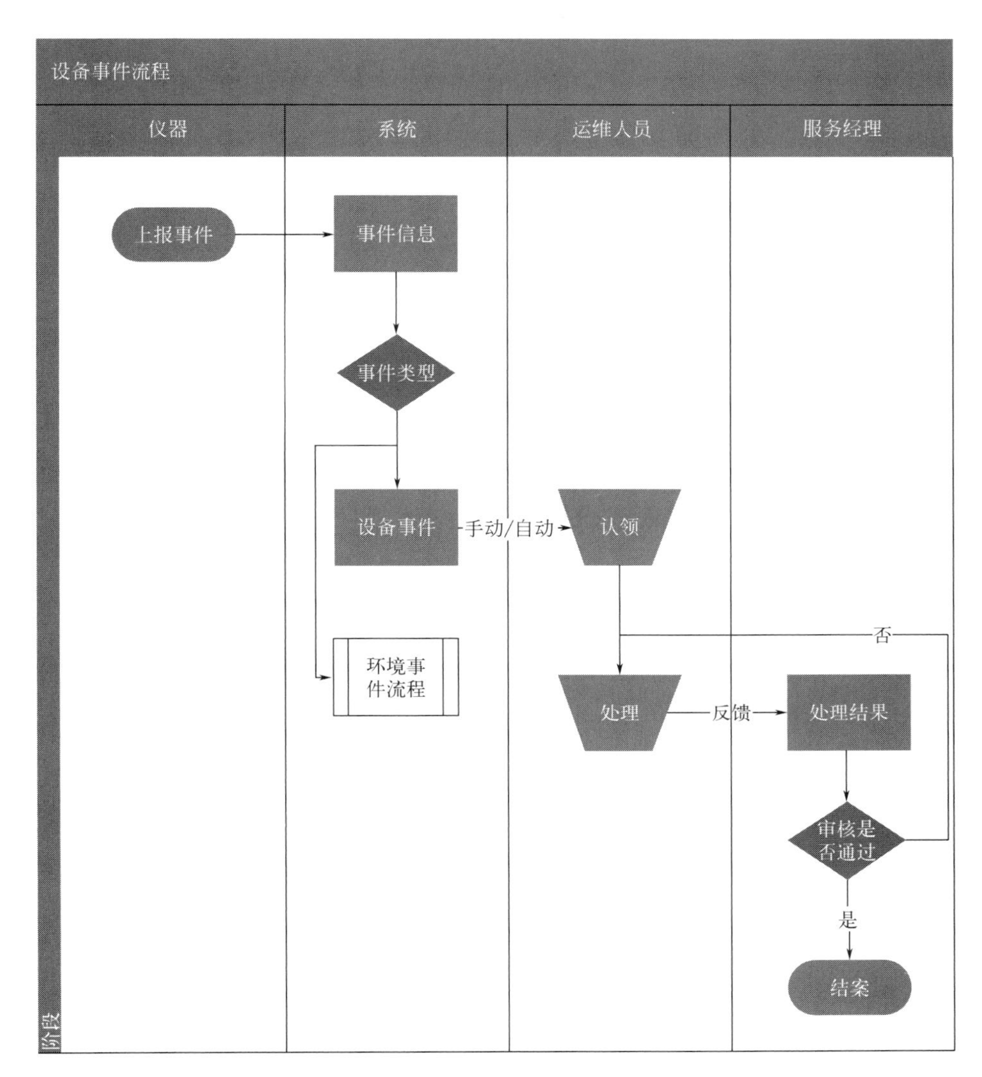

图 5-32　设备事件流程的过程

5.2.5.3　督查事件流程（APP 端）

督查事件流程的过程如图5-33所示。

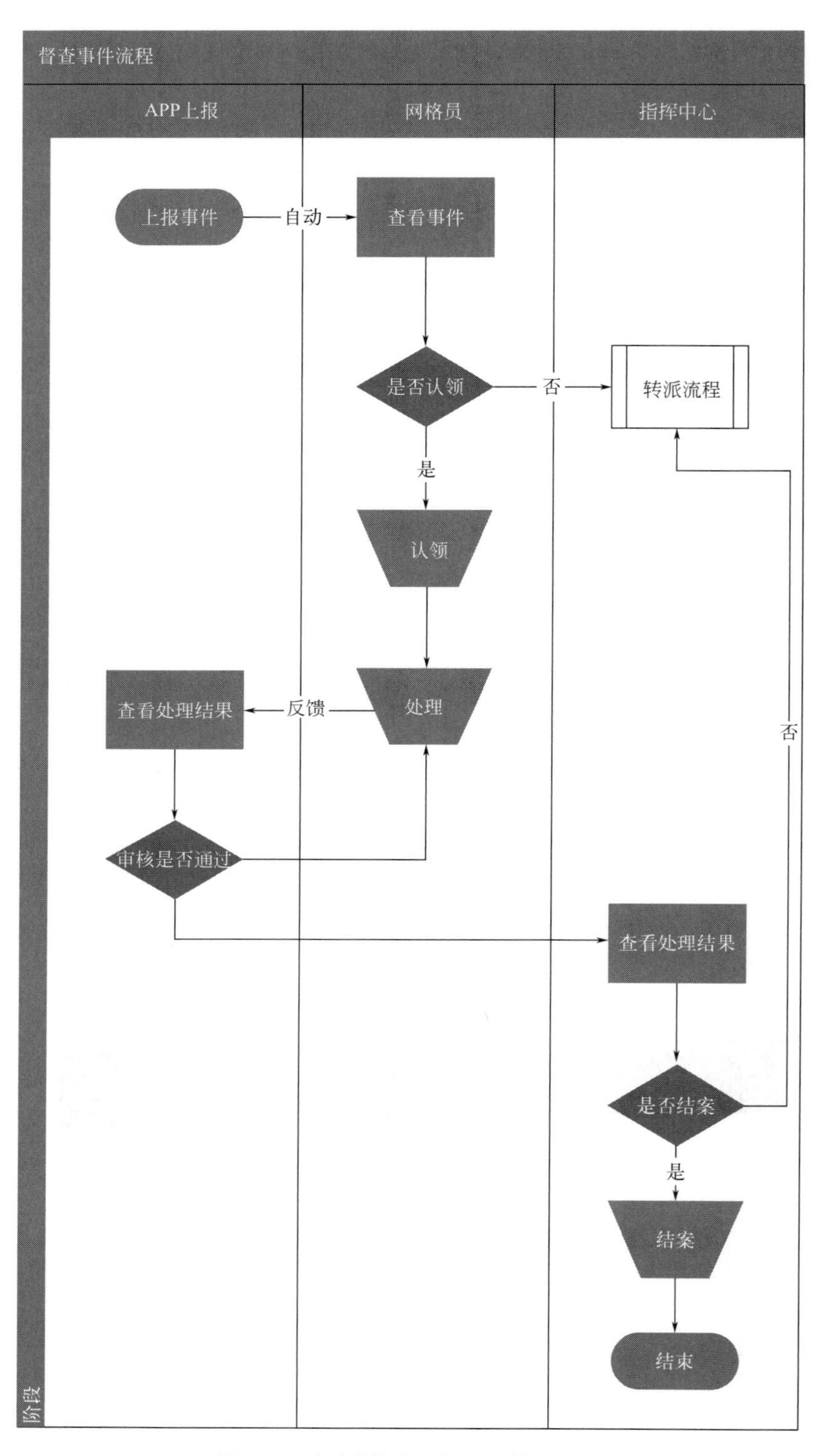

图 5-33　督查事件流程（APP 端）的过程

5.3　大气污染物联网自动化监测平台

中山环境监测综合分析诊断系统平台由中山市大气超级站数据分析诊断平台软件和现场数据采集传输系统两部分组成。

中山环境监测综合分析诊断系统平台具体功能如下。

① 软件系统可通过网络进行远程登录访问、查询如图5-34所示。

图 5-34　系统远程登录界面

② 集成平台系统能接入仪器本身自带软件数据库内的数据及相关信息，如图5-35 ～图5-37所示。

图 5-35　数据库获取数据处理程序

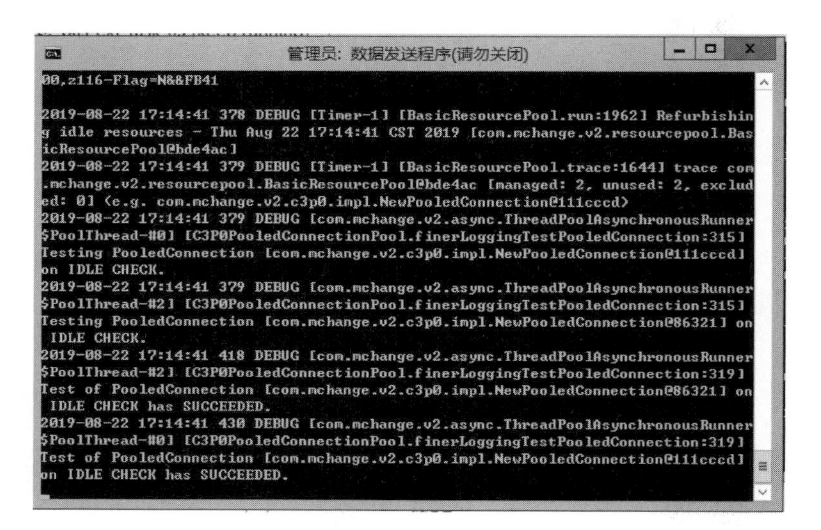

图 5-36　云景数据库获取数据处理程序

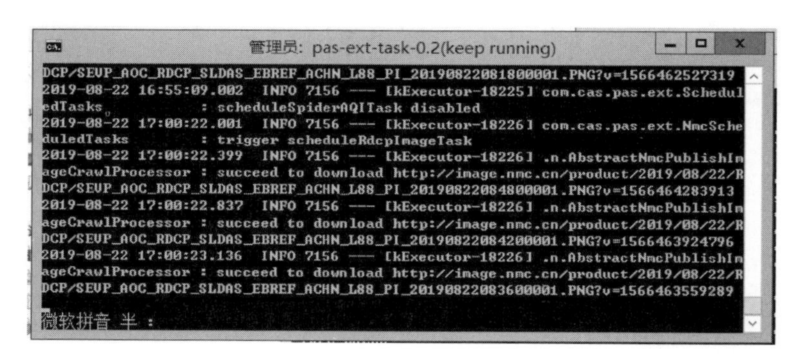

图 5-37　后向轨迹获取数据处理程序

③ 软件系统可同时管理激光雷达、挥发性有机化合物、EC/OC、在线离子色谱仪、气象参数、标准6参数、温廓线雷达数据等分析设备，获取设备的实时在线状态，实现对超级站图像和数据的存储、统计、显示，提供基于网页的系统分析结果，对处于异常状态的仪器具有报警提醒功能，并进行展示。如图5-38所示（书后另见彩图）。

④ 软件系统可扩容从单一站点到多站点的监测因子，并且支持离线分析数据的手工导入，导入数据包括颗粒物激光雷达数据、气象5参数、VOCs、OC\EC、水溶性离子、标准6参数等数据，如图5-39所示。

⑤ 软件系统可对颗粒物激光雷达、VOCs、水溶性离子等监测设备的在线质控，支持自动审核和人工审核如图5-40所示。

图5-38　质量控制－在线监控

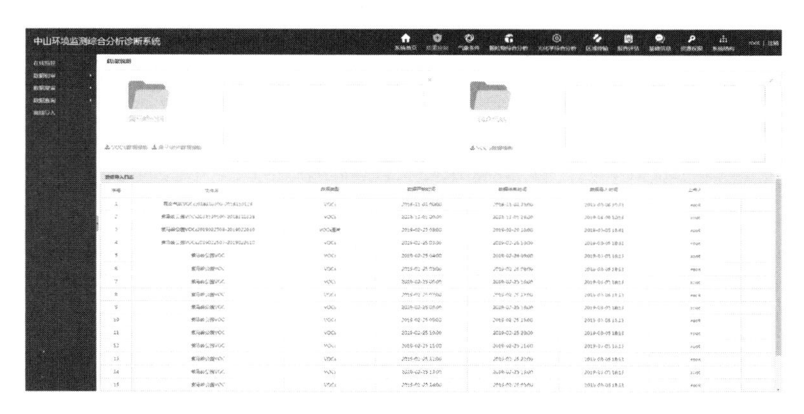

图5-39　质量控制－离线导入

图5-40　质量控制－数据初审

⑥ 软件系统具有颗粒物综合分析功能和光化学综合分析功能如图5-41（书后另见彩图）和图5-42所示（书后另见彩图）。

⑦ 软件系统根据实时监测数据对超级站监测到的颗粒物和VOCs做实时源解析，计算重点排放源对颗粒物和VOCs的贡献，具备不少于两种

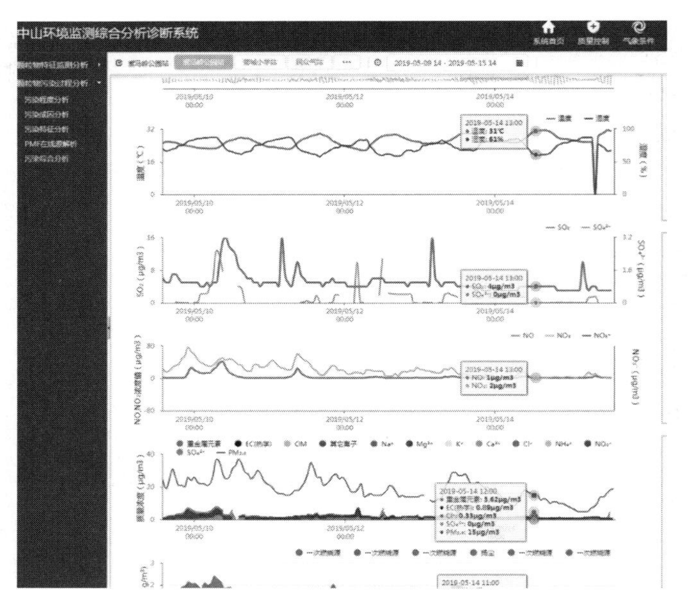

图 5-41　颗粒物综合分析

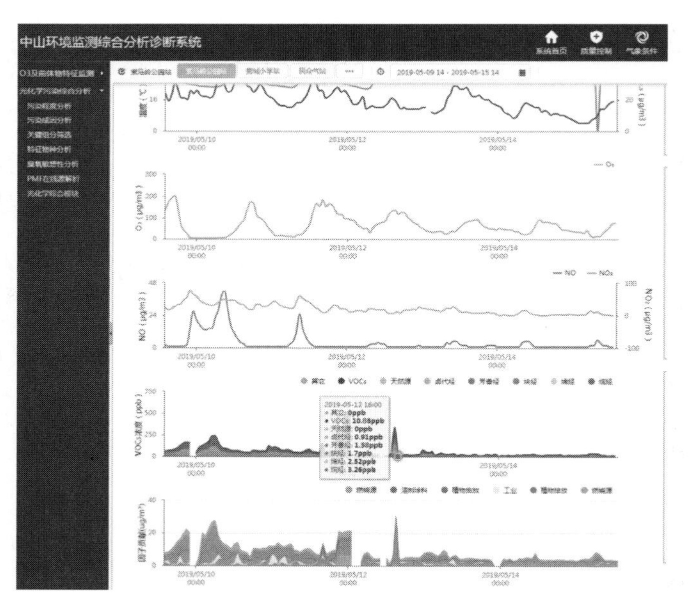

图 5-42　光化学综合分析

解析方法，相互可以印证。可给出观测区域天气形势、卫星影像、VOCs化学组成、前向/后向轨迹、来源解析、物质浓度活性评估、污染物化学组成、污染程度分析图，以及根据时间序列实时显示对应时间的分析结果。如图5-43～图5-45所示（书后另见彩图）。

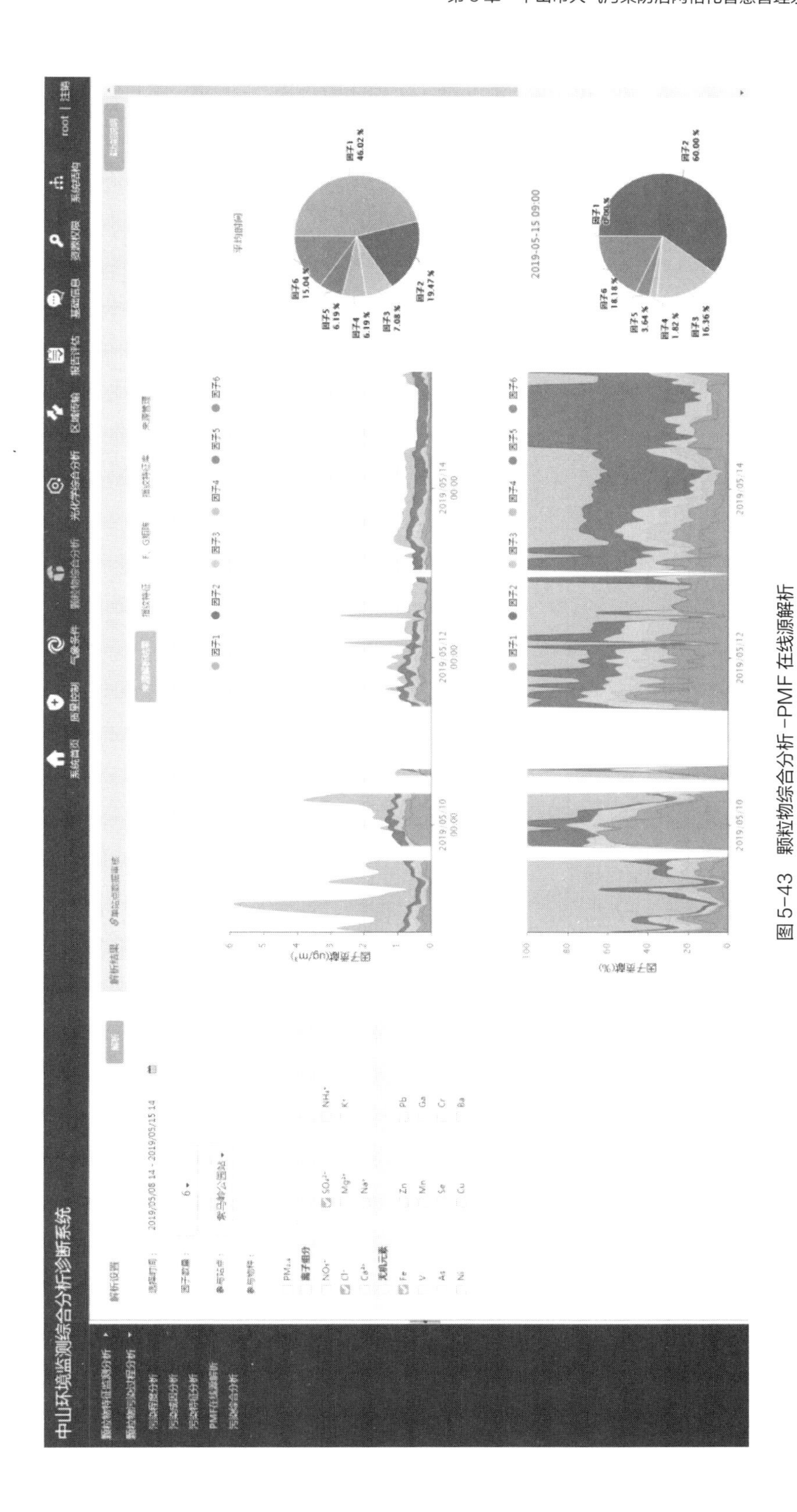

图 5-43　颗粒物综合分析 -PMF 在线源解析

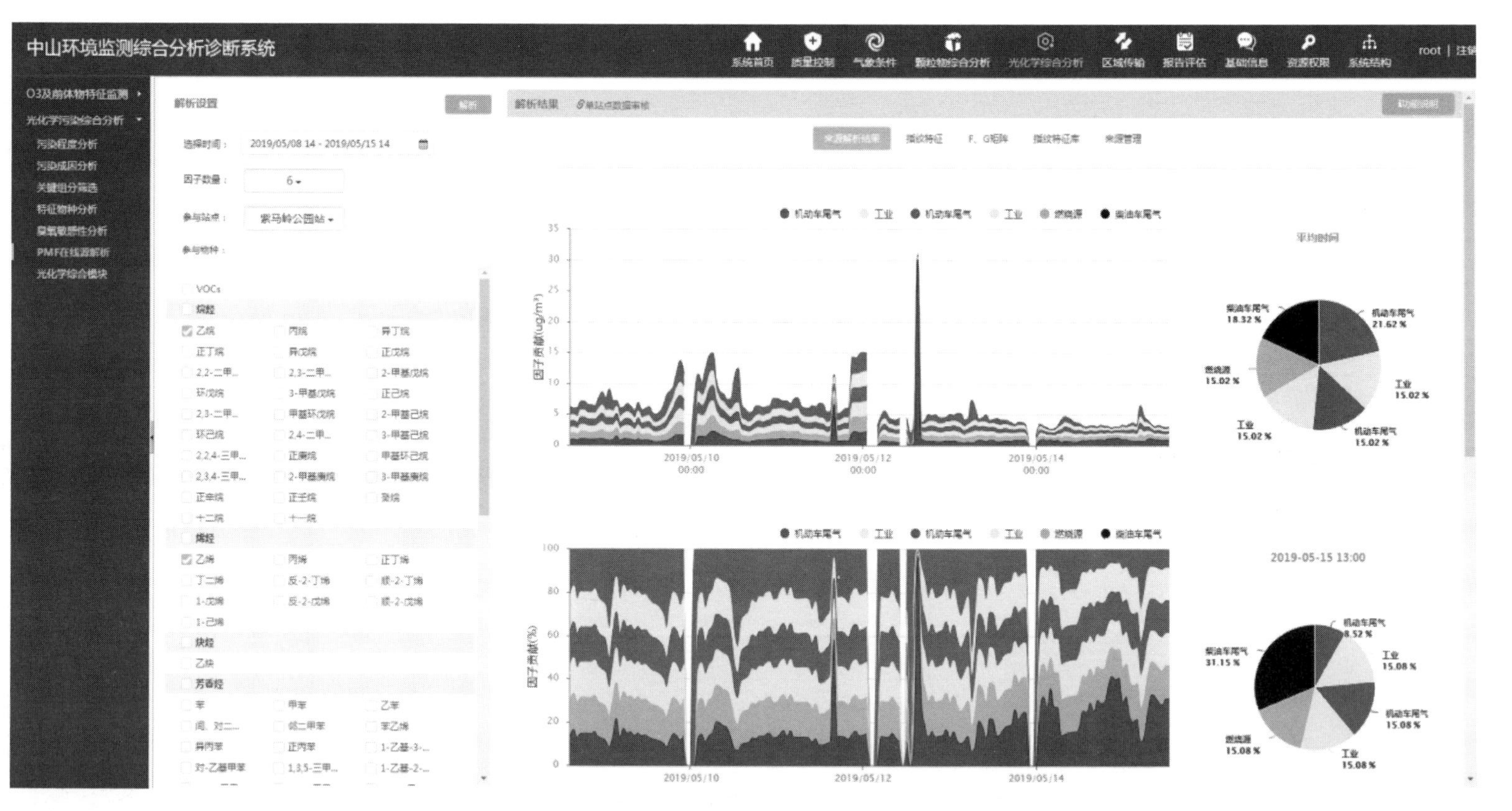

图 5-44　光化学综合分析 -PMF 在线源解析

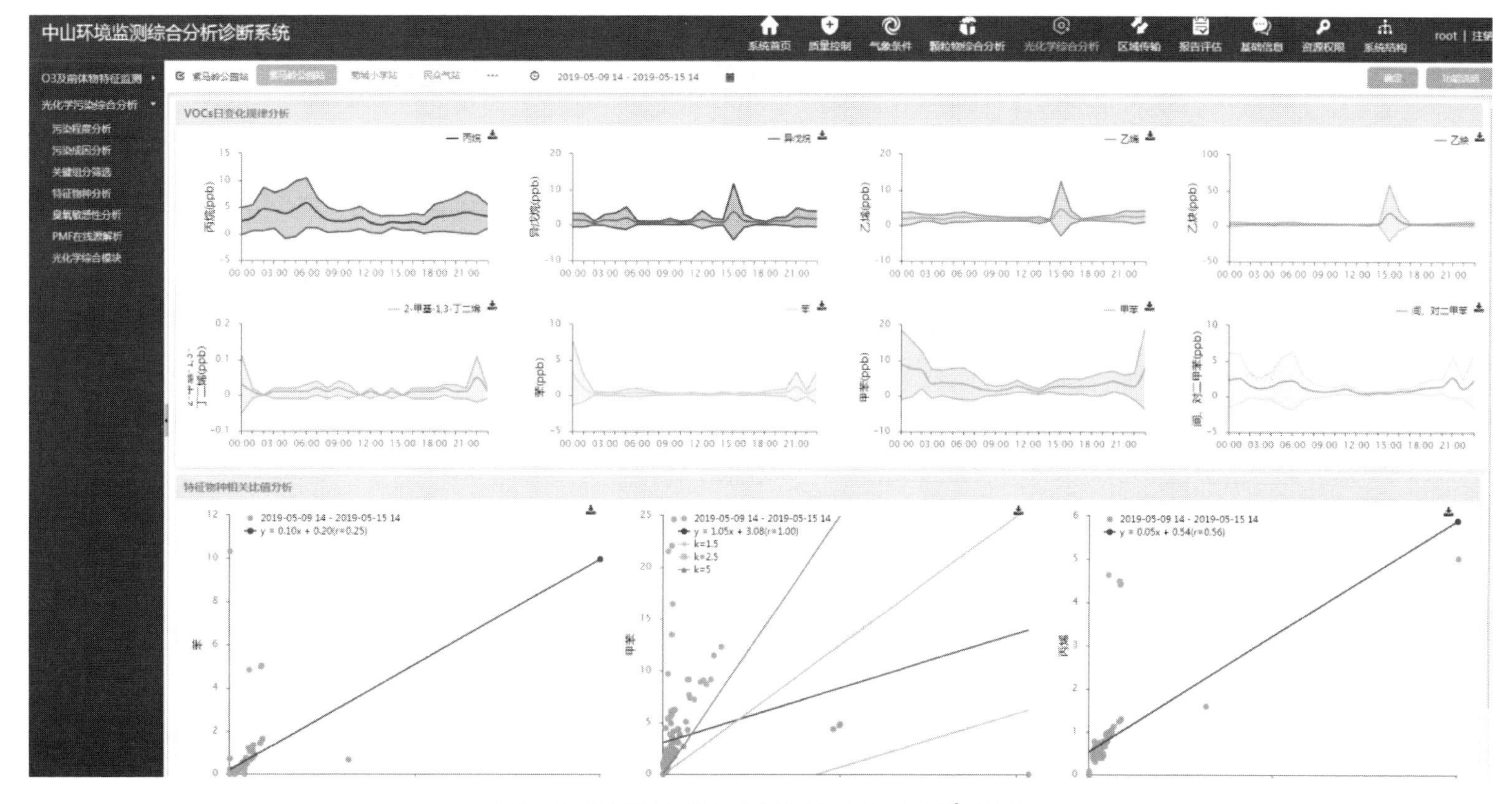

图 5-45　光化学综合分析 - 特征物种分析（1ppb=10^{-9}，下同）

⑧ 软件系统基于实测数据建立臭氧生成速率与前体物VOCs和NO_x的关系曲线，并实现动态更新。同时自动计算臭氧生成潜势、二次气溶胶生成潜势，自动筛选出对$PM_{2.5}$和人体健康影响的关键组分如图5-46所示（书后另见彩图）。

⑨ 平台具备数据采集功能模块、数据采集与存储系统，实现对超级站各仪器监测数据［包括颗粒物激光雷达数据、气象5参数（温度、湿度、气压、风速、风向）、VOCs、OC\EC、水溶性离子、$PM_{2.5}$、PM_{10}、SO_2、NO_2、CO、O_3、温廓线雷达等设备的监测数据］的自动采集、存储和上传功能；中心机房数据库服务器具备自动备份功能，定期备份数据。以通用的数据库格式存储资料；常规参数监测分析仪输出的数据自动换算为标态浓度，现场工控机能存储5分钟、1小时、日均监测数据，连续保存2年的小时数据和日均数据、1个月以上的5分钟数据，服务器端可以调取该时间段内的历史数据。采集的数据源和目标数据包含文本文件、excel文档、word文档、XML文档、二进制文件、十进制文件及图片格式等多种格式，如地基遥感设备能采集消光系数、退偏振比（十进制格式）、边界层高度（文本文件）、消光图和退偏图（图片格式）等。如图5-47～图5-51所示（书后另见彩图）。

⑩ 软件系统可实时获取高空风场、温度场及高空气压场信息。实时获取全国重点环保城市的常规污染信息，包括AQI、首要污染物、$PM_{2.5}$、PM_{10}、SO_2、NO_2、CO、O_3等监测参数的实时监测结果。

⑪ 实时获取现有颗粒物激光雷达状态的运行参数，监测参数包括但不限于硬盘存储剩余空间、泵浦源寿命、采集卡状态、光源状态等。如图5-52所示。

⑫ 软件系统可以识别激光雷达的有效区域如图5-53所示（书后另见彩图）。

⑬ 具备激光雷达消光系数在线数据质控模块及激光雷达能见度在线数据质控模块，自动生成激光雷达质控曲线。软件系统接入激光雷达质控模块数据：可以使雷达光路0°～360°调节定位功能，便于进行各级数据产品的比对和质控；能给适应监测区域高温、高湿的复杂环境气候条件提供加热和除湿功能的证明。如图5-54所示（书后另见彩图）。

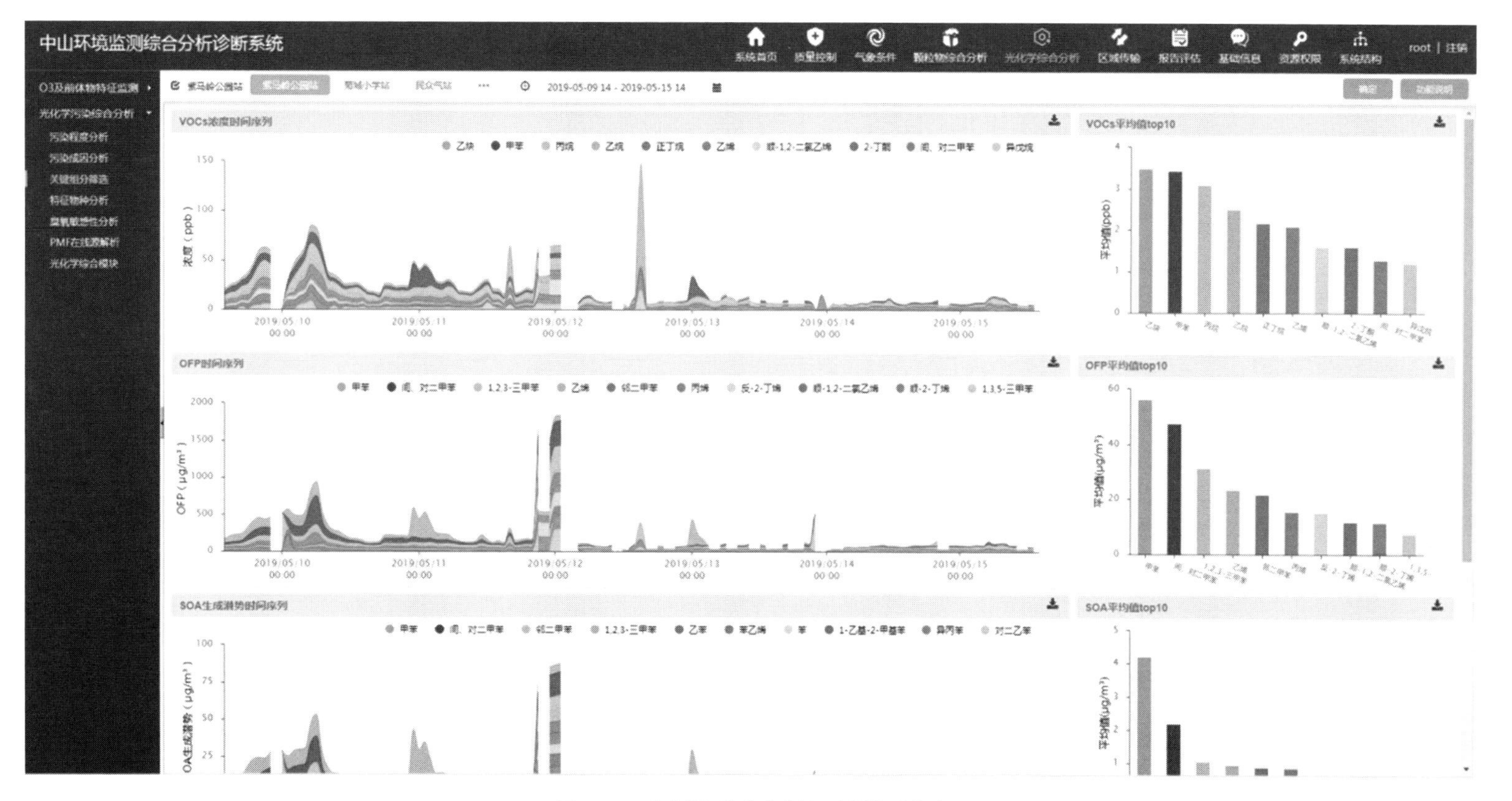

图 5-46　光化学污染综合分析 - 关键组分筛选

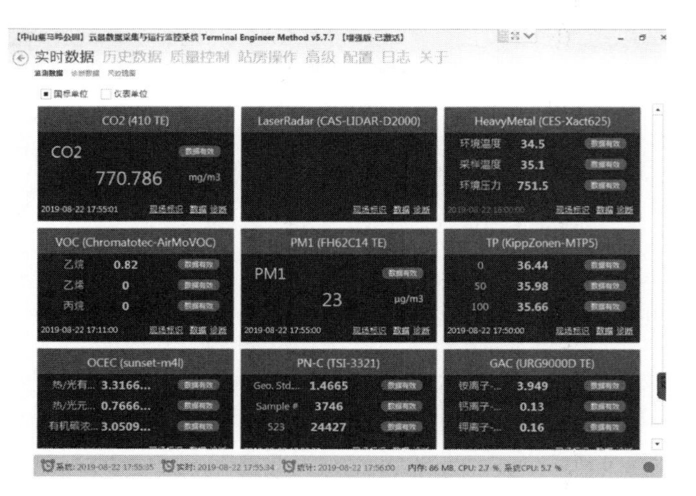

图 5-47　紫马岭超级站云景数据采集软件

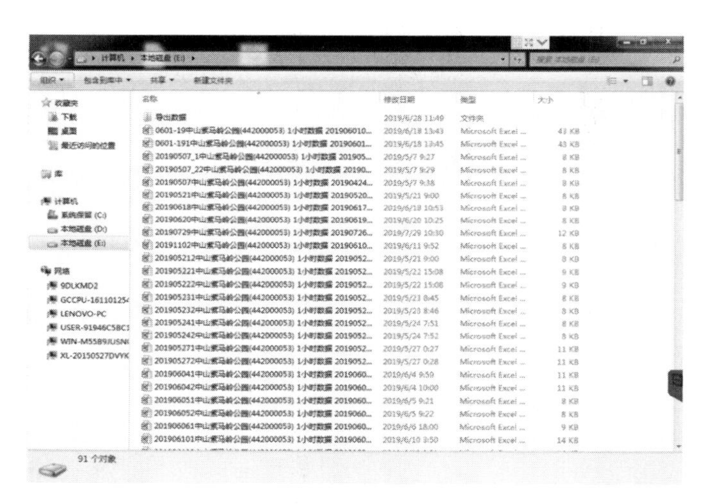

图 5-48　紫马岭超级站工控机保存数据

图 5-49　中山监测站机房应用服务器保存数据

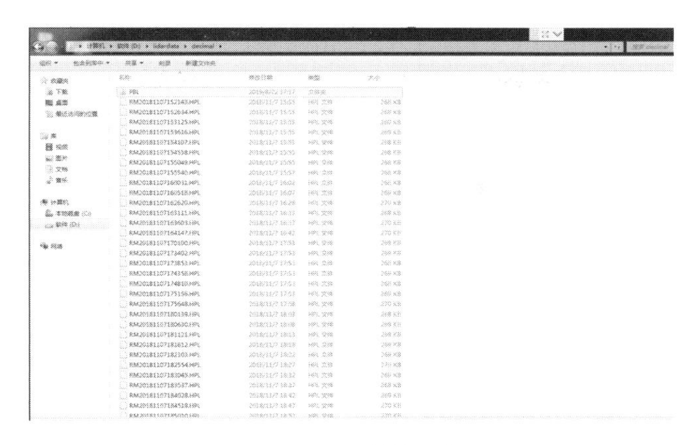

图5-50　雷达数据保存

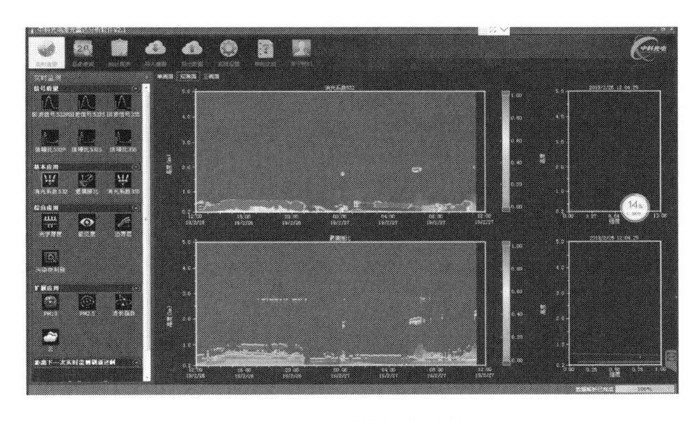

图5-51　雷达消光数据

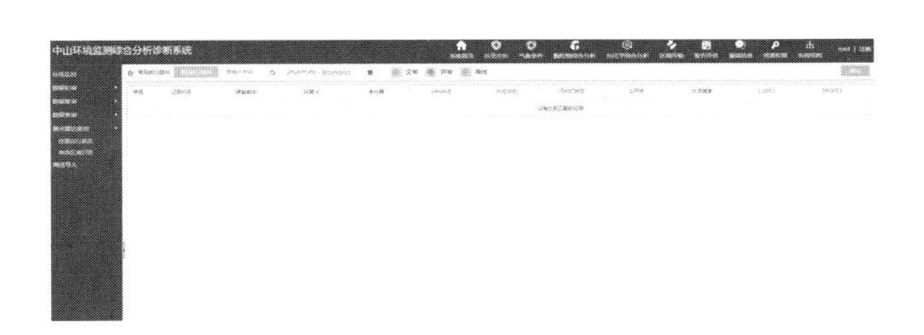

图5-52　激光雷达状态参数

⑭ 基于现超级站激光雷达原始信号数据绘制雷达伪彩图，根据激光雷达原始数据通过平台内嵌的算法绘图，且雷达算法参数可调，平台能够展示气溶胶激光雷达应用产品，包括但不限于边界层高度、原始信号（各通道）、退偏振比、消光系数、云底高度、气溶胶光学厚度、颗粒物质量浓度等，可拓展激光雷达反演的颗粒物浓度结合风廓线监测数据计算通量。如图5-55所示（书后另见彩图）。

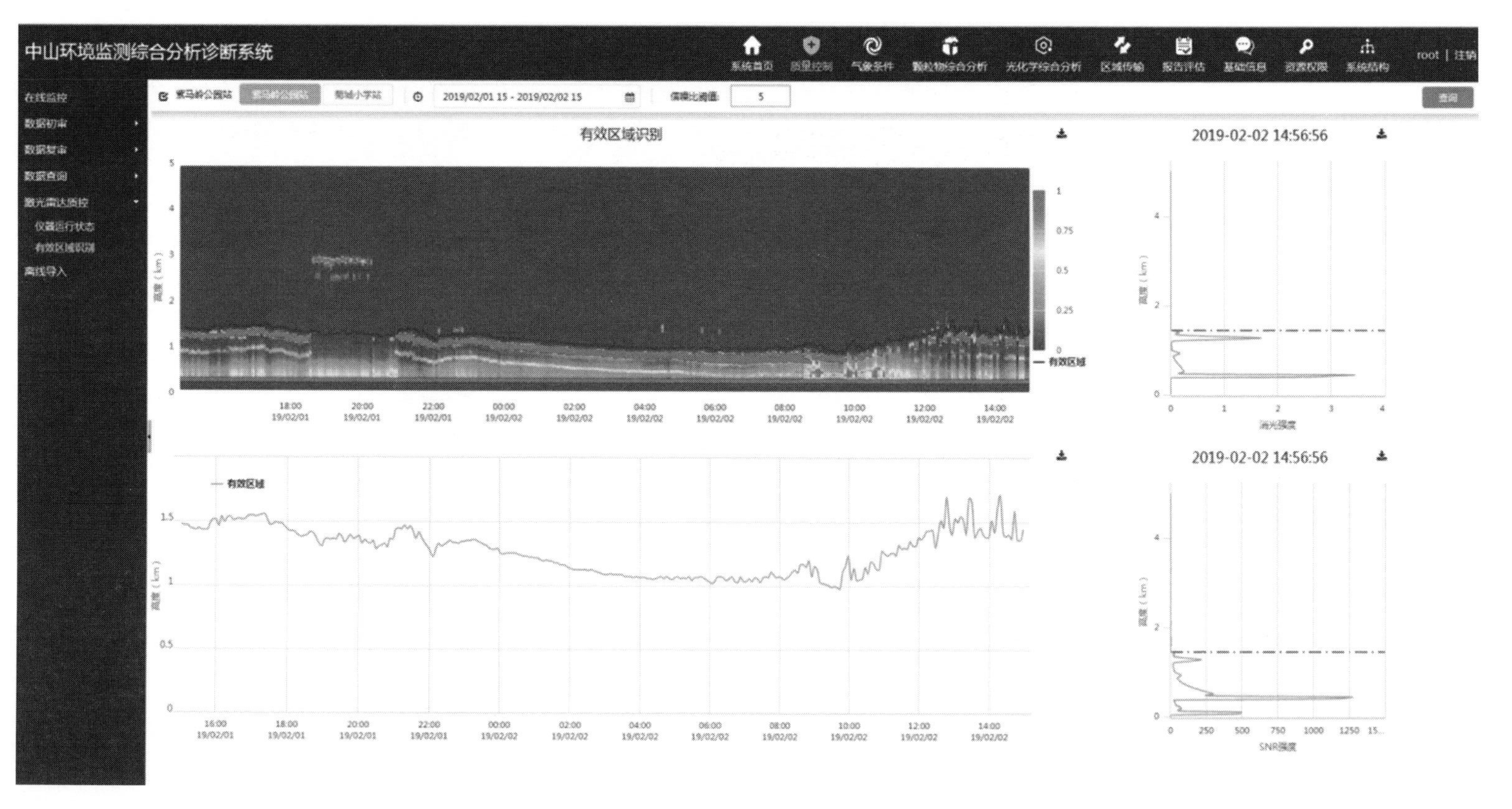

图 5-53 激光雷达有效区域识别

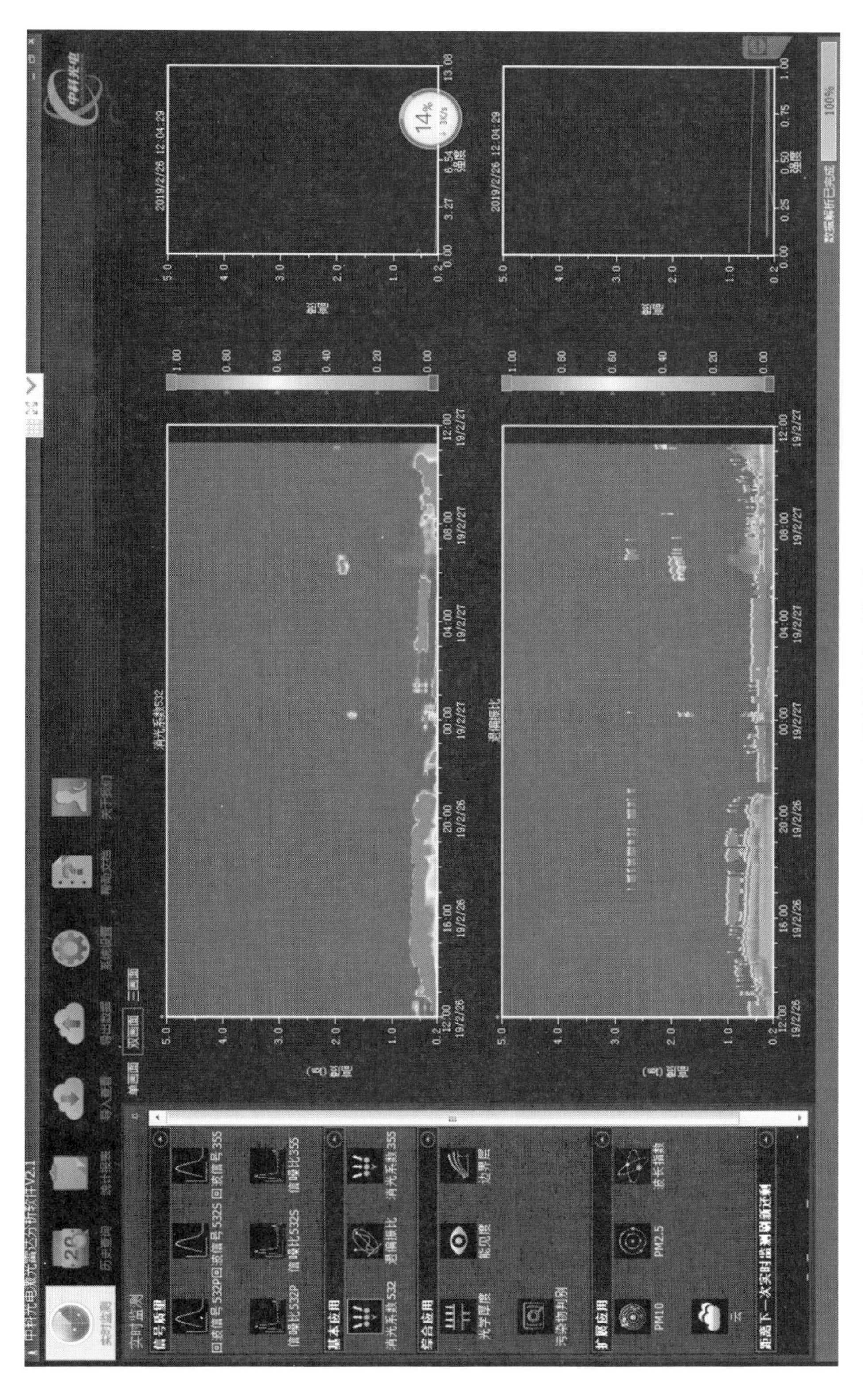

图 5-54　激光雷达有效区域识别

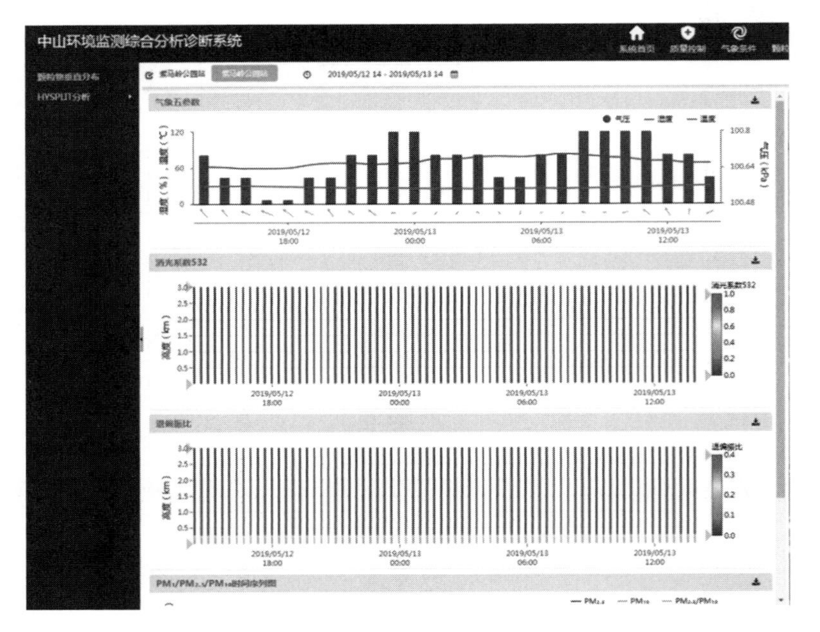

图 5-55 区域传输 - 颗粒物垂直分布

⑮ 针对超级站挥发性有机化合物监测数据进行统计，自动对VOCs种类进行归类，绘制VOCs化学组分的时间序列图和组分饼图。如图5-56所示（书后另见彩图）。

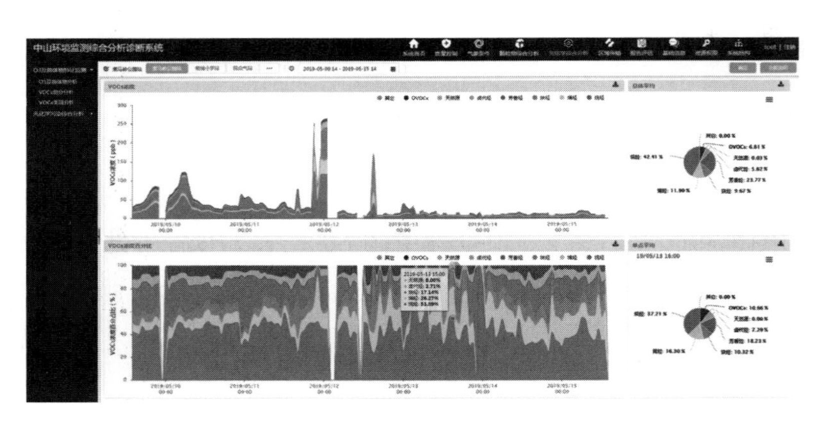

图 5-56 光化学综合分析 -VOCs 类别分析

⑯ 基于超级站颗粒物监测数据，自动绘制PM_1、$PM_{2.5}$、PM_{10}时间序列如图5-57所示（书后另见彩图）。

⑰ 基于超级站颗粒物监测数据，自动对$PM_{2.5}$质量浓度及化学组成数据进行统计分析如图5-58所示（书后另见彩图）。

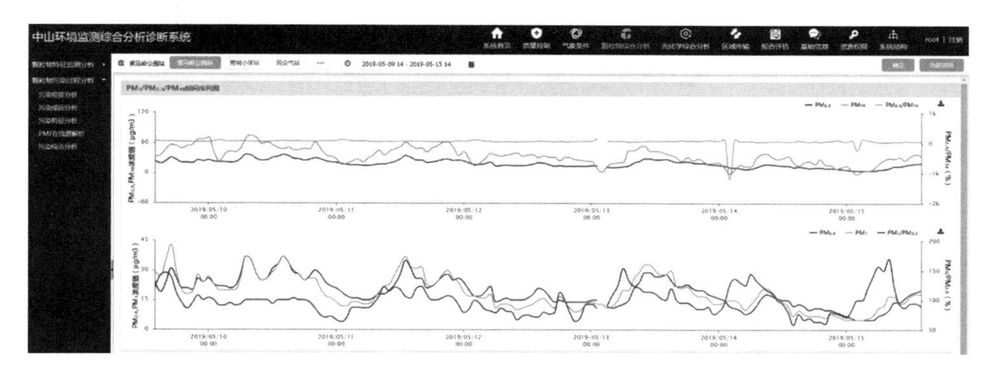

图5-57　颗粒物综合分析－污染程度分析

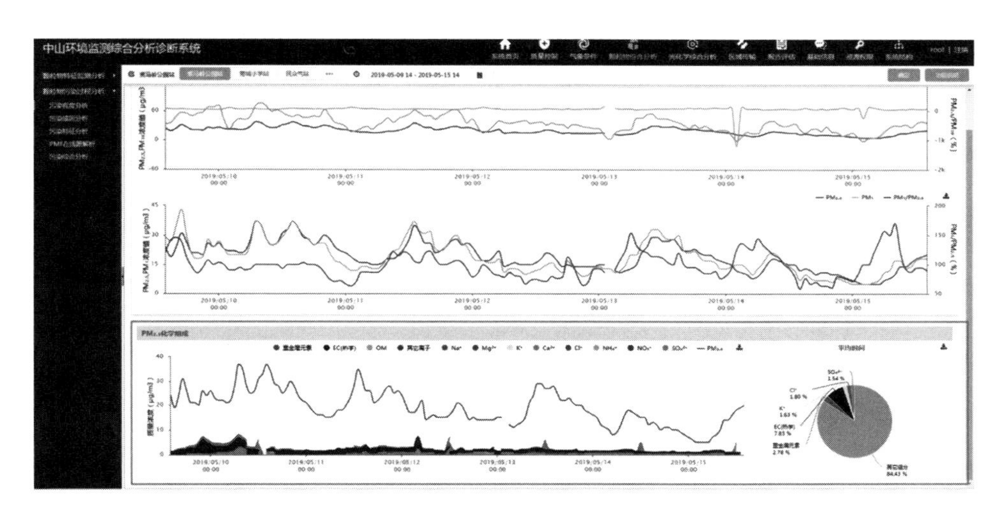

图5-58　颗粒物综合分析－污染程度分析－$PM_{2.5}$化学组分

⑱ 具备不少于2种方法来识别颗粒物中各组分的来源，且可以相互印证。如图5-59（书后另见彩图）和图5-60所示（书后另见彩图）。

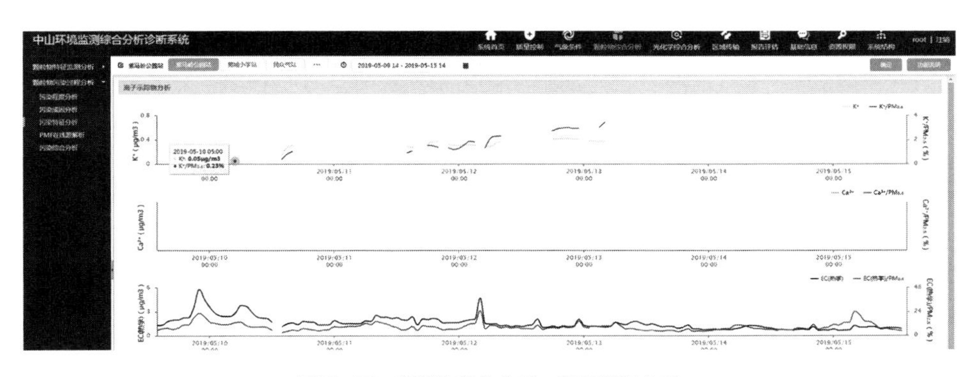

图5-59　颗粒物综合分析－污染特征分析

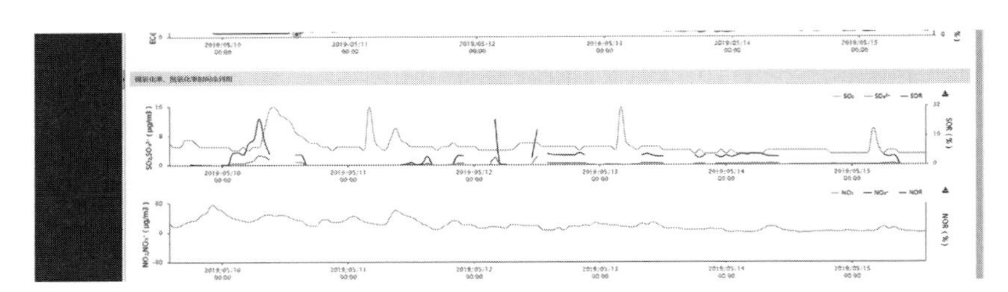

图 5-60　颗粒物综合分析 - 污染特征分析 - 硫氧化率、氮氧化率时间序列

⑲ 具备不少于3种方法计算臭氧前提物的光化学消耗量，并建立消耗量与O_3之间的关系。如图5-61（书后另见彩图）和图5-62所示（书后另见彩图）。

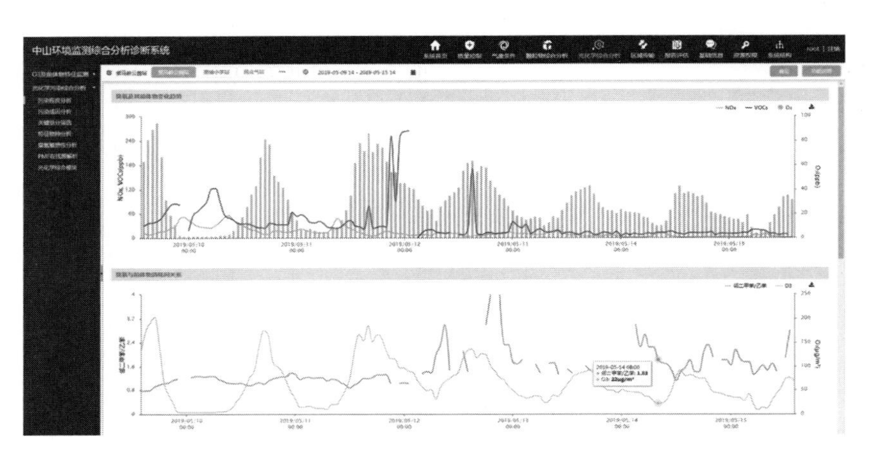

图 5-61　光化学综合分析 - 污染程度分析

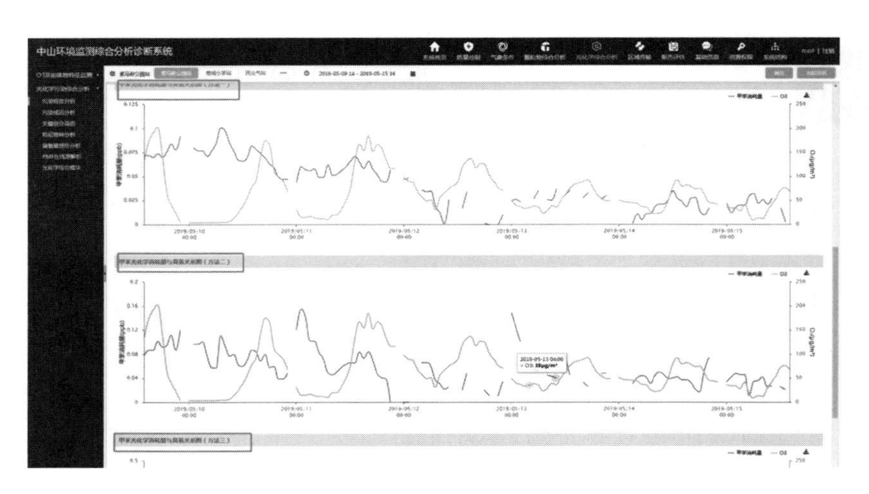

图 5-62　光化学综合分析 - 污染程度分析 - 方法1 ~ 3

⑳ 软件系统可识别VOCs各组分来源，如图5-63所示（书后另见彩图）。

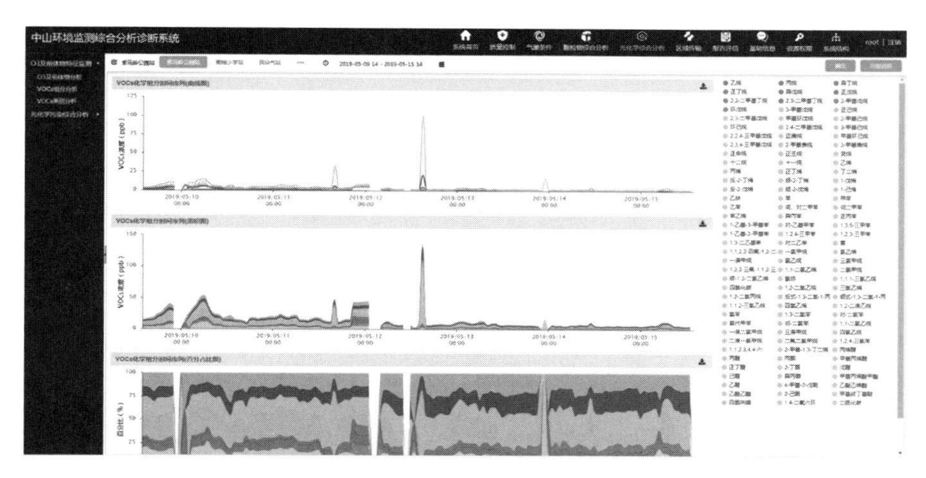

图 5-63　光化学综合分析 -VOCs 组分分析

㉑ 基于超级站VOCs和NO_x的实测数据快速建立臭氧生成速率与前体物VOCs和NO_x的关系曲线（EKMA曲线）如图5-64所示（书后另见彩图），响应时间小于20s，并根据实时数据动态更新，通过此曲线为制定控制对策提供依据。

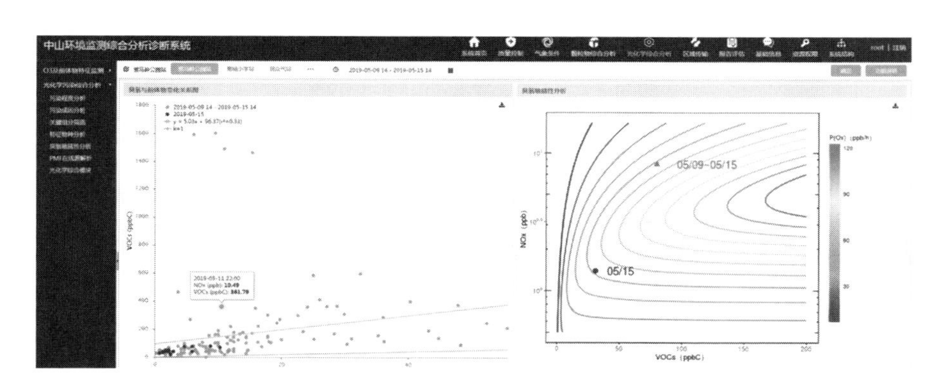

图 5-64　光化学综合分析 - 臭氧敏感性分析

㉒ 平台可实现动态模板配置功能，通过系统运行时对数据展示、数据分析、报告进行图形可视化立即生效配置，并自动生成分析报告。报告中包含必要的图表、文字描述，分析结果可提供下载。如图5-65所示（书后另见彩图）。

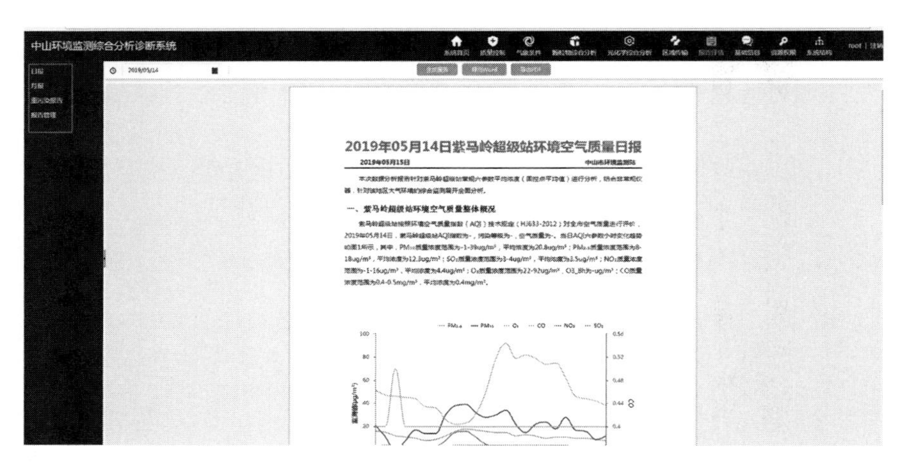

图 5-65　环境空气质量报告

5.4　大气网格化平台考核体系和成效

5.4.1　工作目标

大气网格化建设根据国家环境部门发布的《环境信息网络建设规范》（HJ 460—2009）、《环境保护应用软件开发管理技术规范》（HJ 622—2011）、《污染源在线自动监控（监测）系统数据传输标准》（HJ/T 212—2017）及《环境污染源自动监控信息传输、交换技术规范》（HJ/T 352—2007）等国家标准协议，针对中山市已经建成的微观监测点位，通过网格化平台对数据进行了实时监测监管，实现网格化监测全市覆盖消灭监测盲区，达到全域及时高效解决环境问题、循环推进环境质量改善的目的。

以实施“大气网格化监测”和“大气网格化监管”为基础，落实全市“监测、监管”全覆盖，通过全年全天的不间断监测并执法切实抑制违排的目标，切实改善全市大气生态环境。

5.4.2　实施范围和责任相关人员

中山市境内主要全面实施“大气微型空气质量检测仪监测监管”。

按照属地管理原则，原则上对24个镇区进行考核，考核数据使用微型空气质量检测仪汇总到每个镇区年综合指数排名，通报方式为每天通报，年终汇总；综合指数变化率排名，通报方式为每天通报，年终汇总。每天通报全市排名落后站点，镇区每天处理排名落后站点附近环境污染情况。

5.4.3　责任分工

5.4.3.1　加强组织领导

成立市“大气网格化”指挥中心，统一领导全市大气网格化工作，协调解决全市“大气网格化”工作中的问题。相关职能部门要落实专人，建立相应机制，负责做好职能范围内工作的指导。

5.4.3.2　明确责任单位

明确指挥中心职责，生态环境局局长担任一级网格长，一级网格长组织成立“市级大气网格化指挥中心”，市级指挥中心统筹大气网格化系统工作，监督大气网格化软件系统正常运转、监督大气网格化硬件系统正常运转、维护大气网格化市级指挥中心正常运转。

中山市生态环境局负责全市“大气网格化”实施工作的整体筹划、督促协调、监督管理等事项；各镇区政府负责辖区内“大气网格化”实施及涉及排污企业和个人整治的具体工作。

中山市住房和城乡建设局负责城区建成区范围内的工地整治与管理；市规划、发改、国土、经信、农业、林业、海洋与渔业、交通、海事、物价、卫生、公安、工商、宣传等部门根据各自职责，协同做好全市“大气网格化”实施工作。

各个镇区要及时处理平台上传的处理污染事件信息，确保上传的污染事件均能得到及时处理。

5.4.3.3　接受社会监督

依托现有的大气网格化平台建立和完善公众参与机制，加大对“大气网格化”社会监督力度，在媒体上公布网格员名单，适时公布全市实施“大气网格化”的整体工作计划、年度任务完成情况等信息，接受社会监督。

5.4.4　工作要求

5.4.4.1　明确目标，制定方案

按照“尊重规律、科学治理、因地制宜”原则，科学制定实施规划和整治方案；按照“目标明确，时序合理，安排科学”原则，合理制定分阶段实施目标和整治任务，确保“大气网格化”工作扎实推进。

5.4.4.2　加强领导，积极实施

切实加强组织领导，及时落实责任人员，明确整治任务，落实一企一策、排查散乱污，做到责任到人。

5.4.4.3　突出重点，统筹推进

根据整治企业的不同情况，明确各自整治重点和优先方向，集中力量求突破；加大大气监管力度，依托网格化系统落实大气治理工作，统筹推进求实效。

5.4.4.4　严格考核，加强宣传

建立网系统、周期排查、线上报警线下排查、大气网格化监测数据的定期通报制度，客观反映各镇区整治进展和成效。

5.4.5　现场排查指导手册

5.4.5.1　排查污染源分类

污染源分类主要有大气污染的天然源和人为污染源两种。大气污染的天然源包括火山喷发、森林火灾、自然尘、森林植物释放、海浪飞沫颗粒物等。人为污染源包括燃料燃烧、工业生产过程的排放、交通运输过程的排放、农业活动排放等。

实际排查的污染源分4类，分别为工地扬尘类，“散乱污”、餐饮油烟、散煤类，工业企业类，以及机动车辆污染。

5.4.5.2　工地扬尘类排查（拆迁工地）

目前常见的工地有建筑工地、拆迁工地、道路施工等。工地种类有很多，所有工地可以通类检查，也就是通常说的“六个百分百”。可到了现场正在施工、车辆运输，怎么判别呢？

① 工地要设置不低于2.5m的硬质围挡，围挡底边要封闭并设置防溢沉淀井。

② 应及时清运建筑渣土，不能及时清运的，应采用密闭式防尘网遮盖并确保堆存高度不得高于围挡，同时每日进行洒水喷淋。

③ 清运渣土时要集中清运，并辅以持续加压洒水喷淋，渣土运输车辆上路前必须进行车身、轮胎冲洗，物料遮盖，确保无抛、撒、滴、漏。

④ 遇4级及以上大风天气或重污染天气时应停止拆迁作业和渣土运输作业。

5.4.5.3　工地扬尘类排查（建筑工地）

① 应安装视频监控设施、监管人员到位及备案扬尘污染防治方案。

② 建筑面积10000m^2及以上的建筑施工工地主要扬尘产生点应安装扬尘在线监测和视频监控装置并与当地住建部门联网，实行施工全过程监控。

③ 施工工地要设置不得低于2.5m的硬质围挡。

④ 施工出入口道路、现场内道路和加工区要实施混凝土硬化，并定时保洁，不得有浮土、积土。

⑤ 裸露场地应采取覆盖或绿化措施。

⑥ 要及时清运建筑土方和建筑渣土，不能及时清运的，采用密闭式防尘网遮盖并确保堆存高度不得高于围挡。

⑦ 加强“三车”管理，施工现场要设置自动冲洗平台，土方运输车、混凝土搅拌车、物料运输车辆上路前必须进行车身、轮胎冲洗，物料遮盖，确保无抛、撒、滴、漏。

⑧ 施工现场易产生扬尘的物料禁止露天堆放，必须采用密闭式防尘网遮盖，并不得在现场搅拌混凝土。

⑨ 施工现场要设置洒水降尘设施，装卸物料要采取密闭或者喷淋等方式防治扬尘污染。

⑩ 外脚手架应当设置悬挂密目式安全网封闭，并保持严密整洁。

5.4.5.4　工地扬尘类排查（道路工地）

① 工地要设置不得低于2.5m的硬质围挡，围挡底边要封闭并设置防溢沉淀井。

② 施工出入口道路、现场内道路和加工区要实施混凝土硬化，并定时保洁，不得有浮土、积土。

③ 要及时清运工地土方和工地渣土，不能及时清运的，采用密闭式防尘网遮盖并确保堆存高度不得高于围挡。

④ 加强“三车”管理，设置自动冲洗平台，土方运输车、混凝土搅拌车、物料运输车辆上路前必须进行车身、轮胎冲洗，物料遮盖，确保无抛、撒、滴、漏。

⑤ 施工现场易产生扬尘的物料禁止露天堆放，必须采用密闭式防尘网遮盖。

5.4.5.5　工地扬尘类检查方向

扬尘引起$PM_{2.5}$、PM_{10}、总悬浮颗粒物（TSP）等浓度的升高，可通过$PM_{2.5}$与PM_{10}的占比做出基本判断。

工地还有可能引起CO浓度的升高，由于建筑工地可能有人为点火取暖（多高发在冬季）、线路老化、板房、涂料、木工房等，因此极易引起着火情况，这是环保人员排查的一个方向。

工地检查中还需要检查非道路移动机械，现在工地存在国三以下的重型机械，在没有仪器的情况下只要冒黑烟则肯定不达标。

5.4.5.6　“散乱污”、餐饮油烟、散煤类检查

针对餐饮油烟直排，没有处理装置的问题，应加强餐饮油烟治理工作，杜绝餐饮油烟直排现象，要确保餐饮油烟经过净化处理后排放。

5.4.5.7　工业企业类检查

工业企业排查思路较为简单，去现场先找“烟囱”，再通过烟囱查验是否有废气处理装置可以直接判断该企业是否为废气直排，如表 5-1 所列。根据最近文件指示，如果企业使用环保材料则可以直排。现场人员要看废气是否经过处理装置，处理装置是否在运行，如果没有处理装置则查看生产过程是否使用环保类涂料等。

表 5-1　企业废气污染物类型

数据异常	污染类型	备注
PM_{10}	裸露土地	主要为大颗粒扬尘
PM_{10}	工地扬尘	主要为大颗粒扬尘
$PM_{2.5}$	交通扬尘	由于交通扬尘经过无数次碾压，因此主要以细颗粒为主
PM_{10}、NO_2、$PM_{2.5}$	渣土运输	渣土车辆散漏；重型运输车辆排放
CO、NO_2、VOCs、$PM_{2.5}$	机动车排放	由于石油燃料的燃烧，产生的污染物主要以 NO_2 和 CO 为主，同时也会有 $PM_{2.5}$ 和 VOCs 的产生
CO、VOCs、$PM_{2.5}$、NO_2	秸秆燃烧	如今秸秆焚烧现象较少，因此建议修改为生物质燃烧
$PM_{2.5}$、VOCs、SO_2	露天烧烤	具体排放是 N 还是 S，与其燃料有关，燃气主要排放 NO_2，燃煤主要排放 SO_2
$PM_{2.5}$、VOCs、SO_2 或 NO_2	餐饮油烟	
SO_2、$PM_{2.5}$、CO、VOCs	散煤燃烧	
SO_2、CO、VOCs、$PM_{2.5}$	非道路移动机械	由于非道路移动源与机动车所用的燃料基本相同，因此二者排放污染物相似
VOCs	企业喷涂	喷涂主要产生 VOCs
与行业有关	工业排放	
VOCs、SO_2 和 $PM_{2.5}$	石化行业	石化行业主要排放 VOCs，SO_2 和 $PM_{2.5}$ 主要为工业锅炉排放
SO_2、$PM_{2.5}$	再生有色金属行业	
VOCs、$PM_{2.5}$	合成树脂行业	
$PM_{2.5}$、VOCs、NO_2	电池工业	太阳能电池排放 NO_2 和 $PM_{2.5}$，锂电池行业排放 $PM_{2.5}$ 和 VOCs
SO_2、NO_2 和 PM	瓦砖行业	原料燃料破碎及制备成型只排放 PM，人工干燥和烘烤阶段都排放
SO_2、NO_2 和 PM	钢铁冶炼行业	
PM、SO_2、NO_x	炼焦行业	
$PM_{2.5}$ 和 SO_2	平板玻璃行业	
$PM_{2.5}$ 和 VOCs	橡胶制品	
PM 和 SO_2	火电厂	

5.4.6　管控成效

项目建设成立之后网格化系统共发现并结案23288起污染源事件，为“中山蓝”提供了直接支持，如图5-66所示。

首页　事件中心

事件状态　已结案　事件来源　全部　快捷分类　全部　我负责的　我上报的　与我相关的

查询　+新增事件　导出　批量结案　批量标记　标记

序号	标题	网格	发生时间	事件内容	操作
31	AI——横栏金星围	横栏镇	2022-12-01 16:30:37	AI——横栏金星围	溯源 查看 删除 生成报告 …
32	AI——横栏金星围	横栏镇	2022-12-01 10:25:37	AI——横栏金星围	溯源 查看 删除 生成报告 …
33	格化AI摄像头发现古镇镇无组织焚烧…	古镇镇	2022-12-01 00:00:00	格化AI摄像头发现古镇镇无组织…	溯源 查看 删除 生成报告 …
34	网格化AI摄像头发现古镇镇无组织焚…	古镇镇	2022-12-01 00:00:00	网格化AI摄像头发现古镇镇无组…	溯源 查看 删除 生成报告 …
35	网格化AI摄像头发现横栏镇无组织焚…	横栏镇	2022-12-01 00:00:00	网格化AI摄像头发现横栏镇无组…	溯源 查看 删除 生成报告 …
36	网格化AI摄像头发现南朗街道无组织…	南朗镇	2022-12-01 00:00:00	网格化AI摄像头发现南朗街道无…	溯源 查看 删除 生成报告 …
37	网格化AI摄像头发现古镇镇无组织焚…	古镇镇	2022-12-01 00:00:00	网格化AI摄像头发现古镇镇无组…	溯源 查看 删除 生成报告 …
38	AI——小榄五埒	小榄镇	2022-11-30 16:40:37	AI——小榄五埒	溯源 查看 删除 生成报告 …
39	AI——横栏金星围	横栏镇	2022-11-30 15:20:40	AI——横栏金星围	溯源 查看 删除 生成报告 …
40	AI——横栏金星围	横栏镇	2022-11-30 09:55:37	AI——横栏金星围	溯源 查看 删除 生成报告 …
41	AI——横栏金星围	横栏镇	2022-11-30 09:50:40	AI——横栏金星围	溯源 查看 删除 生成报告 …
42	AI——横栏金星围	横栏镇	2022-11-29 15:25:38	AI——横栏金星围	溯源 查看 删除 生成报告 …
43	网格化AI摄像头发现东凤镇无组织焚…	东凤镇	2022-11-24 10:14:37	网格化AI摄像头发现东凤镇无组…	溯源 查看 删除 生成报告 …
44	AI——南区沙涌	南区街道	2022-11-22 17:00:37	AI——南区沙涌	溯源 查看 删除 生成报告 …

< 1 2 3 … 777 > 到第 2 页 确定 共23288条 30条/页

图5-66　污染事件统计中心

2022年度中山市大气环境综合指数为3.01，空气质量总体保持平稳，在全国168个重点城市排名第15位，珠江三角洲排第4位。与2021年相比，可吸入颗粒物（PM_{10}）、二氧化氮（NO_2）、一氧化碳（CO）、细颗粒物（$PM_{2.5}$）四项指标分别同比下降12.8%、12.0%、11.1%、5.0%。2022年度$PM_{2.5}$、PM_{10}、NO_2、SO_2、CO年均浓度均为历史最低，“中山蓝”成为常态。

2013～2022年，中山市大气环境中细颗粒物（$PM_{2.5}$）浓度实现了快速下降，空气质量全面改善。$PM_{2.5}$年均浓度从2013年的49μg/m^3，下降至2022年的19μg/m^3，正式进入“10+”行列（浓度不超过20μg/m^3），优于世界卫生组织WHO-Ⅱ级标准（25μg/m^3）；十年累计下降达30μg/m^3，降幅为61.2%。

5.5　大气污染数据的分析与应用

5.5.1　污染源来源分析

5.5.1.1　静风和有风多参数数据比较

利用张溪站点一年的风向和$PM_{2.5}$数据作风向颗粒物玫瑰图如图5-67所示（书后见彩图）。从图中可以看到张溪站点的污染数据均在静风条件下才有，在有风的条件下没有超过75μg/m³的数据。

利用张溪站点一年的风向和PM_{10}数据作风向颗粒物玫瑰图，如图5-68所示（书后见彩图）。从静风和有风图中看到张溪站点在静风的时候PM_{10}级别为优的比例很小。在东南方向还有一段时间为轻度污染的数据，这个方向在300m、700m、800m处有3个工地，详细位置如图5-69所示。

利用张溪站点一年的风向和NO_2数据作成风向NO_2玫瑰图如图5-70所示（书后另见彩图）。从图中可以看到张溪站点的污染数据大部分的数据集中在静风条件下，在有风的条件下污染数据占比极小。

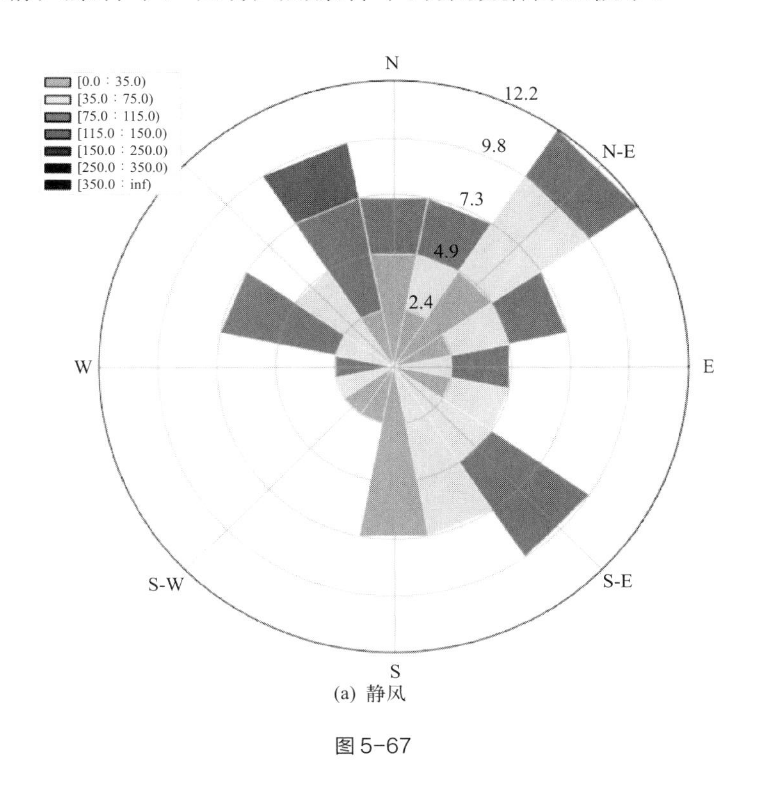

(a) 静风

图 5-67

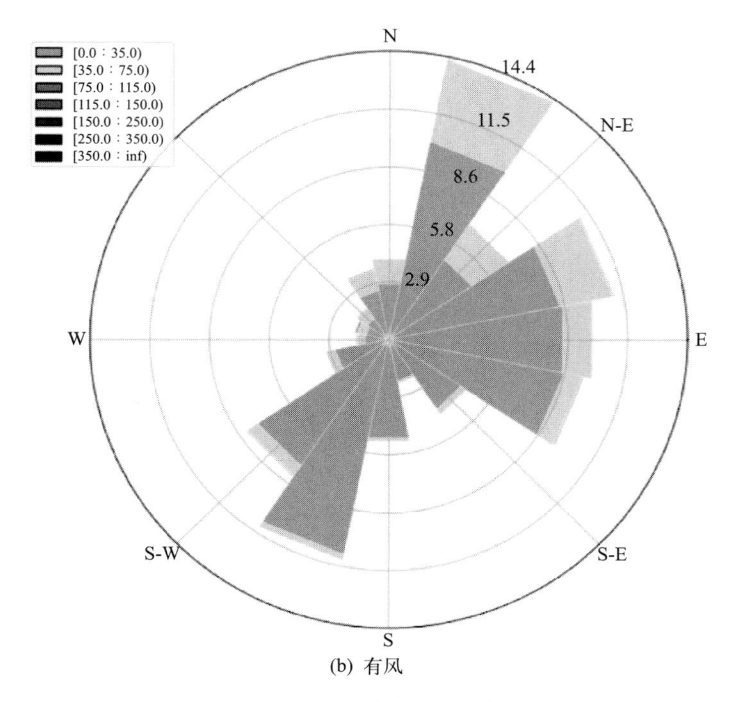

(b) 有风

图 5-67　2020 年张溪站点风向和 $PM_{2.5}$ 玫瑰图

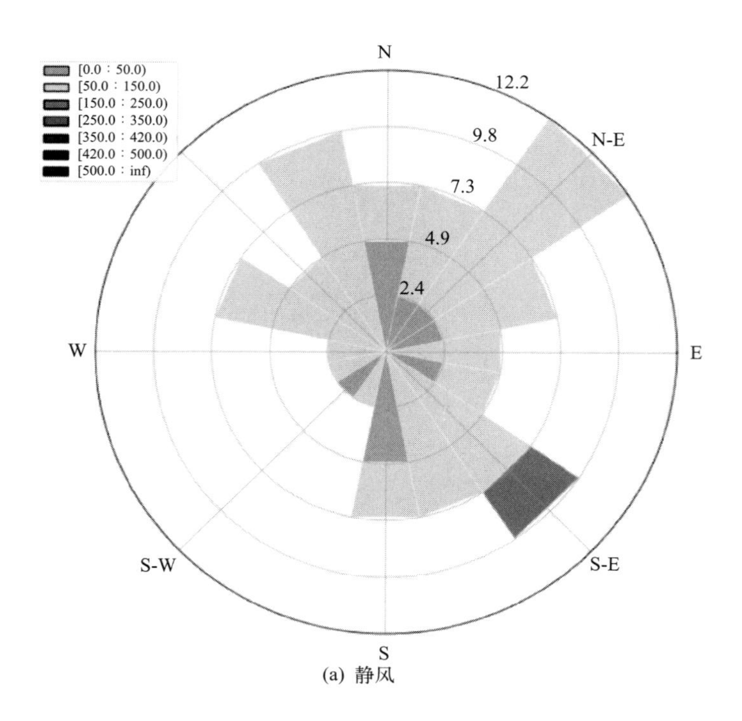

(a) 静风

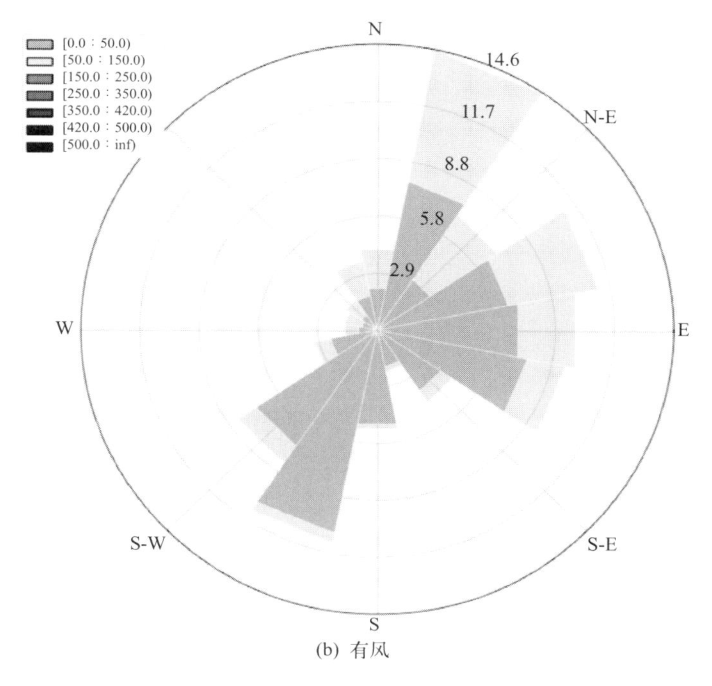

(b) 有风

图5-68　2020年张溪站点风向和PM_{10}玫瑰图

图5-69　张溪站点东南方向工地距离图

使用张溪站点一年的风向和O_3数据作成风向臭氧玫瑰图，如图5-71所示（书后另见彩图）。从图中可以看到张溪站点的O_3污染数据大部分的数据集中在有风的条件下，在静风的条件下污染数据占比极小，与颗粒

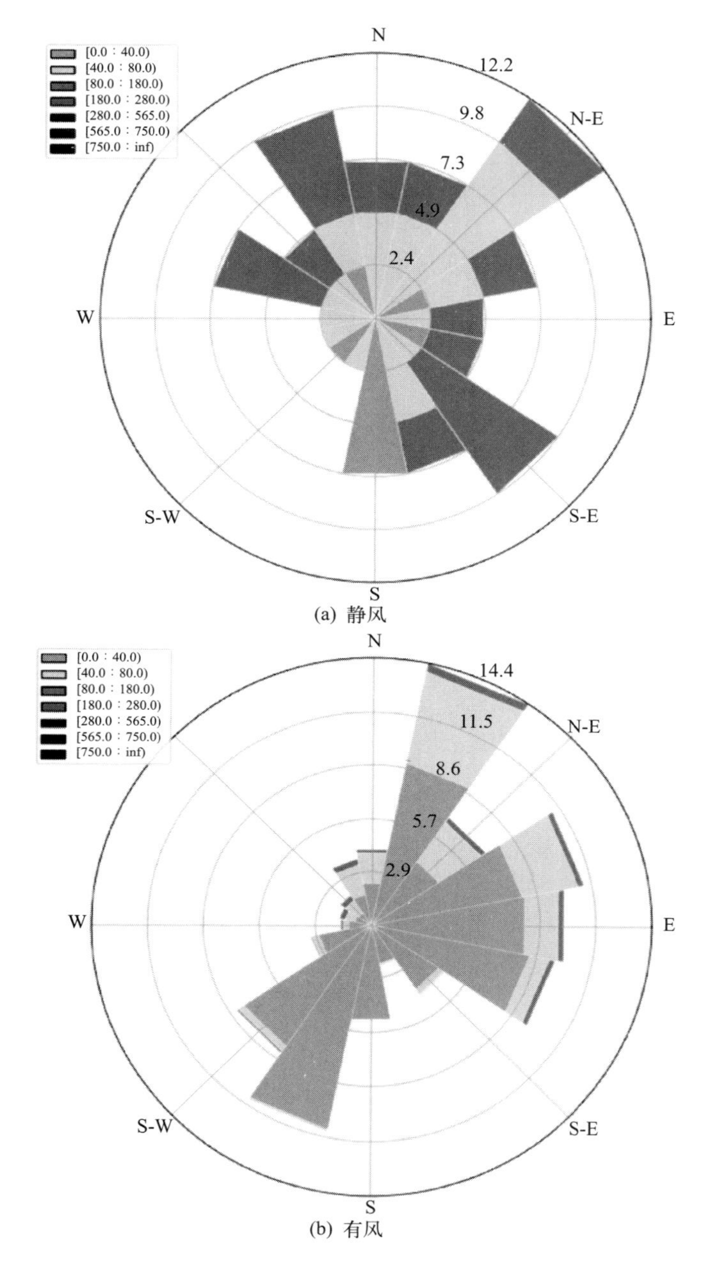

(a) 静风

(b) 有风

图 5-70　2020 年张溪站点风向和 NO_2 玫瑰图

物和NO_2数据相反。在有风条件下臭氧浓度占比较高的方向从正东到北北东均为污染数据占比偏高的方向。

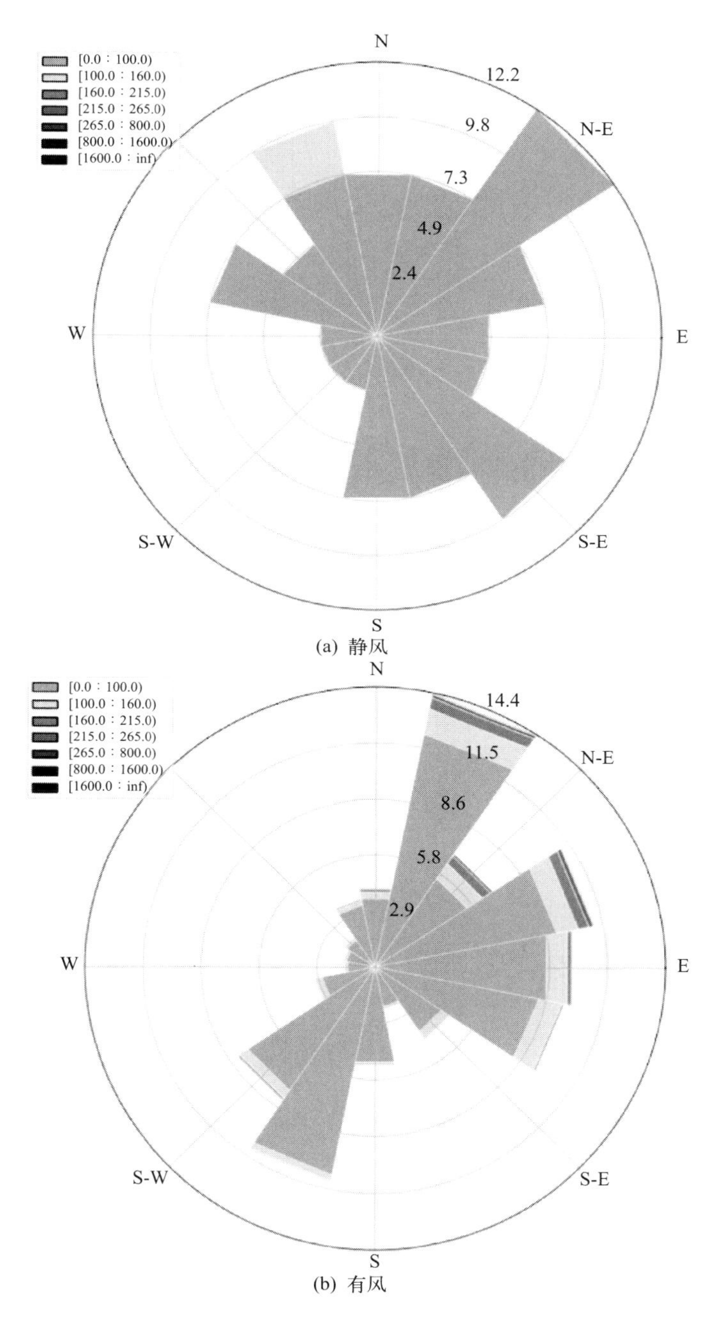

(a) 静风

(b) 有风

图 5-71　2020 年张溪站点风向和 O_3 玫瑰图

5.5.1.2　污染天轨迹聚类分析

对比中山市污染日期和污染程度，如图5-72所示（书后另见彩图）和表5-2所列，可以发现如果此类轨迹时间包含12 ～ 18时之间的数据，中山市的空气质量均达到了轻度污染（AQI为101 ～ 150）以上的程度。没有达到轻度污染的只有2d，25日这一天此方向的轨迹只有2h，时间短日AQI数据难以达到轻度污染；28日全天是此轨迹的方向，但是臭氧浓度没有达到轻度污染的程度。28日12点左右的数据和污染天的数据可以发现28日NO_2的数据均高于污染天，表明28日为阴天辐射量小，没有达到生成臭氧的前提条件。

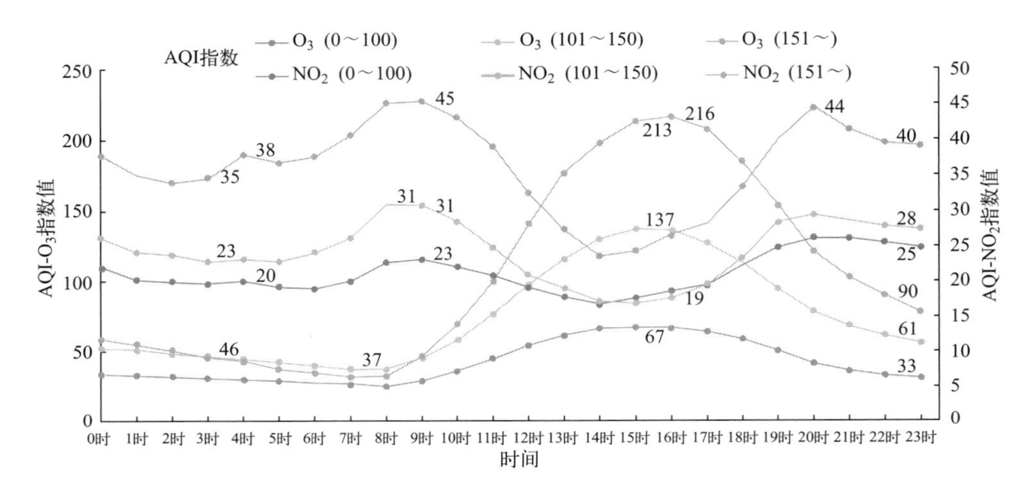

图 5-72　臭氧污染天分类统计

表 5-2　2020 年 10 月中山污染程度统计表

日期	时刻	$PM_{2.5}$	PM_{10}	CO	SO_2	NO_2	O_3	分类
2020-10-4	9	16	36	0.7	5	27	45	5
2020-10-4	10	20	47	0.7	5	25	63	5
2020-10-4	11	26	47	0.7	5	22	88	5
2020-10-4	12	31	50	0.7	5	17	131	5
2020-10-4	13	32	49	0.6	5	11	167	5
2020-10-4	14	38	58	0.7	5	15	190	5
2020-10-4	15	43	60	0.7	5	18	201	5
2020-10-4	16	44	57	0.7	5	17	194	5
2020-10-4	17	50	69	0.8	6	17	212	5
2020-10-4	18	41	80	0.8	6	23	172	5
2020-10-4	19	31	60	0.7	5	18	138	5
2020-10-4	20	27	48	0.7	4	15	124	5
2020-10-4	21	26	44	0.7	4	15	108	5
2020-10-4	22	23	43	0.7	4	14	98	5
2020-10-4	23	21	54	0.7	4	16	95	5
2020-10-5	0	20	40	0.7	4	15	90	5

续表

日期	时刻	$PM_{2.5}$	PM_{10}	CO	SO_2	NO_2	O_3	分类
2020-10-5	1	19	39	0.7	5	14	83	5
2020-10-5	2	19	41	0.8	6	13	82	5
2020-10-5	3	19	36	0.7	5	13	78	5
2020-10-5	4	21	41	0.8	7	14	76	5
2020-10-5	5	26	45	0.8	9	18	57	5
2020-10-5	6	30	45	0.8	8	21	47	5
2020-10-5	7	33	50	0.8	7	23	39	5
2020-10-5	14	34	41	0.9	3	29	71	5
2020-10-5	15	36	57	0.9	4	28	90	5
2020-10-10	22	42	85	0.9	9	69	46	5
2020-10-10	23	47	88	0.9	8	73	34	5
2020-10-11	0	48	87	0.9	7	74	26	5
2020-10-11	1	48	79	0.9	7	75	20	5
2020-10-11	2	50	72	0.9	6	70	19	5
2020-10-11	3	51	81	0.9	5	73	12	5
2020-10-11	4	53	83	1	6	78	8	5
2020-10-11	5	52	74	0.9	6	71	8	5
2020-10-11	6	56	86	1.2	8	95	4	5
2020-10-11	7	53	92	1.2	10	86	5	5
2020-10-11	8	56	84	1.2	14	82	8	5
2020-10-11	20	48	87	0.9	10	50	147	5
2020-10-11	21	47	86	0.9	10	55	108	5
2020-10-11	22	45	92	0.9	6	41	122	5
2020-10-11	23	46	85	0.8	5	30	130	5
2020-10-12	0	40	65	0.7	5	24	129	5
2020-10-12	1	38	63	0.7	5	31	98	5
2020-10-12	2	36	59	0.7	5	30	80	5
2020-10-12	3	37	62	0.7	5	31	71	5
2020-10-25	8	42	81	0.6	11	53	32	5
2020-10-25	9	42	75	0.6	13	46	55	5
2020-10-25	10	43	93	0.6	13	43	75	5
2020-10-25	11	42	92	0.6	12	35	100	5
2020-10-25	12	44	95	0.6	10	33	127	5
2020-10-25	13	48	97	0.6	9	32	165	5
2020-10-25	14	47	97	0.6	9	26	207	5
2020-10-25	15	48	96	0.6	9	26	238	5
2020-10-25	16	49	106	0.6	9	26	254	5
2020-10-25	17	50	102	0.6	9	30	247	5
2020-10-25	18	49	103	0.6	9	35	222	5
2020-10-25	19	53	100	0.7	11	44	176	5
2020-10-25	20	56	102	0.8	12	51	135	5

续表

日期	时刻	$PM_{2.5}$	PM_{10}	CO	SO_2	NO_2	O_3	分类
2020-10-26	14	70	106	0.6	10	29	268	5
2020-10-26	15	61	98	0.7	10	30	278	5
2020-10-26	16	56	116	0.6	11	34	289	5
2020-10-26	17	45	101	0.6	13	34	266	5
2020-10-27	12	88	83	0.6	11	27	176	5
2020-10-27	13	86	92	0.6	11	24	220	5
2020-10-27	14	63	89	0.6	11	22	232	5
2020-10-27	15	57	91	0.6	11	22	240	5
2020-10-27	16	57	76	0.6	11	27	252	5
2020-10-27	17	53	82	0.7	11	30	240	5
2020-10-28	11	44	95	0.8	12	41	92	5
2020-10-28	12	48	92	0.7	12	36	103	5
2020-10-28	13	43	87	0.7	10	29	127	5
2020-10-28	14	37	85	0.7	9	30	131	5
2020-10-28	15	44	85	0.8	9	41	132	5
2020-10-28	16	52	94	0.9	8	47	117	5
2020-10-28	17	56	85	0.9	6	49	89	5
2020-10-28	20	55	68	0.7	5	35	83	5
2020-10-28	21	52	49	0.7	4	34	66	5
2020-10-28	22	51	50	0.7	5	38	46	5
2020-10-28	23	50	49	0.7	4	44	30	5
2020-10-29	0	49	40	0.7	5	52	18	5
2020-10-29	1	53	55	0.7	4	56	13	5
2020-10-29	2	57	63	0.8	5	62	11	5
2020-10-29	3	62	49	0.8	4	63	9	5
2020-10-29	4	48	48	1	4	74	4	5
2020-10-29	5	32	37	0.6	5	27	39	5

根据11月26日臭氧污染每隔20min的变化数据绘制臭氧污染云图，11月26日受上述东北方向的轨迹的影响，从黄圃镇开始至民众镇，逐渐传输至火炬区、阜沙镇、东升镇和城区臭氧开始逐渐升高。因此，此类东北方向的轨迹，且轨迹方向有足够的辐射量，在白天会使中山市出现臭氧污染的现象。

筛选出臭氧浓度超过160μg/m³的轨迹，臭氧浓度超过轻度污染的情况轨迹大概率经过火炬区、民众镇等区域。为能精准发现气团在来源方向上潜在的污染贡献，靶向溯源，引入PSCF和CWT潜在污染源分析。

5.5.1.3　PSCF颗粒物潜在源分析

PSCF潜在源分析结合气团的运动轨迹以及该轨迹在到达观测点时对应的某种参数（如$PM_{2.5}$的小时浓度值）超过设定的值来判断排放源的位置。

中山市内以小榄镇为中心，周边镇区如古镇、横栏、黄圃、南头、东升均大概率直接影响市区颗粒物浓度。中山市外的贡献主要来源有：惠州市博罗县，博罗大道西附近工业园；广州市白云区工业源、生活源和航空船舶业。此外，还有佛山北滘镇，北滘镇周边工业区数量众多，大概率直接影响火炬区$PM_{2.5}$浓度。市外污染传输源如图5-73～图5-75所示。

图5-73　市外污染传输源（惠州市博罗县）

图5-74　市外污染传输源（广州市白云区）

图 5-75　市外污染传输源（佛山市北滘镇）

5.5.1.4　CWT 颗粒物和臭氧潜势分析

CWT潜在源分析计算了潜在源区轨迹浓度的权重，能够分析不同轨迹和潜在源区的污染程度，弥补了PSCF设置阈值会产生争议和阈值稍高的数据无法识别的问题。

利用CWT模型计算火炬区臭氧权重浓度，对火炬区影响最大的是龙门县山区和龙门县南部山区。这部分臭氧源属于自然源造成，不能控制。最近的臭氧源来自深圳西部、珠江口和火炬区。

CWT潜在源分析和PSCF潜在源分析在$PM_{2.5}$产出的结果有一些区别，结果主要区别在于CWT潜在分析结果没有惠州城区。两个模型的结果均支持“广州白云、顺德北滘镇、中山古镇、横栏、东升、小榄和黄圃”是$PM_{2.5}$污染源地。

5.5.2　各类社会活动和气象条件对数据影响

5.5.2.1　疫情防控期间综合指数同比

如表5-3所列为珠江三角洲阴历正月初八到正月十六的标准6参数同比结果，主要分析2020年中山市空气质量受疫情的影响程度。由珠江三角洲城市的$PM_{2.5}$情况可以看出：深圳、珠海、中山这三个城市的增长幅度是最大的，东莞和江门增幅较小；颗粒物浓度增长的城市集中在珠江三角洲南部。

表 5-3　2020 年 1 月 8 ～ 16 日（阴历）珠江三角洲空气质量同比

区域	PM_{25}			PM_{10}			SO_2			NO_2			CO			O_3		
名称	浓度	分指数	同比	浓度	分指数	同比	浓度	分指数	同比	浓度	分指数	同比	浓度	分指数	同比	浓度	分指数	同比
东莞市	26	0.74	8%	25	0.36	-22%	8	0.13	14%	11	0.28	-61%	0.6	0.15	-30%	99	0.62	9%
佛山市	20	0.57	-26%	28	0.4	-43%	5	0.08	0%	18	0.45	-49%	0.7	0.18	-42%	94	0.59	32%
广州市	21	0.6	-16%	28	0.4	-30%	5	0.08	0%	20	0.5	-50%	0.8	0.2	-31%	94	0.59	13%
惠州市	18	0.51	-5%	24	0.34	-14%	6	0.1	-25%	8	0.2	-47%	0.7	0.18	0%	98	0.61	14%
江门市	22	0.63	10%	30	0.43	-17%	4	0.07	-33%	16	0.4	-41%	0.76	0.19	-39%	104	0.65	30%
深圳市	20	0.57	43%	30	0.43	30%	5	0.08	0%	13	0.32	-28%	0.6	0.15	-8%	98	0.61	32%
肇庆市	20	0.57	-50%	25	0.36	-51%	6	0.1	-14%	14	0.35	-55%	0.8	0.2	-27%	75	0.47	14%
中山市	21	0.6	31%	26	0.37	4%	4	0.07	-20%	16	0.4	-24%	0.7	0.18	-18%	106	0.66	49%
珠海市	21	0.6	40%	31	0.44	29%	3	0.05	-40%	15	0.38	-38%	0.6	0.15	-30%	100	0.62	41%

对比2019年2月份中山风向玫瑰图如图5-76所示（书后另见彩图）及2020年2月份中山风向玫瑰图如图5-77（书后另见彩图）所示可以看出：2020年中山市的传输和扩散条件明显不如2019年的条件好，2020年的东北风频率较高。结合表5-2中的NO_2和CO数据，珠江三角洲所有城市平均浓度均同比下降，所以中山市在阴历正月初八至十六这段时间内颗粒物的污染主要来自北方，而NO_2和CO污染则受到工业和机动车的影响，两个参数的平均浓度均大幅减少。

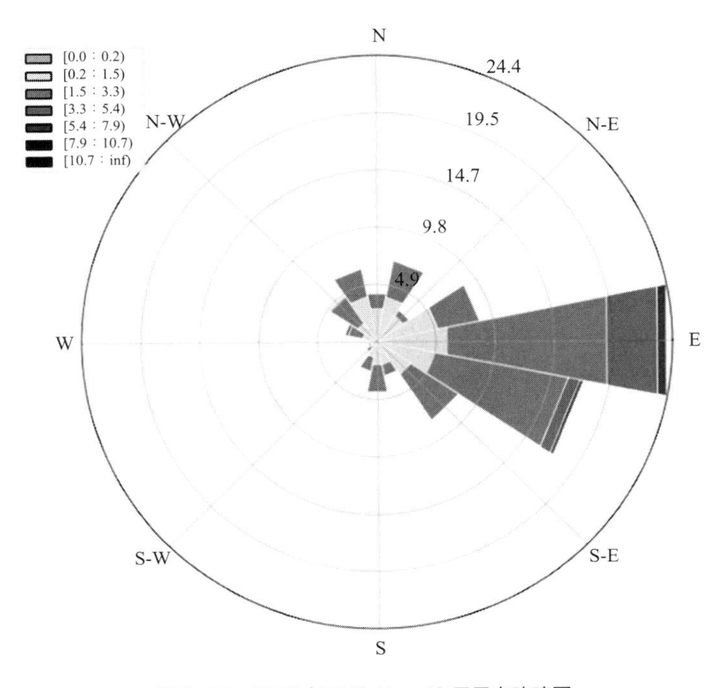

图 5-76　2019 年 2 月 11 ～ 19 日风向玫瑰图

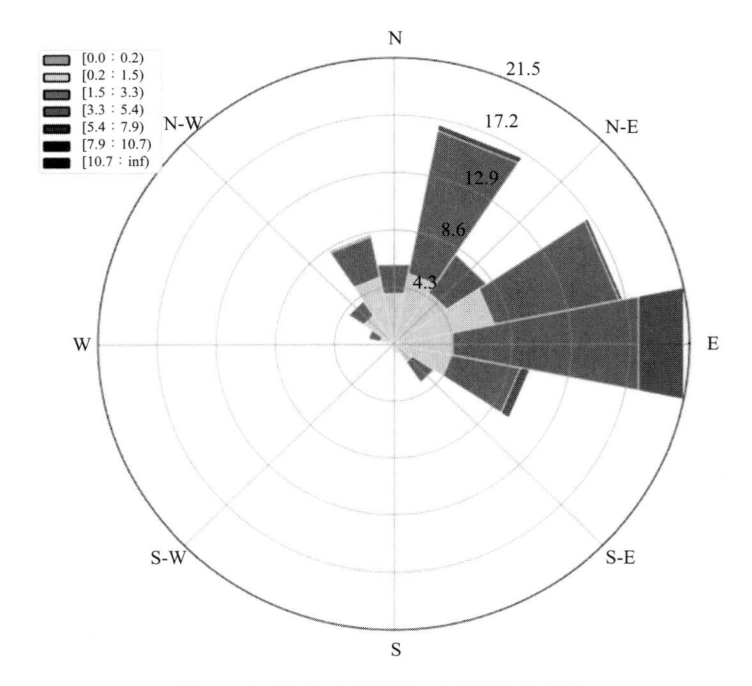

图 5-77 2020 年 2 月 1 ~ 9 日风向玫瑰图

5.5.2.2 火炬区恶臭来源分析

中山市火炬区附近居民投诉小区附近每天都会有恶臭气味影响生活，为了调查恶臭来源中山市局多次派遣专家到附近巡查恶臭来源，并且使用大气网格化系统定位恶臭来源。定位恶臭来源的方法选择分析VOCs数据突变情况下的气象数据方向的聚类，选择导致数据突变的风向聚类点位和现场实际情况锁定恶臭源。

当风速＜0.2m/s为静风象条件，静风情况下污染物来源方向的为自然扩散，静风情况下的风向和污染物数据不能作为溯源的依据，只有在风速＞0.2m/s的数据才会被使用在溯源。如图5-78所示为VOCs和风向玫瑰图（书后另见彩图），图中VOCs的颜色等级以0.2mg/m^3为一级，图中所有火炬区站点在有风和无风的VOCs浓度等级情况下可以看到无风情况下跨两级（每0.2mg/m^3为一级）的数据来源于各个方向，并不是固定的一个方向。所以利用在有风的情况下且VOCs数据突变的数据来分析，这种溯源方法如果发现突变数据，则表明污染源的VOCs浓度处于高值。

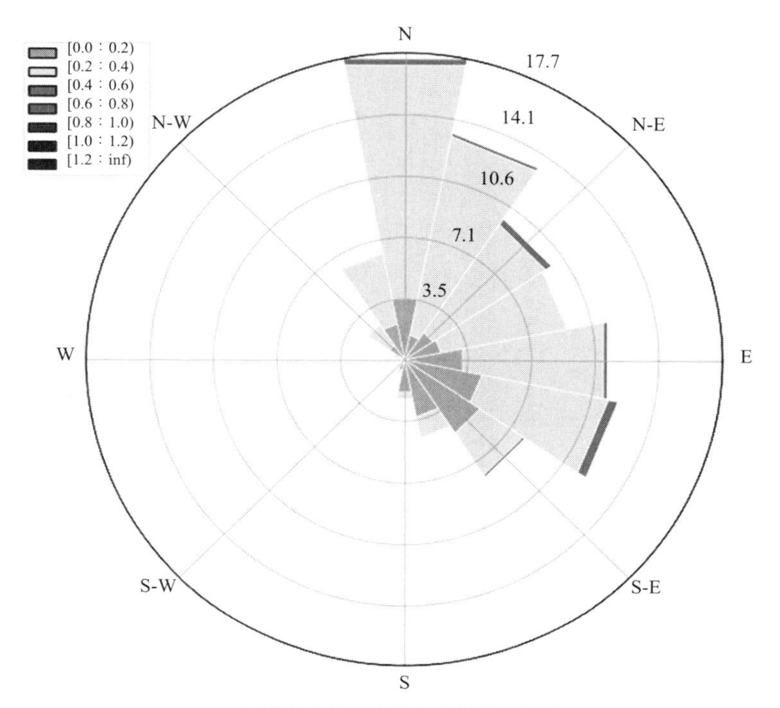

(a) 030火炬-濠头文化广场VOCs静风

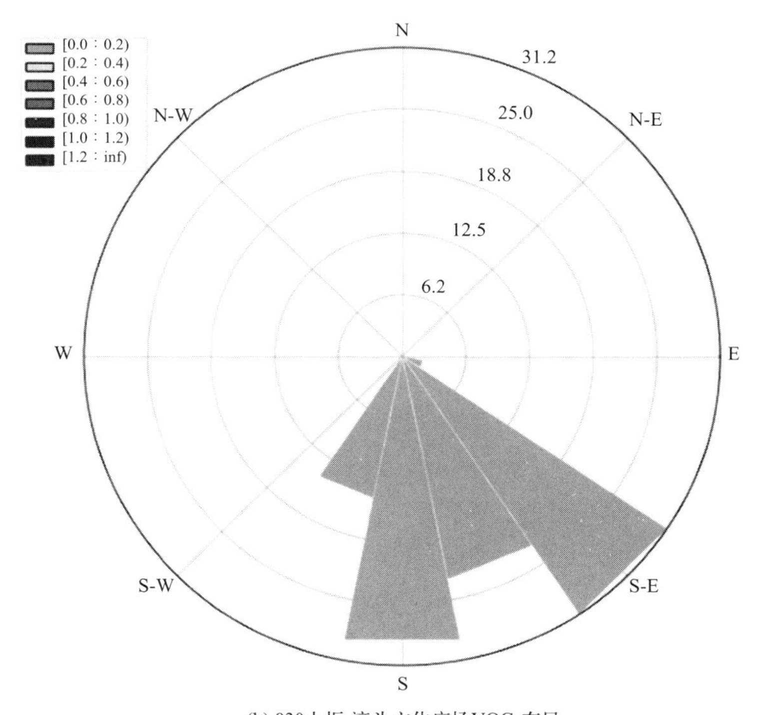

(b) 030火炬-濠头文化广场VOCs有风

图 5-78

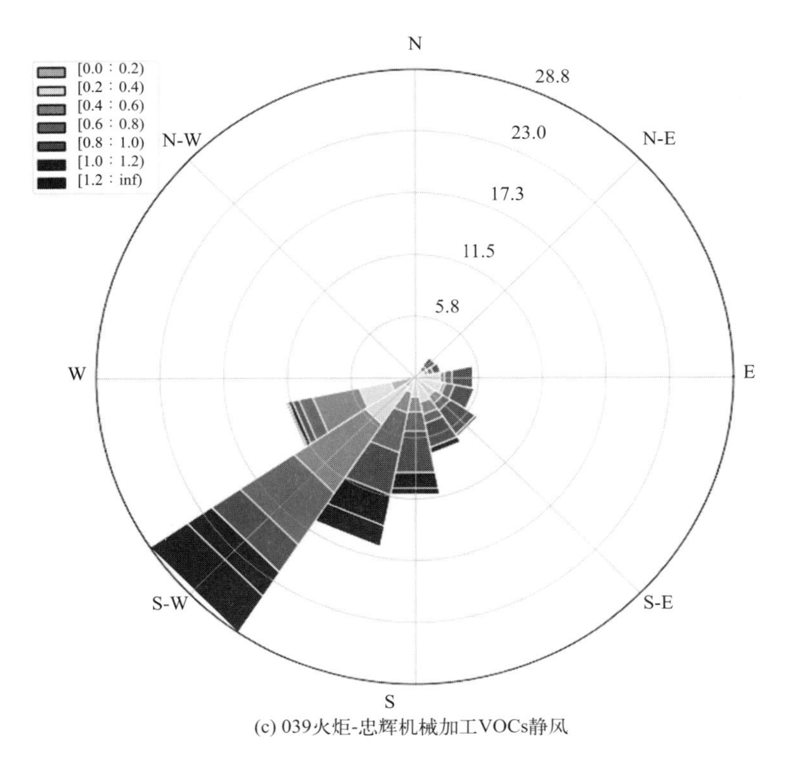

(c) 039火炬-忠辉机械加工VOCs静风

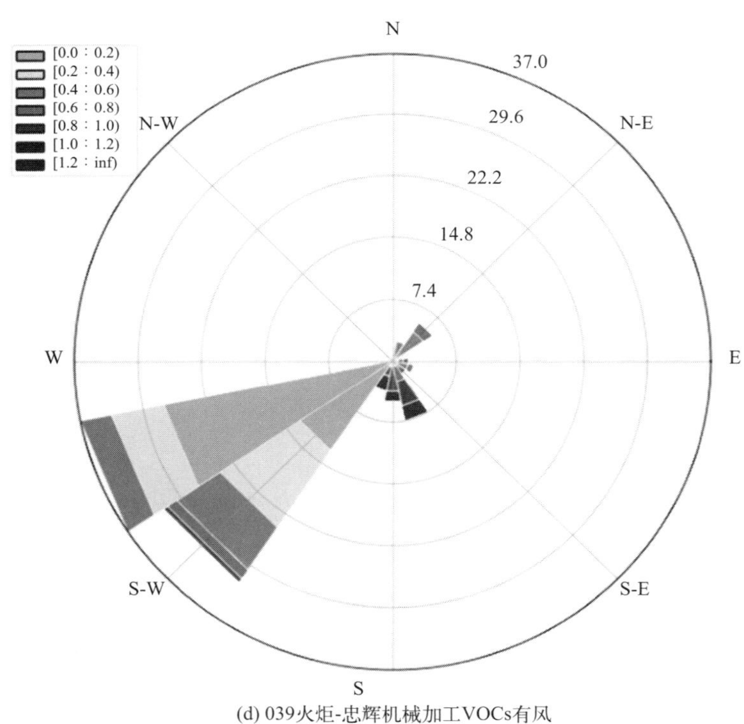

(d) 039火炬-忠辉机械加工VOCs有风

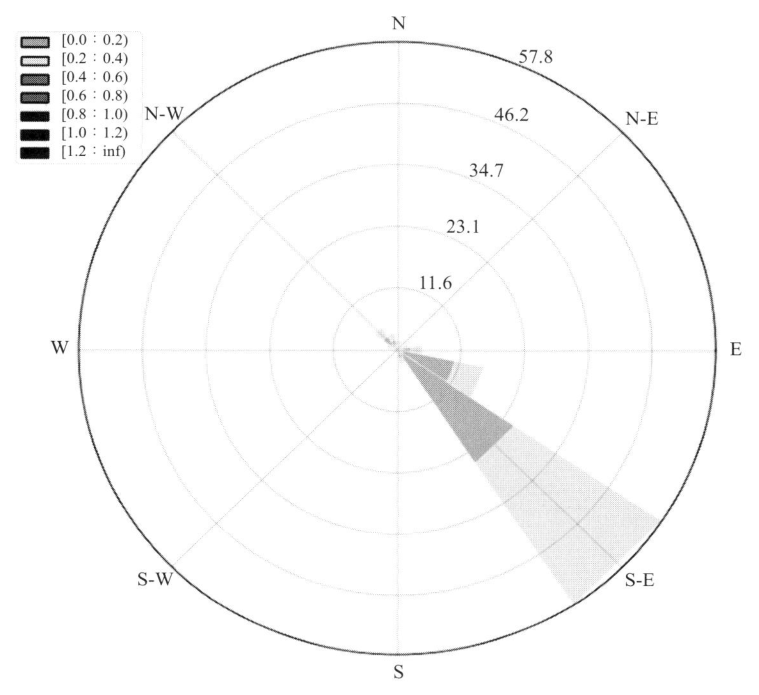

(e) 044火炬-中山边检VOCs静风

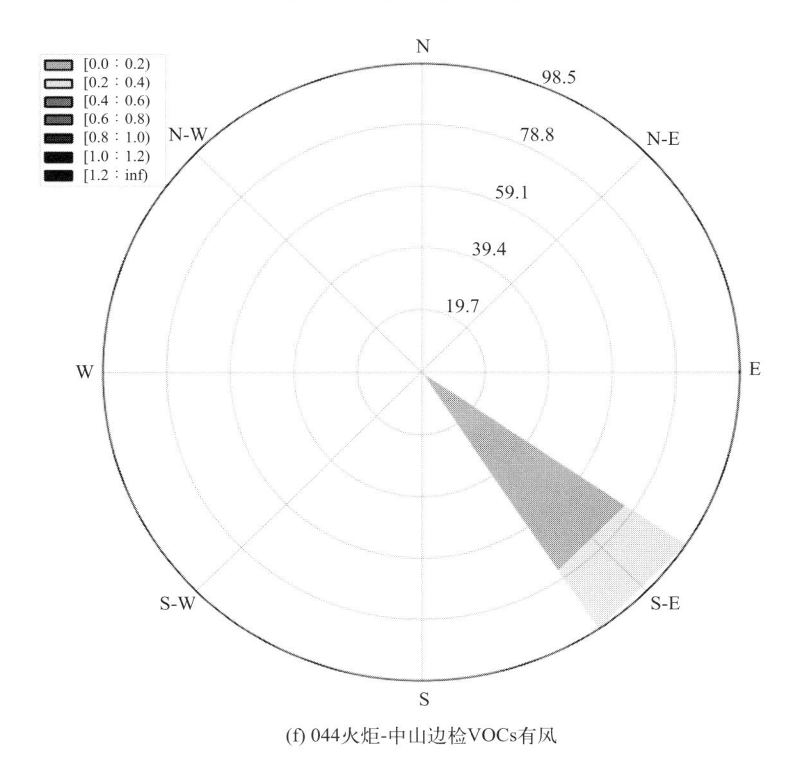

(f) 044火炬-中山边检VOCs有风

图 5-78

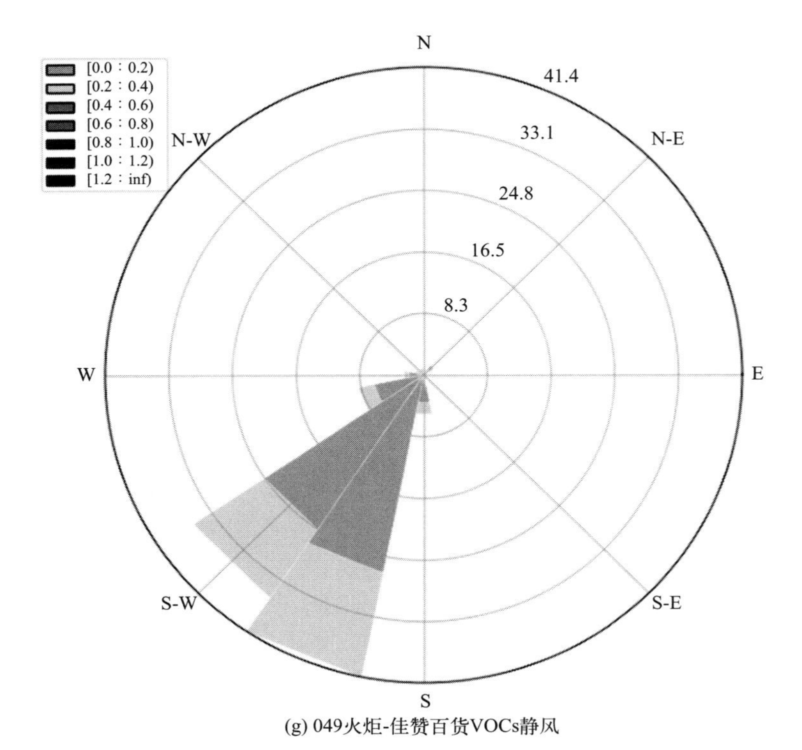

(g) 049火炬-佳赞百货VOCs静风

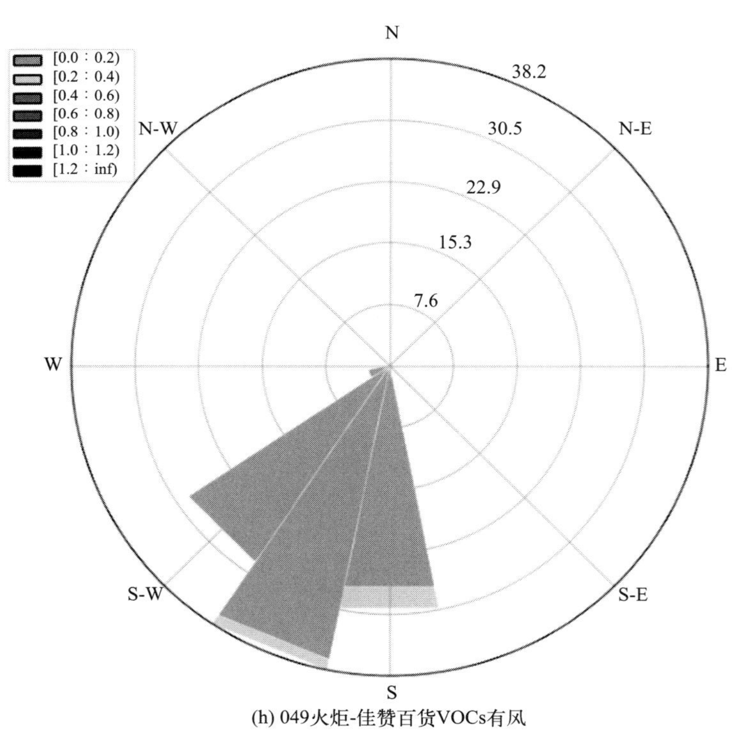

(h) 049火炬-佳赞百货VOCs有风

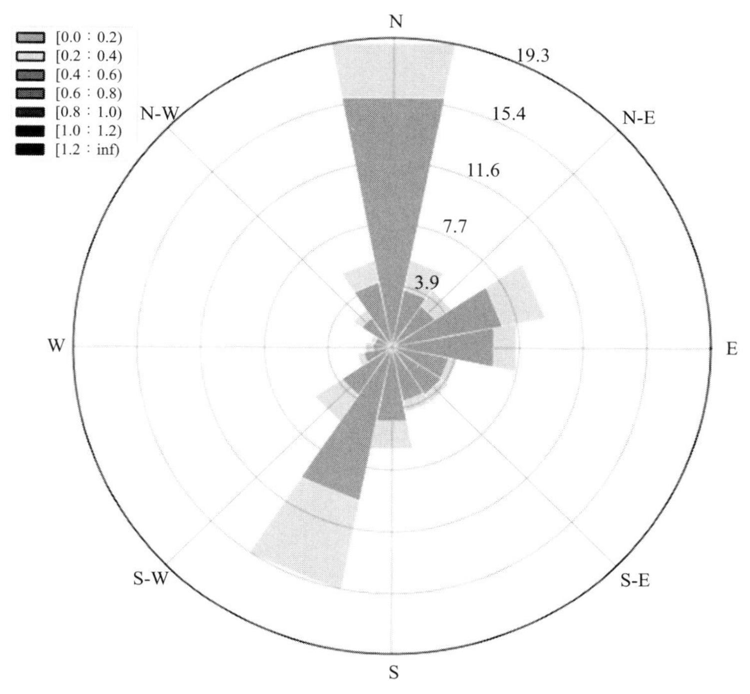

(i) 050火炬-裕兴工业园VOCs静风

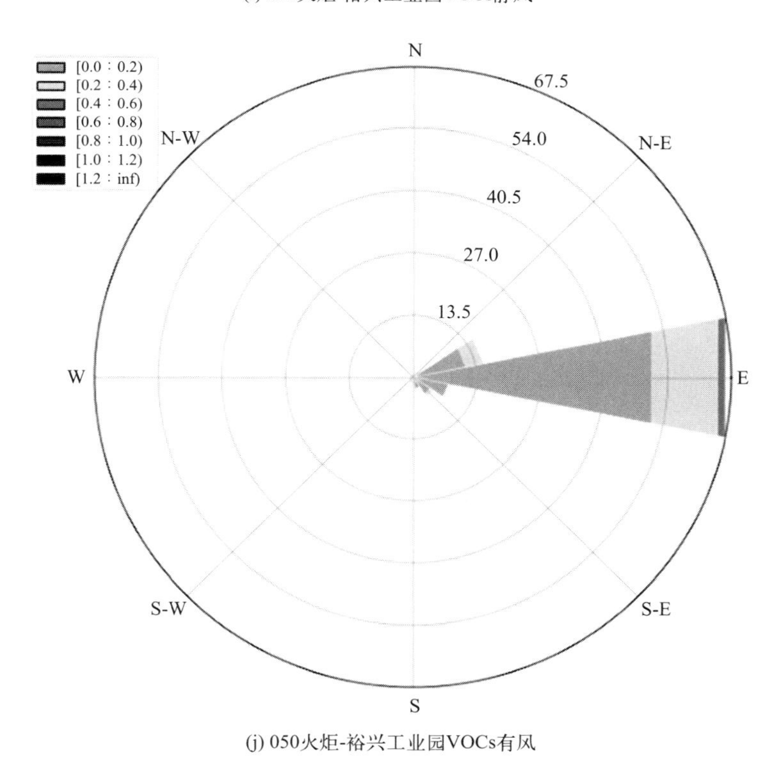

(j) 050火炬-裕兴工业园VOCs有风

图 5-78　火炬区站点 VOCs 数据和风向数据玫瑰图

从图5-78所示可以看出有风情况下，火炬区微型空气质量检测仪VOCs数据有突变的方向并没有交集，说明各个站点受到的突变影响并非来自一个位置而且受到附近污染物的影响。

考虑到VOCs化学性质稳定性差，不能长距离传输。对比突变数据的方向和站点附近的企业可以发现该站点附近有印染厂和塑料公司，39号站点如图5-79所示，受到附近单位的影响有中山鸿兴印刷包装有限公司、中山霖扬塑料有限公司、逸仙路、集海大型深孔钻加工。43号站点如图5-80所示，VOCs数据突变来源方向企业距离较远很有可能是受道路上机动车影响，方向上最近的企业有中山市嘉科电子有限公司。48号站点如图5-81所示，在突变风向上只有居民区，这个突变有可能是居民区无组

图5-79　39号站点附近疑似影响源

图5-80　43号站点附近疑似影响源

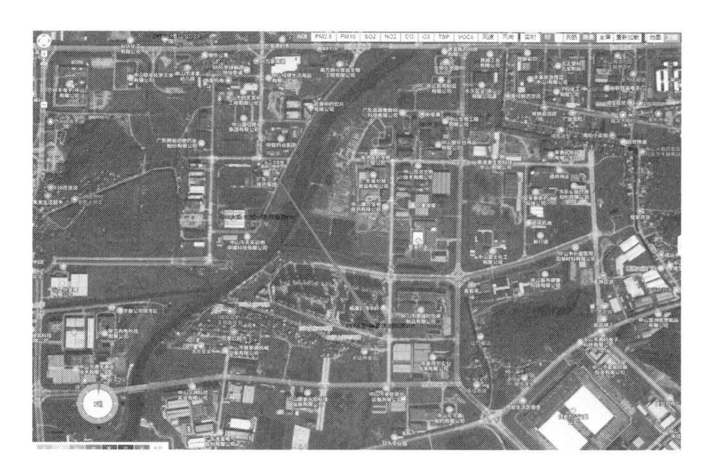

图5-81　48号站点附近疑似影响源

织焚烧所致。该站点正北方向和西北方向上的生物科技公司和制药公司比较密集，VOCs数据突变也有可能来源于这些企业。

根据火炬区社区居民反映，健康花城小区、香晖园小区、裕龙花园均有刺鼻性气味产生，而且在晚上刺鼻性气味尤其浓烈。

选取受影响小区周边的微型空气质量检测仪点的站点，这些站点分别是40号站点、41号站点、42号站点、43号站点、44号站点和64号站点。站点位置如图5-82和图5-83所示。

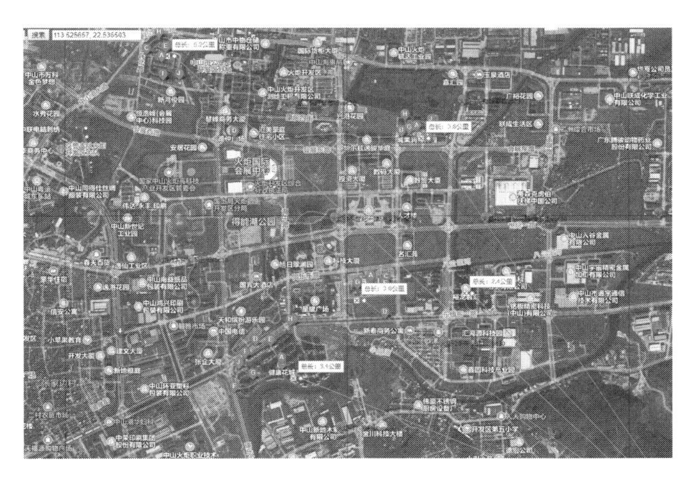

图5-82　火炬区垃圾山与举报小区的直线距离示意图

选取受到影响的站点一天的数据绘制趋势图，如图5-84所示（书后另见彩图）。

图 5-83 南朗镇中心组团垃圾综合处理基地与举报小区的直线距离示意图

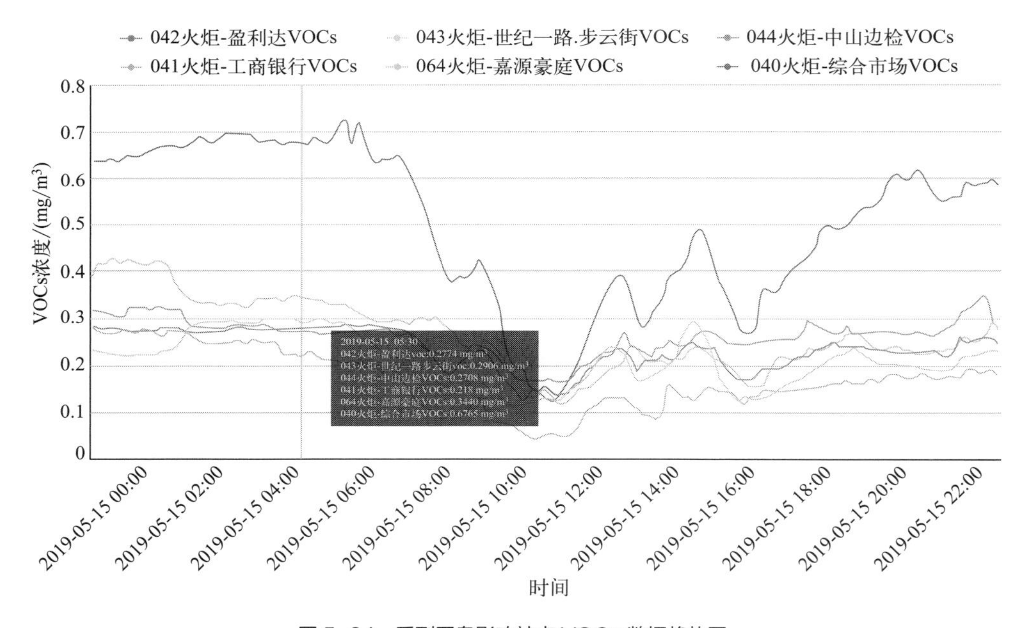

图 5-84 受到恶臭影响站点 VOCs 数据趋势图

从图5-85和图5-86可以看到这个站点在15日凌晨2点前由于风速很低所以VOCs浓度比非常高，高出市均值3倍多（用比值突变表示站点数据是为了排除气象条件影响的数据突变，真实地反馈恶臭污染过程）。尤其是在2：10的时候比值超过了3倍，从风速风向图中可以看到该站点受到的影响主要来源于方向，该站点的两个突变明显的时间段风向不定，而在低风速的情况下受到了东东北和西西北方向的影响。

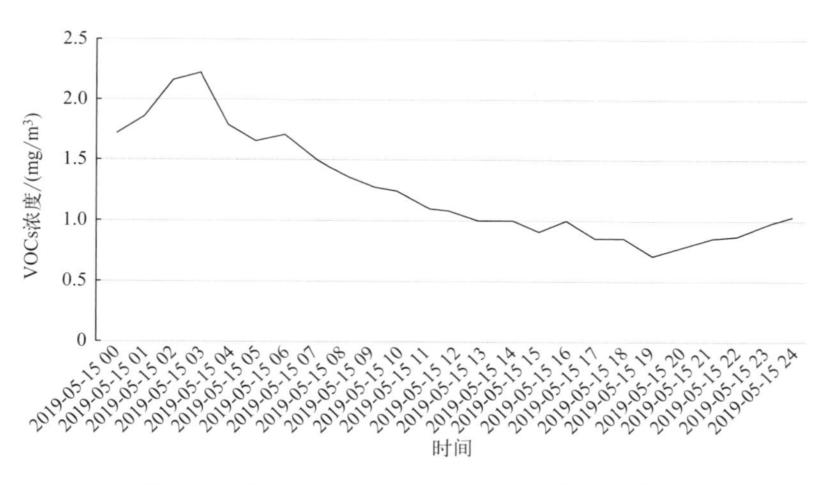

图 5-85　40 号站点 VOCs 浓度与市 VOCs 均值比趋势图

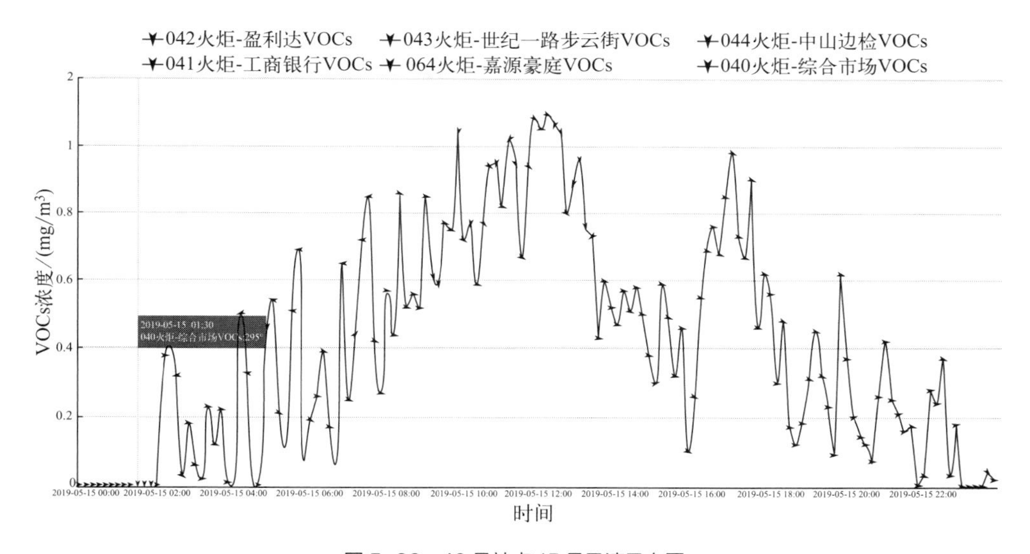

图 5-86　40 号站点 15 号风速风向图

比较42号站点5月15日和6月15日的比值数据（图5-87和图5-88）可以看到：5月份42号站点浓度比的数据明显要比6月份的数据低，而且有明显的占比突变特征，而6月份的VOCs日数据有明显的白天消耗晚上累积的趋势特征；从这两天的数据特征上可以看到42号站点附近大气环境质量受到了很大的影响。选取5min数据绘制42号站点的VOCs浓度和风向玫瑰图（VOCs每0.2mg/m^3一个等级）。

与42号站点比较发现43号站点6月15日的比值明显低于5月份，而且6月份的VOCs日数据有明显的白天消耗晚上累积的趋势特征。如图

5-89和图5-90所示。

选取5月15日、5月16日比值达到峰值的两个时间段绘制浓度和风向玫瑰图如图5-91所示（书后另见彩图），可以看到主导风向为东南风。

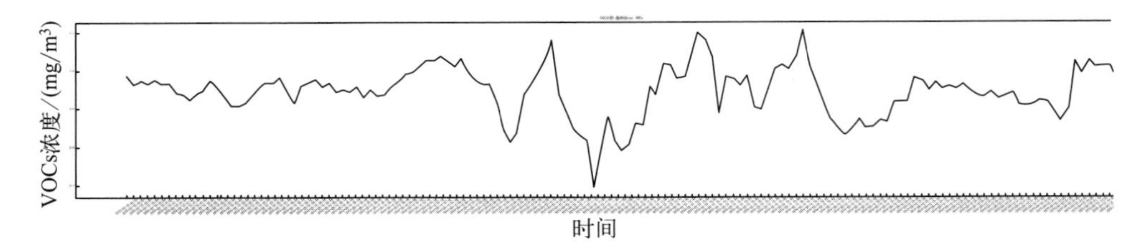

图5-87　42号站点5月15日浓度和市均值比趋势图

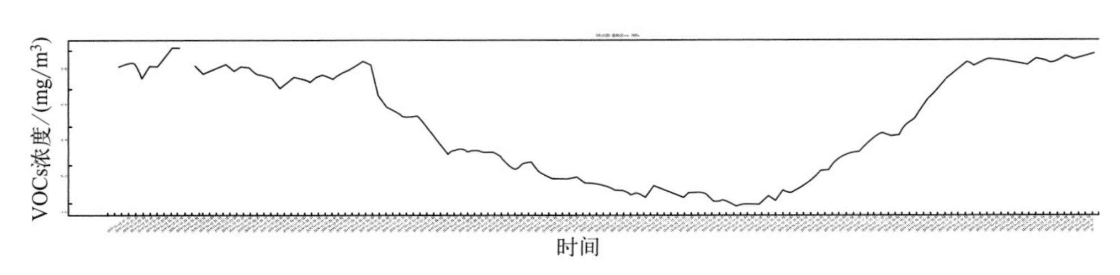

图5-88　42号站点6月15日浓度和市均值比趋势图

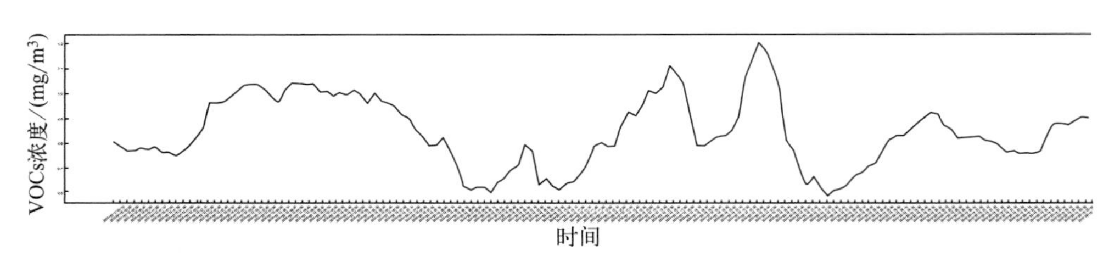

图5-89　43号站点5月15日VOCs浓度和市均值比趋势图

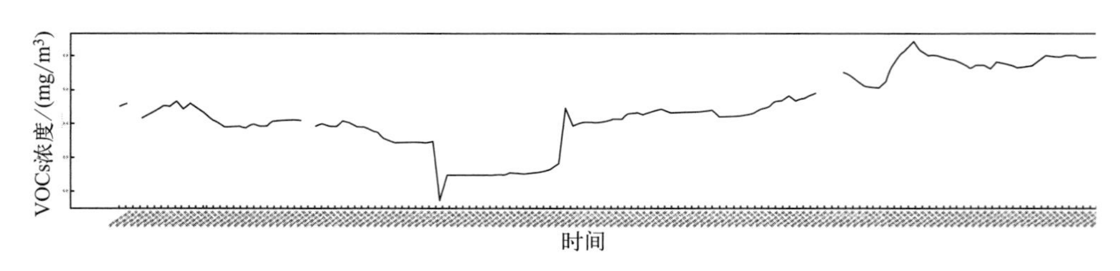

图5-90　43号站点6月15日VOCs浓度和市均值比趋势图

使用同样的数据绘制其他站点VOCs浓度风向玫瑰图如图5-92所示（书后另见彩图）。可以看到受到恶臭影响的站点都是东南方向，说明在

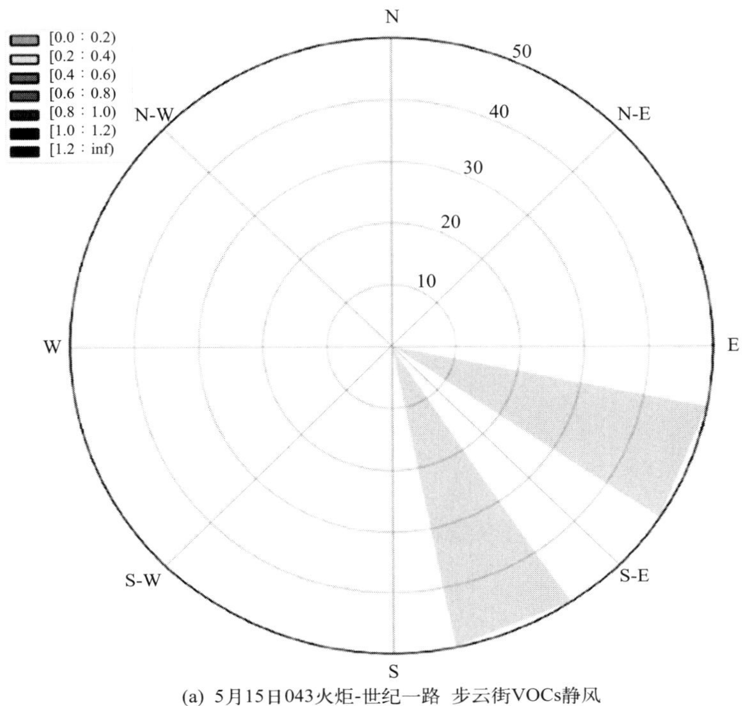

(a) 5月15日043火炬-世纪一路 步云街VOCs静风

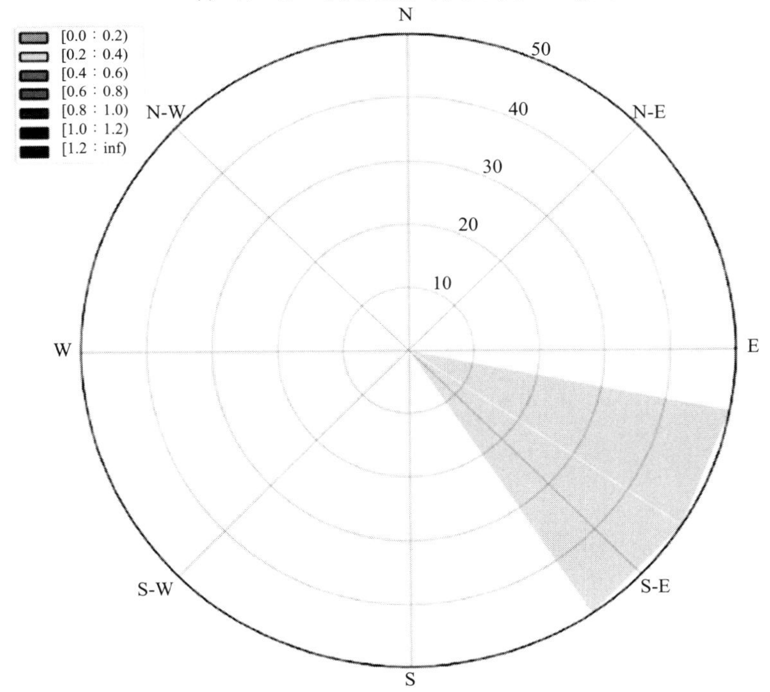

(b) 5月16日043火炬-世纪一路 步云街VOCs静风

图 5-91　5 月 15 日、16 日 VOCs 浓度及风向玫瑰图

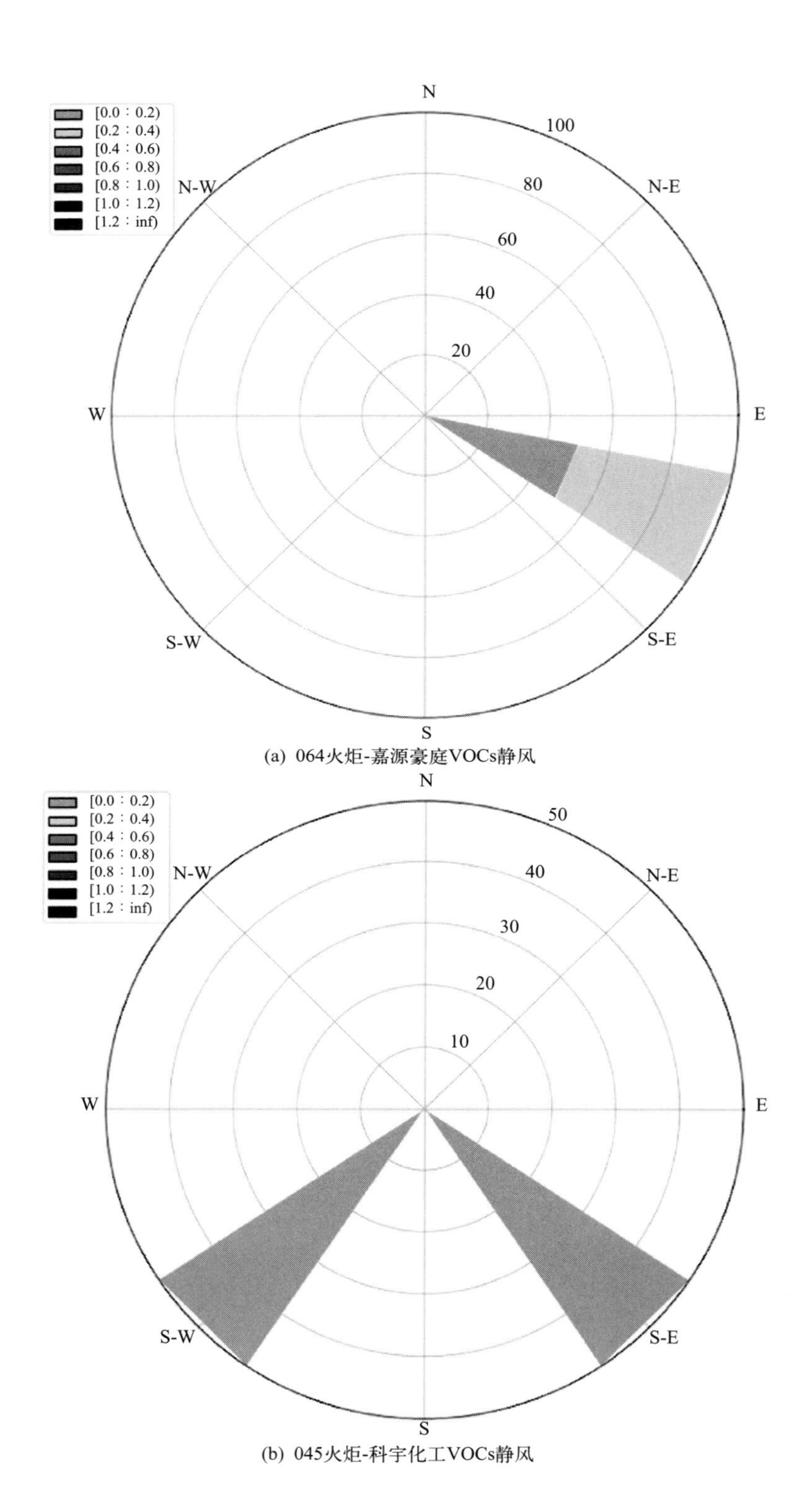

(a) 064火炬-嘉源豪庭VOCs静风

(b) 045火炬-科宇化工VOCs静风

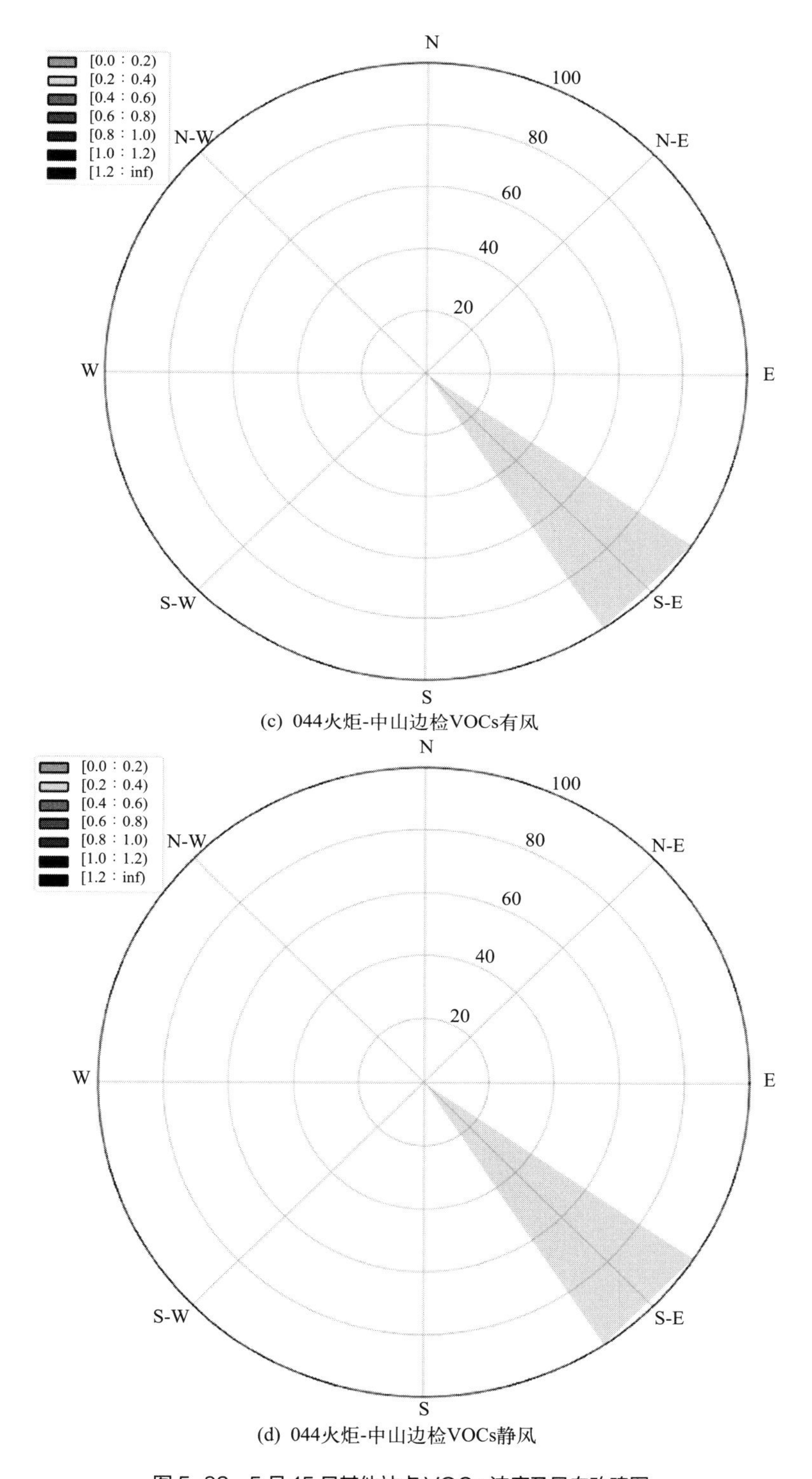

(c) 044火炬-中山边检VOCs有风

(d) 044火炬-中山边检VOCs静风

图 5-92　5 月 15 日其他站点 VOCs 浓度及风向玫瑰图

居民可以明显感受到恶臭时火炬区主导风向为东南风。

综上所述，居民投诉恶臭来源有明显的VOCs数据突变特征，而VOCs数据突变方向为投诉源的东南方向，这个方向唯一的恶臭源来自垃圾焚烧发电厂。

自火炬区部分群众反映中心基地气味扰民问题以来，中山市区两级党委、政府高度重视，认真解决，并采取一系列应对措施，在气味收集治理方面取得了一定成效。中山市生态环境局积极行动快速定位恶臭真实位置，要求相关单位立即处理宇宏混凝土附近垃圾山的问题，垃圾山恶臭体处理后现场气味基本消除。针对本次恶臭事件，中山市市领导要求立足当下、着眼长远，科学规划、精准施策，制定近、中、远三期方案，积极稳妥推进问题解决。一要加紧排查中心基地气味泄漏点，做好气味收集和除臭系统的维护检修，同时要进一步科学研究论证，制定长效治本之策；二要加快启动全市垃圾分类工作，实施分类投放、分类收集、分类运输、分类处理的全流程管理，推动垃圾源头减量，重点做到“干湿分离”，实现餐厨垃圾单独集中处理。

5.5.2.3　城市边界层、颗粒物和 NO_2 关系分析

对比中山和惠州两座城市的边界层、颗粒物和NO_2数据发现如表5-4所列：中山市的边界层要明显高于惠州市，每3小时要比惠州市高出90m，在极端不易扩散的气象条件下，中山的边界层最低达到179m，而惠州则能低于70m。

表 5-4　边界层和污染物对照表

时间	中山（455，451）				惠州（459，453）			
	PBLH	$PM_{2.5}$	PM_{10}	NO_2	PBLH	$PM_{2.5}$	PM_{10}	NO_2
2020-1-12，8 时	598	4.00	19.67	32.00	598	4.00	16.33	23.00
2020-1-12，11 时	738	4.33	25.00	27.33	706	6.33	24.33	18.00
2020-1-12，14 时	759	8.67	37.33	34.33	887	9.33	34.33	18.00
2020-1-12，17 时	751	6.00	46.33	42.67	495	13.33	37.33	28.00
2020-1-12，20 时	221	22.33	43.33	51.00	61	19.33	46.33	31.00
2020-1-12，23 时	325	21.00	48.33	56.33	69.2	17.33	42.33	29.00
2020-1-13，2 时	217	20.67	4633	66.00	121	16.00	40.67	25.00
2020-1-13，5 时	276	24.00	46.33	62.33	180	17.00	34.33	22.00
2020-1-13，8 时	263	24.67	43.67	55.00	199	17.67	29.33	24.00

续表

时间	中山（455，451）				惠州（459，453）			
	PBLH	$PM_{2.5}$	PM_{10}	NO_2	PBLH	$PM_{2.5}$	PM_{10}	NO_2
2020-1-13，11时	690	34.33	49.33	49.00	498	20.00	36.67	23.00
2020-1-13，14时	726	48.33	73.00	50.67	886	28.33	52.00	21.00
2020-1-13，17时	770	65.33	75.67	58.67	642	33.33	55.33	27.00
2020-1-13，20时	355	68.00	78.33	65.00	131	39.67	58.00	34.00
2020-1-13，23时	230	38.67	53.33	68.33	230	39.67	56.67	28.00
2020-1-14，2时	190	48.67	49.00	83.67	62	40.33	50.67	29.00
2020-1-14，5时	208	47.33	63.33	84.67	79.9	39.00	52.00	27.00
2020-1-14，8时	419	33.00	38.33	32.33	67.3	40.00	50.67	32.00
2020-1-14，11时	802	29.00	43.00	27.00	866	40.33	61.00	22.00
2020-1-14，14时	1171	35.33	53.00	34.00	1267	28.67	56.00	18.00
2020-1-14，17时	601	33.67	41.00	37.67	985	21.33	50.00	22.00
2020-1-14，20时	179	30.67	53.67	45.00	51.1	30.33	58.33	36.00
2020-1-14，23时	184	40.00	60.00	70.00	56.3	38.33	63.67	32.00
2020-1-15，2时	194	40.00	50.00	67.00	65.9	36.67	53.33	23.00
2020-1-15，5时	493	42.67	72.33	65.33	45	29.67	43.33	20.00
平均	473.33	32.53	50.40	52.72	385.36	26.08	45.96	25.50

注：由于边界层数据都是3h一组，则将颗粒物和NO_2的数据汇总为3h均值数据，表中边界层的色阶和三个污染物的色阶排序相反。

单独观察中山市的NO_2和边界层关系可以看到：中山市的NO_2在边界层下降时其浓度升高，在边界层上升的时候NO_2浓度下降；颗粒物没有这么明显的反相关，中山市和惠州市都一样，颗粒物聚集需要一个漫长的时间，颗粒物浓度只有在边界层明显升高时浓度才会下降很多，等边界层再次下降的时候颗粒物浓度已经达不到之前的峰值了，还需要时间累积。

比对中山市和惠州市的边界层数据，看到中山市的扩散条件要比惠州市好一些，但是NO_2的浓度反而要比惠州市差，说明中山市国控站周边的NO_2本底排量远大于惠州国控站周边的本底排量，解决中山NO_2偏高的问题就是要减排NO_2。

5.5.2.4　国控站5km范围道路除尘效果

为了打赢蓝天保卫战，在2020年最后的几天国控站附近5km执行道路除尘工程，还有工程持续保持道路湿润抑制扬尘（见图5-93）。

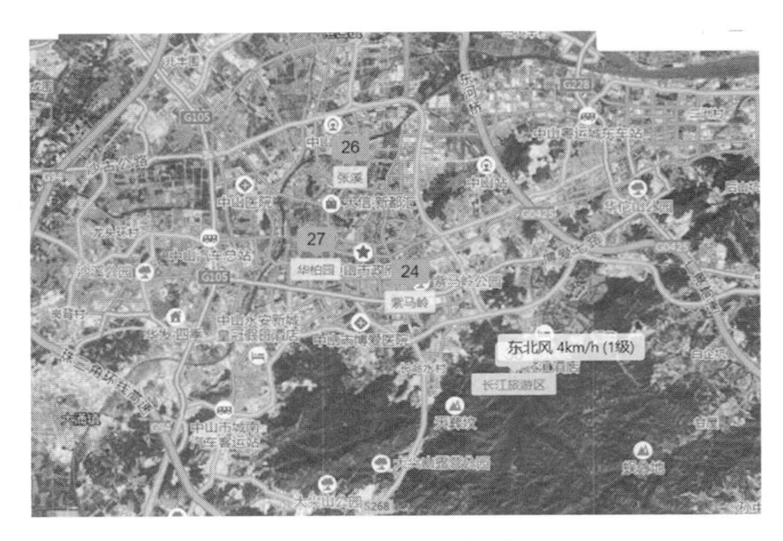

图 5-93　国控站道路除尘数据

由图5-93可以看出：在整体风向为东南风的时候城区的颗粒物数据明显低于背景站的数据，结合背景站上风向是火炬区，火炬区有大量的扬尘明显的工地和道路如图5-94和图5-95所示，所以受火炬区影响，背景站 PM_{10} 数据明显高于城区。

图 5-94　火炬区工地现场照

图 5-95　火炬区道路扬尘

5.5.3 中山市臭氧专项分析

5.5.3.1 国控站臭氧和温度数据相关性

利用张溪站点2020年所有日数据超标的分钟数据计算多参数相关性如表5-5所列。

表5-5　2020年张溪站点臭氧污染天数多参数相关性统计表

昼夜	参数	O_3	NO_2	CO	SO_2	PM_{10}	$PM_{2.5}$
昼	O_3	1					
	NO_2	−0.18744	1				
	CO	−0.10128	0.331395	1			
	SO_2	0.014975	0.06663	0.687203	1		
	PM_{10}	0.250234	0.705048	0.306302	0.151502	1	
	$PM_{2.5}$	0.203493	0.683963	0.284421	0.080117	0.815736	1
夜	O_3	1					
	NO_2	−0.31895	1				
	CO	−0.22546	0.735828	1			
	SO_2	−0.06106	0.447592	0.27752	1		
	PM_{10}	−0.00234	0.816885	0.656021	0.471384	1	
	$PM_{2.5}$	0.047762	0.7581	0.662404	0.384744	0.879334	1

由表5-5可以看出，张溪站点O_3和NO_2的相关性非常低，说明这个站点臭氧数据超标受VOCs控制，减排火炬方向和北部镇区的VOCs依然是今后工作的主要方向。从张溪站点夜晚的数据可以看出张溪站点和NO_2的负相关最高，说明在晚上没有光照的条件下NO_x可以消耗大量的O_3，结合5.5.1部分中O_3来源分析可知有大量的臭氧来自惠州龙门县山林的天然源，这类源无法控制，可以通过夜晚排放的大量NO_x来消耗O_3。

利用长江旅游区站点2020年O_3污染天的分钟数据计算6个参数的线性相关性如表5-6所列。由表5-6可以看出，长江旅游区站点O_3和任何参数都没有显著相关性，可知这个站点的臭氧数据受VOCs控制。但白天的CO和SO_2的数据呈现明显的正相关，说明这个站点受到燃煤类污染源的影响。

表 5-6　2020 年长江旅游区站点臭氧污染天数多参数相关性统计表

昼夜	参数	O_3	NO_2	CO	SO_2	PM_{10}	$PM_{2.5}$
昼	O_3	1					
	NO_2	−0.13376	1				
	CO	0.056432	0.140802	1			
	SO_2	0.094962	0.040827	0.887431	1		
	PM_{10}	0.350756	0.711784	0.154429	0.115307	1	
	$PM_{2.5}$	0.177015	0.494823	0.100339	0.060376	0.599672	1
夜	O_3	1					
	NO_2	−0.25182	1				
	CO	−0.18226	0.584792	1			
	SO_2	0.082286	0.57826	0.354883	1		
	PM_{10}	0.151708	0.724669	0.408811	0.609801	1	
	$PM_{2.5}$	0.161714	0.689516	0.399757	0.518993	0.884783	1

利用华柏园站点2020年臭氧污染天的分钟数据计算6个参数的线性相关性如表5-7所列。由表5-7可以看出，华柏园站点和张溪站点一致，臭氧和任何参数都没有相关性，可知这个站点的臭氧数据受VOCs控制。但白天CO和SO_2的数据呈现明显的正相关，说明这个站点受到燃煤类污染源的影响。这个站点在臭氧污染期间NO_2和颗粒物参数有直接影响，不论白天还是夜晚这个站点的NO_2和颗粒物都是正相关。

表 5-7　2020 年华柏园站点臭氧污染天数多参数相关性统计表

昼夜	参数	O_3	NO_2	CO	PM_{10}	$PM_{2.5}$	SO_2
昼	O_3	1					
	NO_2	−0.19927	1				
	CO	−0.04324	0.178127	1			
	PM_{10}	0.320129	0.631989	0.180487	1		
	$PM_{2.5}$	0.155347	0.713852	0.164337	0.83095	1	
	SO_2	0.036413	0.022208	0.880099	0.119725	0.062282	1
夜	O_3	1	−0.38269	−0.30647	−0.036	−0.02523	−0.07899
	NO_2	−0.38269	1				
	CO	−0.30647	0.79235	1			
	PM_{10}	−0.036	0.782918	0.647958	1		
	$PM_{2.5}$	−0.02523	0.763489	0.660034	0.880489	1	
	SO_2	−0.07899	0.560398	0.4099	0.600789	0.56141	1

5.5.3.2 Hysplit 模型估算中山受气象条件影响扩散程度的影响

中山市各镇区等量污染物对国控站影响程度统计表如表5-8所列。

表 5-8　中山市各个镇区等量污染物对国控站影响程度统计表

各个镇区释放粒子对城区的影响

释放粒子 10kg（选择少量的是因为释放粒子的数量有限）

释放周期 12h，每小时释放 10kg，释放高度 10m，观测高度 0 ～ 100m，单位（$\mu g/m^3$）

时间	东区	石岐	港口	南区	火炬区	西区	民众镇	南朗镇	五桂山镇	三角	沙溪	三乡镇	阜沙	板芙镇	大涌镇	黄圃镇	神湾	坦洲镇	东升	南头	古镇	横栏镇	东风镇	小榄镇
20190716	0.00625	0.00783	0.00168	0.0031	0.00083	0.00558	0.0003	0.00031	0.00255	0.00023	0.0024	0.00141	0.00023	0.00121	0.00168	0.00021	0.00073	0.00039	0.00024	0.00021	0.00161	0.00051	0.00021	0.00038
20190717	0.00355	0.004	0.00378	0.0012	0.00061	0.00265	0.00014	2.5×10^{-6}	0.0001	0.00038	0.00081	0	0.00075	0	2.1×10^{-5}	0.00063	0	0	0.00063	0.0004	0.00018	0.00013	0.00038	0.00021
20190718	0.00625	0.00038	0.00258	0.00238	25×10^{-5}	0.0031	6.8×10^{-5}	2.5×10^{-6}	0.00086	0.00026	0.00189	2.8×10^{-5}	0.00054	0.00033	0.00014	0.00031	5×10^{-6}	0	0.00063	0.00033	0.00021	0.00089	0.00038	0.0004
20190917	0.00333	0.00306	0.00114	0.00238	0.00128	0.00236	0.00026	0.00018	0.00193	0.00016	0.00091	0.00075	9.3×10^{-5}	0.0011	0.00106	6.8×10^{-5}	0.0011	0.00063	4.8×10^{-5}	3.5×10^{-5}	0.00001	8.8×10^{-5}	1.3×10^{-5}	1.3×10^{-5}
20190918	0.00535	0.001	0.00188	0.00088	0.00243	0.0019	0.00175	0.0019	0.00015	0.00021	0.00006	5×10^{-6}	1.6×10^{-5}	0	0	6.3×10^{-6}	0	0	5×10^{-7}	5×10^{-7}	0	0	0	0
20190919	0.00288	0.00308	0.00278	0.00043	0.00171	0.00121	0.00095	0.00358	0.0001	0.0006	1.6×10^{-5}	0	0.00026	0	0	0.00015	0	0	7.3×10^{-6}	1.9×10^{-5}	0	0	7×10^{-6}	2×10^{-6}
20190920	0.00265	0.0031	0.00303	0.00043	0.00106	0	0.00096	0	0.0001	0.00085	1.3×10^{-5}	0	0.00022	0	0	0.00013	0	0	1.3×10^{-6}	9.3×10^{-6}	0	0	2.5×10^{-7}	0
20190921	0.00171	0.0031	0.00308	0.0002	0.00035	0	5.8×10^{-5}	0	0.0001	0.00085	1.4×10^{-5}	0	0.00033	0	0	0.00033	0	0	4.2×10^{-5}	0.00017	0	0	2.1×10^{-5}	1.2×10^{-5}
20190922	0.0022	0.00308	0.00301	0.00043	0.00064	0.00035	0.00036	0.00028	0.0001	0.00083	3.6×10^{-5}	0	0.00023	0	0	7.6×10^{-5}	0	0	5×10^{-7}	5.8×10^{-6}	0	0	0	0
20190923	0.00333	0.00306	0.00118	0.00091	0.00265	0.0006	0.0014	0.00265	0.00018	0.00019	6.6×10^{-5}	1.8×10^{-5}	6.4×10^{-5}	7.5×10^{-6}	0.00001	3.9×10^{-5}	0	5×10^{-7}	1.1×10^{-5}	1.1×10^{-5}	0	3×10^{-6}	8×10^{-6}	7.8×10^{-6}
20190924	0.00378	0.00308	0.00148	0.00138	0.00288	0.00038	0.00153	0.00029	0.0011	0.00031	0.00061	0.00033	0.00021	0.0003	8.1×10^{-5}	0.00019	0.0001	7.8×10^{-5}	0	9.5×10^{-5}	1.2×10^{-5}	6.1×10^{-5}	2.1×10^{-5}	2.1×10^{-5}
20190925	0.00365	0.00308	0.00216	0.00113	0.00153	0.00325	0.00063	0.00056	0.00085	0.0004	9.3×10^{-5}	0.0001	0.00027	3.3×10^{-5}	3.3×10^{-5}	0.00015	0.00001	3.3×10^{-5}	0	2.8×10^{-5}	6×10^{-6}	1.1×10^{-5}	1.9×10^{-5}	1.7×10^{-5}
20190926	0.00625	0.0076	0.00171	0.00191	0.00198	0.00035	0.00105	0.0004	0.00141	0.00031	0.00042	0.00078	0.00021	0.00009	0.0001	0.00019	7.8×10^{-5}	0.0001	5×10^{-7}	9.5×10^{-6}	0.00002	2.5×10^{-6}	0.00007	2.8×10^{-5}
20190927	0.00535	0.0033	0.00263	0.00093	0.00171	0.0001	0.00063	0.00028	0.00063	0.00085	0.00012	0.00003	0.00027	2.5×10^{-6}	2.5×10^{-6}	0.00019	0	0	6.8×10^{-6}	4.9×10^{-5}	2.5×10^{-7}	2.1×10^{-5}	1.7×10^{-5}	1.7×10^{-5}
20190928	0.00191	0.00306	0.00181	0.00093	0.00171	0.0001	0.0004	0.00024	0.0006	0.0006	8.9×10^{-5}	3.3×10^{-5}	0.00022	0.00001	3×10^{-5}	0.0001	5×10^{-6}	6.6×10^{-73}	2.5×10^{-6}	1.9×10^{-5}	1.3×10^{-5}	7.8×10^{-6}	1.3×10^{-5}	1.1×10^{-5}
20190929	0.00558	0.00333	0.00285	0.0188	0.00143	0.00063	0.00078	0.00017	0.00038	0.0013	0.00016	5×10^{-6}	0.00063	7.5×10^{-6}	3.5×10^{-5}	0.00036	0	0	0	0.00029	2.3×10^{-6}	1.1×10^{-5}	6×10^{-5}	3.6×10^{-5}

续表

时间	东区	石岐	港口	南区	火炬区	西区	民众镇	南朗镇	五桂山镇	三角	沙溪	三乡镇	阜沙	板芙镇	大涌镇	黄圃镇	神湾	坦洲镇	东升	南头	古镇	横栏镇	东风镇	小榄镇
20190930	0.00333	0.00355	0.00198	0.01875	0.00118	0.00085	0.00026	5.8×10^{-5}	0.00033	0.0004	0.00042	0	0.00148	5×10^{-6}	8.3×10^{-5}	0.00063	0	0	0	0.00038	1.9×10^{-5}	6.5×10^{-5}	0.00029	0.00022
20191010	0.0058	0.00508	0.00108	0.00258	0.0002	0.00028	2.8×10^{-5}	1.5×10^{-5}	0.00378	1.3×10^{-5}	0.00022	0.00211	1.5×10^{-5}	5.5×10^{-5}	0.00019	1.3×10^{-6}	0.00113	0.00113	1.8×10^{-5}	2.5×10^{-7}	7.5×10^{-7}	2×10^{-6}	0	2.5×10^{-6}
20191011	0.00625	0.00378	0.00175	0.0033	0.00098	0.01008	0.00028	0.00022	0.00208	0.0003	0.00333	0.00063	0.0003	0.00114	0.00103	0.0003	0.00058	0.00033	0.00098	0.0003	0.00003	1.8×10^{-5}	0.0003	0.0003
20191012	0.00625	0.0031	0.00925	0.00306	0.00126	0.00465	0.00024	0.00014	0.00281	0.00017	0.00128	0.00136	0.0002	0.00116	0.00076	7.5×10^{-5}	0.00088	0.00108	0.0002	5.3×10^{-5}	0.00003	0.00026	0.00002	0.00005
20191013	0.0058	0.00303	0.00208	0.00088	0.00126	7.5×10^{-5}	0.0031	0.00173	8.3×10^{-5}	0.00017	6.5×10^{-5}	0	0.0002	0	0	2.6×10^{-5}	0	0	7.5×10^{-7}	5×10^{-7}	0	0	0	0
20191014	0.0058	0.00751	0.00178	0.00155	0.00278	0	0.00306	0.00188	0.0001	6.5×10^{-5}	0.00011	0	1×10^{-6}	0	0	2.5×10^{-7}	0	0	0	0	0	0	0	0
20191015	0.00828	0.00301	0.00108	0.00065	0.00308	0	0.00146	0.00308	0.00015	4.1×10^{-5}	6.5×10^{-5}	2.5×10^{-7}	5×10^{-7}	0	0	0	0	0	0	0	0	0	0	0
20191016	0.00355	0.00308	0.00158	0.00088	0.00238	0	0.00195	0.00185	0.0001	0.00143	9.1×10^{-5}	0	0.00021	0	0	0.00014	0	0	3.8×10^{-5}	6.3×10^{-5}	0	2.5×10^{-7}	8.5×10^{-6}	8.3×10^{-6}
20191017	0.004	0.00303	0.00881	0.00065	0.00193	0	0.00153	0.00336	0.0001	0.00029	3.8×10^{-5}	0	6.6×10^{-5}	0	0	2.1×10^{-5}	0	0	0	1.5×10^{-6}	0	0	0	0
20191018	0.00265	0.00288	0.00881	0.00043	0.00109	0	0.00105	0.00255	0.0001	0.00263	3.8×10^{-5}	0	0.00026	0	0	0.00026	0	0	6×10^{-6}	4.8×10^{-5}	0	0	1.2×10^{-5}	1.5×10^{-6}
20191019	0.00535	0.00308	0.00503	0.00088	0.0022	0.00025	0.00265	0.00025	0.00011	0.00196	6.1×10^{-5}	0	0.00023	0	2.5×10^{-6}	0.00021	0	0	4.3×10^{-5}	6.6×10^{-5}	0	3.5×10^{-6}	1.8×10^{-5}	1.3×10^{-5}
20191020	0.00378	0.00308	0.00109	0.00138	0.00153	0.00081	0.00116	0.00022	0.00113	0.00058	0.00042	0.00033	0.00028	0.00011	8.8×10^{-5}	0.00026	0.0001	0.0001	0.00019	0.00019	0.00002	4.3×10^{-5}	9.5×10^{-5}	0.00014
20191021	0.00525	0.00758	0.001	0.00166	0.0022	0.0005	0	0.00038	0.00171	0.00022	0.0002	0.00108	0.00017	6.5×10^{-5}	1.8×10^{-5}	0.0002	8.3×10^{-5}	0.00011	9.3×10^{-5}	9.5×10^{-5}	0	2.5×10^{-5}	5.8×10^{-5}	6.5×10^{-5}
20191022	0.00333	0.00303	0.001	0.00168	0.00051	0.00015	0	0.00004	0.00285	2×10^{-5}	0.00019	0.00189	2.1×10^{-5}	1.2×10^{-5}	0.00012	2.8×10^{-5}	0.00016	0.00089	2.1×10^{-5}	1.2×10^{-5}	1.1×10^{-5}	2.3×10^{-5}	1.6×10^{-5}	1.8×10^{-5}
合计	0.13339	0.10991	0.08305	0.07571	0.04534	0.04017	0.02802	0.0266	0.02656	0.01659	0.0142	0.01087	0.00796	0.00562	0.00547	0.00524	0.00496	0.00485	0.00319	0.00288	0.00217	0.00217	0.00202	0.00196
占比	20.24%	16.68%	12.60%	11.49%	6.88%	6.10%	4.25%	4.04%	4.03%	2.52%	2.16%	1.65%	1.21%	0.85%	0.83%	0.80%	0.75%	0.74%	0.48%	0.44%	0.33%	0.33%	0.31%	0.30%

5.5.3.3　模拟结果统计分析

结合污染日历及风向玫瑰图如图5-96所示（书后另见彩图），排查重污染天气各个镇区对市区国控站的影响，观察9月30日的数据可以发现这除了城区以外阜沙镇、港口镇、火炬区的总影响浓度占比最高，而城区影响最高的区为南区。观察9月28日的数据可以发现除了城区以外火炬区的总影响浓度占比最高，而城区影响最高的区为石岐区。结合所有镇区可以得出结论：每个镇区都向城区扩散了一定量的污染物，只是在程度上有所不同。

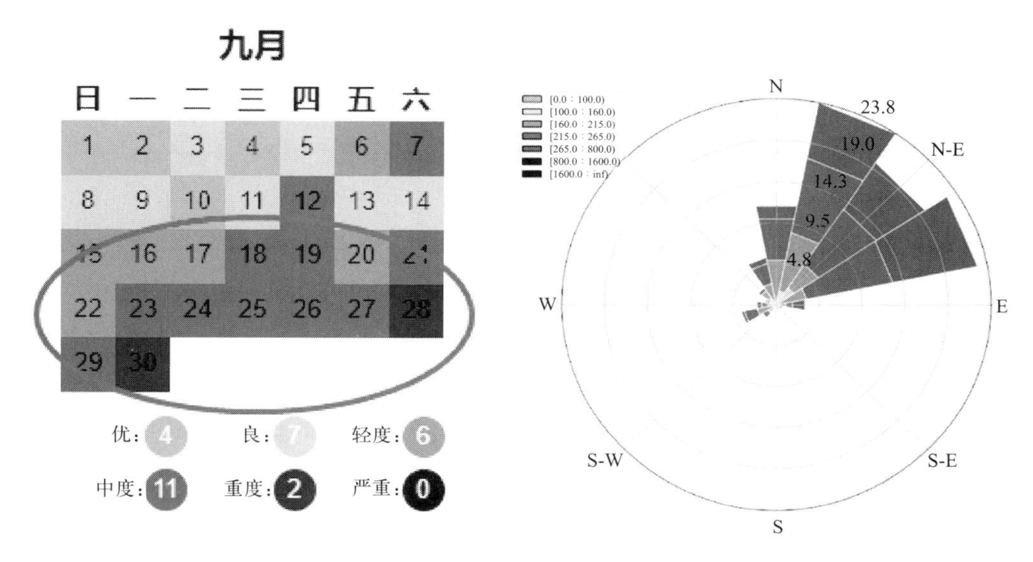

图 5-96　9 月份污染日历及风向玫瑰图

同排量对城区影响前10的镇区为东区（20.24%）、石岐区（16.68%）、港口镇（12.6%）、南区（11.49%）、火炬区（6.88%）、西区（6.1%）、民众镇（4.25%）、南朗镇（4.04%）、五桂山镇（4.03%）、三角镇（2.52%）。

真实排量对城区的影响如表5-9所列。

表 5-9　中山市各排 VOCs 企业对市区的影响

企业名称	所属区县	主要污染物（VOCs）排放量 /（kg/d）	对城区影响程度 12 小时浓度	对城区影响每小时的浓度（最高值估计）	对城区影响每小时的占比 /%
中山华雅家具有限公司	板芙镇	12.09091	0.102772727	0.00028548	0.01
中山永宁薄膜制品有限公司	小榄镇	34.59	0.10377	0.00028825	0.01

续表

企业名称	所属区县	主要污染物（VOCs）排放量 /（kg/d）	对城区影响程度 12 小时浓度	对城区影响每小时的浓度（最高值估计）	对城区影响每小时的占比 /%
中山市聚成化工材料有限公司	民众镇	2.52	0.1071	0.0002975	0.01
中山力劲机械有限公司	东升镇	23.981	0.1151088	0.00031975	0.01
中山市美森家具有限公司	东升镇	24.12424	0.115796364	0.00032166	0.01
中山溢盛纺织印染有限公司	神湾镇	17.71667	0.131103333	0.00036418	0.01
中山市联昌喷雾泵有限公司	南头镇	31.50909	0.13864	0.00038511	0.01
中山市松源皮革制品有限公司	神湾镇	21.21212	0.156969697	0.00043603	0.01
中山百得厨卫有限公司	横栏镇	49.31515	0.16274	0.00045206	0.01
中山市全新厨柜有限公司	南朗镇	4.036364	0.1776	0.00049333	0.01
中山市天成针织实业有限公司	三乡镇	7.05	0.17766	0.0004935	0.01
中山市华裕灯饰实业有限公司	古镇镇	55.00303	0.18151	0.00050419	0.01
中山市志丰印刷实业有限公司	小榄镇	64.4803	0.193440909	0.00053734	0.01
中山金利宝胶粘制品有限公司	小榄镇	64.4803	0.193440909	0.00053734	0.01
中山新光华木器制品有限公司	三乡镇	8.033	0.2024316	0.00056231	0.01
中山宝来皮革有限公司	三角镇	8.16835	0.205842424	0.00057178	0.01
昇鑫包装材料（中山）有限公司	三角镇	8.4	0.21168	0.000588	0.01
日东光器（中山）有限公司	三乡镇	8.48	0.213696	0.0005936	0.01
中山市乡源木业有限公司	三角镇	9.248485	0.233061818	0.00064739	0.01
广东万事杰塑料科技有限公司	黄圃镇	31.50909	0.252072727	0.0007002	0.01
中山市一利办公家具有限公司	东升镇	52.57576	0.252363636	0.00070101	0.01
中山宝来皮革有限公司	三角镇	10.21044	0.25730303	0.00071473	0.01
中山精美鞋业有限公司	火炬区	3.818182	0.262690909	0.0007297	0.01
中山华礼龙家具有限公司	东升镇	55.00303	0.264014545	0.00073337	0.01
中山市儿童宝玩具有限公司（一厂）	石岐区	1.766	0.2945688	0.00081825	0.02
中山长虹电器有限公司	南头镇	70	0.308	0.00085556	0.02
广东奥马电器股份有限公司	南头镇	71.9	0.31636	0.00087878	0.02
蒂森克虏伯扶梯（中国）有限公司	火炬区	5.031515	0.346168242	0.00096158	0.02
中山市民强电机制造有限公司	东凤镇	111.9114	0.346925227	0.00096368	0.02
中山市大中居安得木制品厂有限公司	港口镇	3.081818	0.354100909	0.00098361	0.02
中山市儿童宝玩具有限公司（一厂）	石岐区	2.166	0.3612888	0.00100358	0.02
大洋电机股份有限公司	西区	121	0.363	0.00100833	0.02

续表

企业名称	所属区县	主要污染物（VOCs）排放量 /（kg/d）	对城区影响程度 12 小时浓度	对城区影响每小时的浓度（最高值估计）	对城区影响每小时的占比 /%
大洋电机股份有限公司	西区	121	0.363	0.00100833	0.02
大洋电机股份有限公司	西区	121	0.363	0.00100833	0.02
广东三和化工科技有限公司	黄圃镇	50.90909	0.407272727	0.00113131	0.02
广东三和化工科技有限公司	黄圃镇	50.90909	0.407272727	0.00113131	0.02
广东三和化工科技有限公司	黄圃镇	50.90909	0.407272727	0.00113131	0.02
广东依顿电子科技股份有限公司	三角镇	16.22727	0.408927273	0.00113591	0.02
中山市科泰家具有限公司	南区	3.678788	0.422692727	0.00117415	0.02
中山毅永电子有限公司	火炬区	6.257576	0.430521212	0.00119589	0.02
中山黄龙运动器材有限公司	三角镇	17.09697	0.430843636	0.00119679	0.02
中山市乐天照明电器有限公司	横栏镇	131.8333	0.43505	0.00120847	0.02
中山市嘉锋包装材料有限公司	黄圃镇	55.2	0.4416	0.00122667	0.02
中山市美通电子有限公司	港口镇	4.072727	0.467956364	0.00129988	0.03
中山市今红包装制品有限公司	小榄镇	156.5667	0.4697	0.00130472	0.03
中山恒海工艺厂有限公司	三乡镇	19.26667	0.48552	0.00134867	0.03
中山广盛运动器材有限公司	火炬区	7.257576	0.499321212	0.001387	0.03
中山通用鞋业有限公司	南朗镇	11.36364	0.5	0.00138889	0.03
中山市丰彩印铁有限公司	民众镇	11.95455	0.508068182	0.0014113	0.03
三海门业有限公司	东升镇	111.9114	0.537174545	0.00149215	0.03
中广核三角洲（中山）高聚物有限公司	东凤镇	186.6667	0.578666667	0.00160741	0.03
中山森田化工有限公司	阜沙镇	48.57778	0.587791111	0.00163275	0.03
中山森田化工有限公司	阜沙镇	48.57778	0.587791111	0.00163275	0.03
中山森田化工有限公司	阜沙镇	48.57778	0.587791111	0.00163275	0.03
中山福溢家具有限公司	板芙镇	69.951	0.5945835	0.00165162	0.03
中山市永冠模具塑胶科技有限公司	阜沙镇	50.90909	0.616	0.00171111	0.03
美克顿微金属（中山）有限公司	火炬区	9.248485	0.636295758	0.00176749	0.03
中山市金久源保护膜有限公司	阜沙镇	52.77576	0.638586667	0.00177385	0.03
中山市天嘉纸品有限公司扩建项目	神湾镇	88.0303	0.651424242	0.00180951	0.03
莎丽科技股份有限公司	南朗镇	14.84	0.65296	0.00181378	0.04
中山市创志建材科技有限公司	黄圃镇	82.42424	0.659393939	0.00183165	0.04
中机建重工有限公司	火炬区	10.00606	0.68841697	0.00191227	0.04
中山市正华纺织印染有限公司	民众镇	16.22727	0.689659091	0.00191572	0.04
中山市创基包装印刷有限公司	港口镇	6.257576	0.718995455	0.00199721	0.04

续表

企业名称	所属区县	主要污染物（VOCs）排放量 /（kg/d）	对城区影响程度 12 小时浓度	对城区影响每小时的浓度（最高值估计）	对城区影响每小时的占比 /%
中山创衡玩具有限公司	三乡镇	29.1	0.73332	0.002037	0.04
中山南铭家具有限公司	南头镇	169.9091	0.7476	0.00207667	0.04
中山市佳豪纸塑制品有限公司	阜沙镇	65.6	0.79376	0.00220489	0.04
中山市佳豪纸塑制品有限公司	阜沙镇	65.6	0.79376	0.00220489	0.04
中山市佳豪纸塑制品有限公司	阜沙镇	65.6	0.79376	0.00220489	0.04
中山梦奇实印铁制罐有限公司	火炬区	11.78788	0.811006061	0.00225279	0.04
中山市润和高分子材料制造有限公司	民众镇	19.26667	0.818833333	0.00227454	0.04
中山市盛兴幕墙有限公司	东升镇	186.6667	0.896	0.00248889	0.05
中山大桥化工企业集团中山智亨实业发展有限公司	火炬区	13.13636	0.903781818	0.00251051	0.05
中山市柏顿涂料有限公司	黄圃镇	114.5455	0.916363636	0.00254545	0.05
中山市美图家具有限公司	神湾镇	125.3636	0.927690909	0.00257692	0.05
中山凯佳灯饰有限公司	南朗镇	22.90909	1.008	0.0028	0.05
中山市朗玛化工实业有限公司	民众镇	23.92424	1.016780303	0.00282439	0.05
中山市朗玛化工实业有限公司	民众镇	23.92424	1.016780303	0.00282439	0.05
中山崎宇塑料包装有限公司	港口镇	9.090909	1.044545455	0.00290152	0.06
威斯达电器（中山）制造有限公司	五桂山	43.37879	1.093145455	0.00303652	0.06
中山格兰仕日用电器有限公司	黄圃镇	145.7333	1.165866667	0.00323852	0.06
中山武藏涂料有限公司	火炬区	17.09697	1.176271515	0.00326742	0.06
广东兴达鸿业电子有限公司	阜沙镇	99.24545	1.20087	0.00333575	0.06
广东阜和实业有限公司	阜沙镇	100	1.21	0.00336111	0.06
千镱金属（中山）有限公司板芙分公司	板芙镇	148.4	1.2614	0.00350389	0.07
中山富洲纸塑制品有限公司	火炬区	18.37879	1.264460606	0.00351239	0.07
中山市华业油墨涂料有限公司	民众镇	30	1.275	0.00354167	0.07
广东康力电梯有限公司	南朗镇	29.34343	1.291111111	0.00358642	0.07
广东康力电梯有限公司	南朗镇	29.34343	1.291111111	0.00358642	0.07
广东康力电梯有限公司	南朗镇	29.34343	1.291111111	0.00358642	0.07
铃木东新电子（中山）有限公司	三角镇	51.9697	1.309636364	0.00363788	0.07
皆利士多层线路版（中山）有限公司	小榄镇	473.8788	1.421636364	0.00394899	0.08
中山荣南机械工业有限公司	南头镇	328.3727	1.44484	0.00401344	0.08

续表

企业名称	所属区县	主要污染物（VOCs）排放量 /（kg/d）	对城区影响程度 12 小时浓度	对城区影响每小时的浓度（最高值估计）	对城区影响每小时的占比 /%
中山霖扬塑料有限公司	火炬区	21.4497	1.475739152	0.00409928	0.08
中山市思进家具有限公司	东升镇	318.1818	1.527272727	0.00424242	0.08
民汇（中山）织染有限公司	三角镇	64.4803	1.624903636	0.00451362	0.09
中山市华锋电镀有限公司	三角镇	67.69697	1.705963636	0.00473879	0.09
中山市华锋电镀有限公司	三角镇	67.69697	1.705963636	0.00473879	0.09
广东阜和实业有限公司	阜沙镇	145	1.7545	0.00487361	0.09
广东美的环境电器制造有限公司	东凤镇	572.7273	1.775454545	0.00493182	0.10
中山市长虹彩印包装厂	港口镇	15.52121	1.783387273	0.00495385	0.10
中山市东区名匠玻璃钢工艺厂	东区	7.581818	1.837832727	0.00510509	0.10
中山金鹤胶粘制品有限公司	东升镇	396.8788	1.905018182	0.00529172	0.10
中山宝大鞋业有限公司	三角镇	76.36364	1.924363636	0.00534545	0.10
广东领先陈列展示用品有限公司	南区	17.04545	1.958522727	0.00544034	0.11
中山南益纸品包装有限公司	火炬区	28.65758	1.971641212	0.00547678	0.11
中山德利染整有限公司	民众镇	52.80606	2.244257576	0.00623405	0.12
中山市冠达家具制造有限公司	板芙镇	280.7424	2.386310606	0.00662864	0.13
中山金点喷漆有限公司	三角镇	101.4515	2.556578182	0.00710161	0.14
中山新特丽照明电器有限公司	火炬区	39.20061	2.697001697	0.00749167	0.14
中山市时兴装饰有限公司	三乡镇	108.27	2.728404	0.0075789	0.15
中山市中桂石油化工有限公司	东升镇	572.7273	2.749090909	0.00763636	0.15
中山市大一涂料有限公司	南区	23.9732	2.75452068	0.00765145	0.15
中山友利玩具城有限公司	火炬区	42.67303	2.935904485	0.00815529	0.16
中山市兴盛浆染整理有限公司	三角镇	117.4242	2.959090909	0.0082197	0.16
中山凯美日用品有限公司	五桂山	119.8242	3.019570909	0.0083877	0.16
中山市国景家具有限公司	港口镇	28.65758	3.292755455	0.00914654	0.18
迪爱生合成树脂（中山）有限公司	火炬区	49.31515	3.392882424	0.00942467	0.18
中山市巴德富化工科技有限公司	民众镇	81.92424	3.481780303	0.00967161	0.19
中山富洲胶粘制品有限公司胶粘分车间	火炬区	51.9697	3.575515152	0.00993199	0.19
广东天龙印刷有限公司	小榄镇	1194.621	3.583863636	0.00995518	0.19
中山迪欧家具实业有限公司	小榄镇	1194.621	3.583863636	0.00995518	0.19
中山市保时利塑胶实业有限公司	阜沙镇	302.8848	3.664906667	0.0101803	0.20

续表

企业名称	所属区县	主要污染物（VOCs）排放量 /（kg/d）	对城区影响程度 12 小时浓度	对城区影响每小时的浓度（最高值估计）	对城区影响每小时的占比 /%
中山市雅图涂料有限公司	横栏镇	1349.091	4.452	0.01236667	0.24
八千代工业（中山）有限公司	火炬区	71.9	4.94672	0.01374089	0.27
中山市颂泰家具制造有限公司	南区	43.37879	4.984222727	0.01384506	0.27
中山富洲胶粘制品有限公司	火炬区	76.36364	5.253818182	0.01459394	0.28
中山市华兴彩印包装实业有限公司	古镇镇	1670.045	5.51115	0.01530875	0.30
中山富拉司特工业有限公司	火炬区	87.27273	6.004363636	0.01667879	0.32
中山崇高玩具制品厂有限公司	港口镇	52.57576	6.040954545	0.01678043	0.32
中山市东朋化工有限公司	东区	26.38788	6.396421818	0.01776784	0.34
中山市东朋化工有限公司	东区	26.38788	6.396421818	0.01776784	0.34
中山市群发包装材料有限公司	黄圃镇	816.6667	6.533333333	0.01814815	0.35
中山市蒙奇化工有限公司	黄圃镇	888.4667	7.107733333	0.0197437	0.38
万恩宝印刷器材（中山）有限公司	火炬区	106.1529	7.303320145	0.020287	0.39
中山中粤马口铁工业有限公司	火炬区	108.6136	7.472618182	0.02075727	0.40
中山市高儿莱恩日用制品有限公司	三乡镇	312.697	7.879963636	0.02188879	0.42
广东华兹卜新材料科技有限公司	火炬区	117.4242	8.078787879	0.02244108	0.43
中山市华锋电镀有限公司	三角镇	338.4848	8.529818182	0.02369394	0.46
蒂森电梯有限公司	南区	74.54545	8.565272727	0.02379242	0.46
中山帝王金属家具厂有限公司	港口镇	78.17576	8.982394545	0.0249511	0.48
立信门富士纺织机械（中山）有限公司	火炬区	131.8333	9.070133333	0.02519481	0.49
祥丰电子（中山）有限公司	火炬区	137.1455	9.435607273	0.02621002	0.51
中山菲力特化工有限公司	三角镇	384.3485	9.685581818	0.02690439	0.52
中铁南方工程装备有限公司	火炬区	149.803	10.30644848	0.02862902	0.55
中山梅华表业有限公司	民众镇	244.65	10.397625	0.02888229	0.56
中山鸿兴印刷包装有限公司	火炬区	161.5121	11.11203394	0.03086676	0.60
中山市纸箱总厂有限公司	石岐区	67	11.1756	0.03104333	0.60
中山明阳风能叶片技术有限公司	火炬区	169.9091	11.68974545	0.03247152	0.63
中山市华业油墨涂料有限公司	民众镇	282.697	12.01462121	0.03337395	0.64
格兰仕（中山）家用电器有限公司	黄圃镇	1507.512	12.06009697	0.03350027	0.65
广东先行展示制品实业有限公司	港口镇	106.1529	12.19696925	0.03388047	0.65

续表

企业名称	所属区县	主要污染物（VOCs）排放量 /（kg/d）	对城区影响程度 12 小时浓度	对城区影响每小时的浓度（最高值估计）	对城区影响每小时的占比 /%
中山市登盈精密注塑有限公司	港口镇	108.6136	12.47970682	0.03466585	0.67
洋紫荆油墨（中山）有限公司	板芙镇	1524.3	12.95655	0.03599042	0.70
广东创汇实业有限公司中山分公司	三角镇	545.4545	13.74545455	0.03818182	0.74
中山市美迪家具有限公司	南区	119.8242	13.76780545	0.0382439	0.74
中山市点石塑胶有限公司	南区	139.8515	16.06893909	0.04463594	0.86
中山市宝元制造厂	三乡镇	661.2303	16.66300364	0.04628612	0.89
广东盛业南丰电机制造有限公司	港口镇	149.803	17.21236818	0.04781213	0.92
三井化学复合塑料（中山）有限公司	火炬区	254.6218	17.51798109	0.04866106	0.94
广东森拉堡家具有限公司	板芙镇	2471.333	21.00633333	0.05835093	1.13
中山台光电子材料有限公司	火炬区	334.6667	23.02506667	0.06395852	1.24
中山市超业纺织印染有限公司	民众镇	545.4545	23.18181818	0.06439394	1.24
联益精密（中山）有限公司	火炬区	344.8394	23.7249503	0.06590264	1.27
中荣印刷集团股份有限公司	火炬区	384.3485	26.44317576	0.07345327	1.42
中山市金马科技娱乐设备股份有限公司	火炬区	402.8182	27.71389091	0.07698303	1.49
中山市南亚化工有限公司	三角镇	1194.621	30.10445455	0.08362348	1.62
中山百灵生物技术有限公司	火炬区	455.4545	31.33527273	0.08704242	1.68
中山市东容印刷包装有限公司	火炬区	461.1818	31.72930909	0.08813697	1.70
中山市凯美家具制造有限公司	南区	286.125	32.8757625	0.09132156	1.76
中山市洲华包装材料有限公司	东区	144.8788	35.11861818	0.09755172	1.88
台耀科技（中山）有限公司	火炬区	527.5212	36.29345939	0.10081516	1.95
中山市明日涂料材料有限公司	港口镇	318.1818	36.55909091	0.10155303	1.96
中山新力量塑料包装印刷有限公司	港口镇	334.6667	38.4532	0.10681444	2.06
建纶电器工业（中山）有限公司	南朗镇	888.4667	39.09253333	0.10859037	2.10
中山市九田展示用品有限公司	港口镇	402.8182	46.28380909	0.12856614	2.48
中山市港口新风电器有限公司	港口镇	455.4545	52.33172727	0.14536591	2.81
中山联成化学工业有限公司	火炬区	790.9159	54.41501455	0.15115282	2.92
金甲化工企业（中山）有限公司	港口镇	671.4924	77.15447955	0.214318	4.14
金甲化工企业（中山）有限公司	港口镇	671.4924	77.15447955	0.214318	4.14

续表

企业名称	所属区县	主要污染物（VOCs）排放量 /（kg/d）	对城区影响程度 12 小时浓度	对城区影响每小时的浓度（最高值估计）	对城区影响每小时的占比 /%
广南五金塑料制品（中山）有限公司	港口镇	790.9159	90.87623795	0.25243399	4.88
中山天彩包装有限公司	火炬区	1342.985	92.39735758	0.25665933	4.96
广新海事重工股份有限公司	火炬区	1349.091	92.81745455	0.25782626	4.98
广东欧亚包装有限公司	火炬区	1532.506	105.436417	0.29287894	5.66
山下橡胶（中山）有限公司	火炬区	1625.064	111.8043782	0.31056772	6.00
台达化工（中山）有限公司	火炬区	1670.045	114.8991273	0.31916424	6.17
		45114.13	1863.526566	5.17646268	100.00

为了验证模型结果合理性，现在估算中山市工业对城区影响的每小时平均浓度：设中山市区为7km×7km×0.1km体积的正方体，中山市模拟工业排放影响到中山市区的高值为5kg，则中山市所有企业每小时对中山市区的浓度贡献为1.02μg/m^3，从结果上看浓度在合理区间。由表5-9可以看出，中山市的最后15家重要的企业的影响占了将近50%，应重点管控最后15家企业，建议在电费制度上采用分时段计费，鼓励这15家企业夜班生产。

5.5.4 大气网格化监测结果分析与应用

5.5.4.1 微型空气质量检测仪点区域污染分析一

根据2019年度第24周所有微型空气质量检测仪点的臭氧日数据90分位数数据绘制臭氧污染等值线图，由臭氧污染等高值数据集中区域可以看出：中山市臭氧污染区域主要集中在沙溪五金永民化工厂附近、永阳纸品加工厂周边、中和街周边、渔侬海鲜酒家附近、宏光彩印厂附近、沙古公路沿线花木场附近和共荣合成树脂公司附近等。

5.5.4.2 微型空气质量检测仪点区域污染分析二

使用中山市大气网格化300个微型空气质量检测仪点日数据聚合一

个月的6项参数数据，由6项参数汇聚数据可以看出：中山市2019年8月整体的空气质量为优，各个参数的均值或者分位数都在优的范围内。以NO_2聚合数据为例，可以帮助圈定NO_2污染集中区域，进一步巡查该区域NO_2污染来源。

5.5.4.3 微型空气质量检测仪点区域污染分析三

根据中山市2019年10月份污染云图，可以观察出臭氧有限升高的区域。从数据集中区域可以看到北部臭氧污染集中在工业区，而南部则集中在山区和工业区混合区域。

5.5.4.4 超级站 VOCs MIR 占比

根据紫马岭超级站VOCs数据每个参数的均值乘以各自MIR（单位质量每种VOCs物种生成O_3的潜力），绘制出平均质量浓度×活性占比如图5-97所示，从图中可以看到苯系物和异戊二烯就占了超过50%的活性。

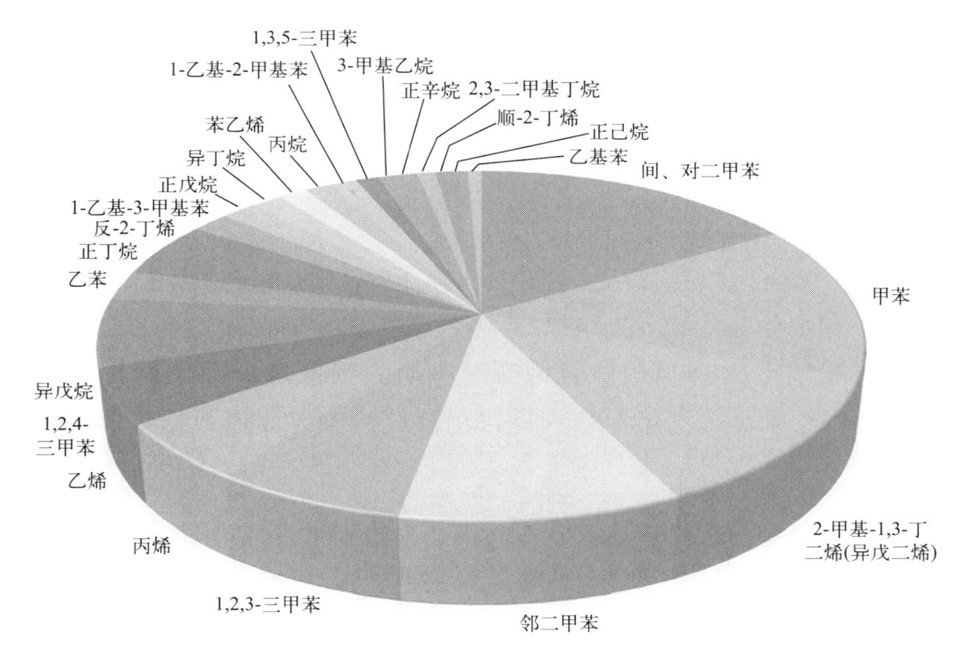

图5-97 超级站9月22日前VOCs MIR图

参考文献

[1] 邓春拓，杨陈佳，黄隽，等．2018 年中山市环境空气质量分析［J］．环境与健康杂志，2019，36（7）：637-639.
[2] 蒋争明．中山市路边交通点环境空气质量污染特征研究［J］．广东化工，2018，45（8）：98-100，113.
[3] 蒋争明，陈吟晖，彭海辉，等．中山市人为源大气污染物排放清单及特征研究［J］．广东化工，2023，50（8）：137-140，143.
[4] 梁素敏．完善中山市大气污染防治长效机制的措施［J］．资源节约与环保，2018(7)：120，124.
[5] 刘芳．中山市臭氧污染现状分析与减排对策探讨［J］．广东化工，2019，46（11）：159，172.
[6] 王文丁，陈焕盛，姚雪峰，等．中山市 2013 年污染天气形势和气象要素特征分析［J］．中国环境监测，2016，32（1）：44-52.
[7] 赵文龙，张春林，李云鹏，等．台风持续影响下中山市大气 O_3 污染过程分析［J］．中国环境科学，2021，41（12）：5531-5538.
[8] 赵玉丹．大气污染物排放量与颗粒物空气质量的时空非协同耦合研究［D］．武汉：武汉大学，2019.
[9] 中山市生态环境局．2020 年中山市大气环境和水环境质量报告书［N］． 中山日报，2021-06-05（003）.

第6章

中山市大气污染防治实践成果

通过中山环境监测综合分析诊断系统平台的监测，实现了全市大气污染物浓度的时空动态变化趋势分析，以此支撑政府的精准化管理，及时发现重点污染区域、锁定污染源头，对污染源起到最大程度的监管作用，为环境执法和决策提供直接依据。

6.1 中山市大气环境质量前后对比

选取中山市华柏园、张溪、紫马岭、南区、长江旅游区5个标准站和300个微型空气质量检测仪点2021年12月13日01时至20日00时SO_2、NO_2、CO、O_3、$PM_{2.5}$、PM_{10}的小时数据、日均数据进行大气环境质量分析对比。

6.1.1 六项污染物和综合指数环比变化率

2021年12月13～19日中山市环境空气质量为优的天数为7d，优良率100%。中山市空气质量综合指数为4.53，环比上周下降8.3%，本周中山市污染状况大幅下降，NO_2浓度为51μg/m^3，环比上周下降5.6%。在六项参数中，PM_{10}浓度为71μg/m^3，环比上周下降6.6%；$PM_{2.5}$浓度为39μg/m^3，环比上周无变化；CO浓度为1.0mg/m^3，环比上周上升42.9%；SO_2浓度为7μg/m^3，环比上周上升16.7%；NO_2浓度为51μg/m^3，环比上周下降5.6%；O_3-8h浓度为121μg/m^3，环比上周下降32.0%。如图6-1所示。

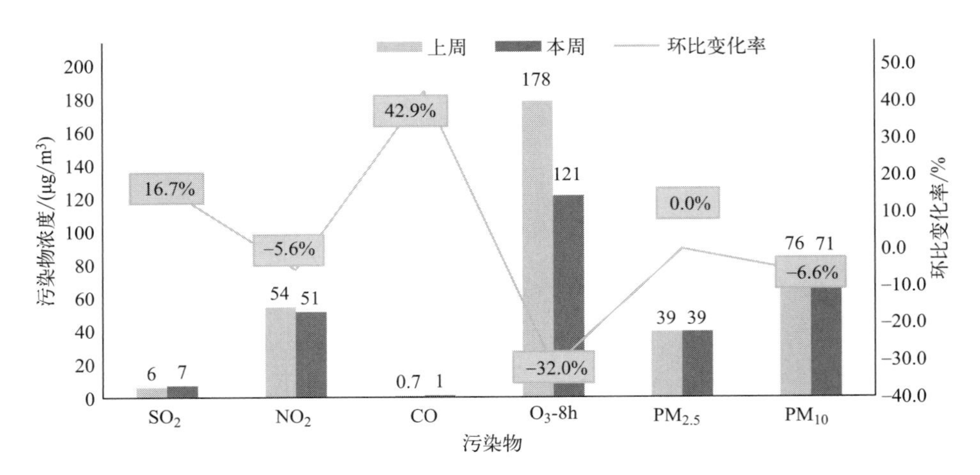

图6-1　2021年12月13～19日中山市空气质量及环比变化情况

6.1.2　六项污染物贡献度统计

由图6-2可知，2021年12月13～19日，中山市六项污染物中贡献度最大的是NO_2，周均单项指数占综合指数比重为28%；PM_{10}、$PM_{2.5}$、O_3和CO的贡献率分别为22%、24%、17%和6%；SO_2的贡献率最小，贡献率为3%。由此可知本周中山市O_3污染最为严重。

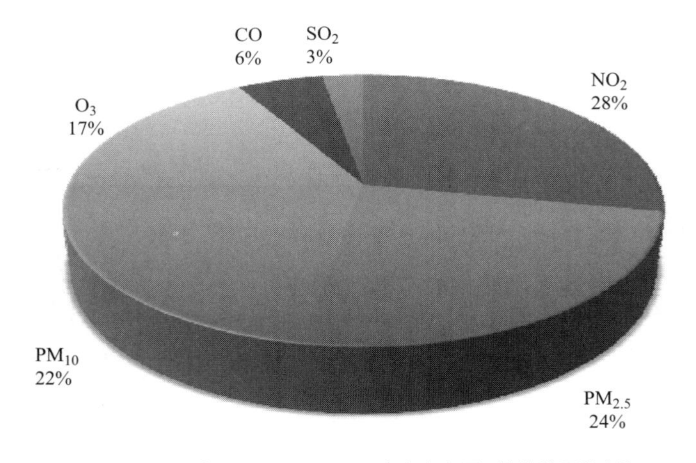

图6-2　2021年12月13～19日中山市六项污染物的贡献占比

6.1.3 珠江三角洲城市排名分析

2021年12月13～19日珠江三角洲9个城市中，中山市国控站数据排名第8，综合指数环比上周有所下降；本周中山市六项污染指数中相对于其余六项指数，NO_2污染贡献最大，NO_2浓度为51μg/m^3，为主要污染物。如表6-1所列。

表6-1　2021年12月13～19日珠江三角洲城市污染物浓度和排名情况表

排名	区域名称	综合指数	主要污染物	$PM_{2.5}$	PM_{10}	SO_2	NO_2	CO	O_3
1	惠州市	3.4	$PM_{2.5}$	32	55	9	26	0.87	109
2	深圳市	3.46	$PM_{2.5}$	31	54	6	29	0.97	118
3	肇庆市	3.74	$PM_{2.5}$	35	51	10	36	1	111
4	东莞市	3.85	$PM_{2.5}$	33	54	11	36	0.87	134
5	广州市	3.92	NO_2	35	60	8	42	1.07	97
6	珠海市	4.28	$PM_{2.5}$	37	67	8	40	0.9	146
7	佛山市	4.4	NO_2	37	69	8	51	1	111
8	中山市	4.53	NO_2	39	71	7	51	1	121
9	江门市	5.01	NO_2	43	79	9	59	1.1	118

6.1.4 中山市标准站排名分析

如表6-2所列可以看出，2021年12月13～19日一周在5个标准站中，长江旅游区站点综合指数最低，张溪站点综合指数最高。在中山市的六项污染参数中，张溪站点的SO_2、NO_2、PM_{10}、CO、O_3和$PM_{2.5}$浓度分别为6μg/m^3、54μg/m^3、86mg/m^3、1.1μg/m^3、109μg/m^{3}和42μg/m^3。与长江旅游区站点对比，张溪站NO_2浓度比较高，造成的原因可能是张溪站点附近存在较多道路和工地，受到机动车尾气以及工地施工的影响。

表6-2　2021年12月13～19日中山市标准站污染物综合指数排名情况表

排名	站点名称	综合污染指数	主要污染物	SO_2 /(μg/m^3)	NO_2 /(μg/m^3)	PM_{10} /(mg/m^3)	CO /(μg/m^3)	O_3 /(μg/m^3)	$PM_{2.5}$ /(μg/m^3)
1	长江旅游区	3.7	NO_2	7	39	54	0.9	120	30
2	紫马岭	4.19	NO_2	8	48	68	0.8	125	32
3	南区	4.37	NO_2	7	47	65	0.9	130	39
4	华柏园	4.63	NO_2	7	53	67	1.1	120	42
5	张溪	4.84	NO_2	6	54	86	1.1	109	42

观察污染趋势如图6-3所示（书后另见彩图），发现在20～23时出现峰值且具有一定规律性，原因有可能是周边道路车辆和工地较多，汽车尾气排放和工地施工作业所导致的峰值出现。建议加强中山市张溪标准站20～23时时间段机动车的管控。

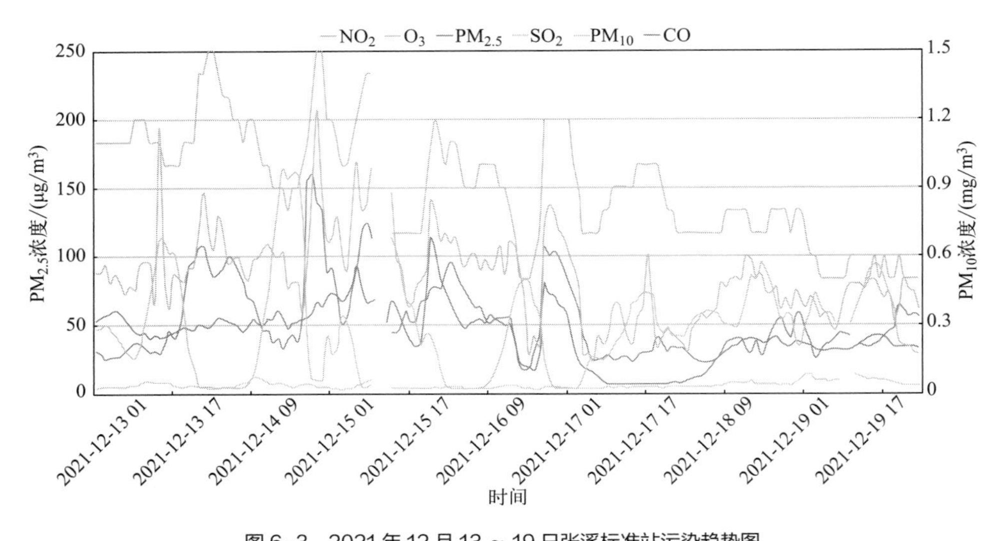

图6-3　2021年12月13～19日张溪标准站污染趋势图

6.2　中山市微型空气质量检测仪数据成果分析

6.2.1　微型空气质量检测仪点比对报警

比对报警是微型空气质量检测仪10min数据数值大于污染物相应分指数，且该站数值超出周边3个参考站点平均值的1.4倍时，产生1次报警。比对报警情况是反映微型空气质量检测仪附近是否有污染源的一个重要指标，2021年12月13～19日中山市微型空气质量检测仪比对报警情况如表6-3所列。可以看出，216石岐VOCs站点报警次数≥44次，站点附近存在颗粒物污染源。

表6-3　2021年12月13～19日中山市微型空气质量检测仪比对报警情况表（统计报警次数超30次微型空气质量检测仪）

站点名称	PM_{10}/次	$PM_{2.5}$/次	合计/次
025港口	18	13	31

续表

站点名称	PM_{10}/ 次	$PM_{2.5}$/ 次	合计 / 次
090 石岐	20	11	31
324 古镇	20	11	31
375 板芙	14	16	30
360 三乡	23	9	32
026 火炬 VOCs	20	9	29
342 坦洲	24	12	36
216 石岐 VOCs	29	15	44

6.2.2　微型空气质量检测仪点突变报警

突变报警是基于微型空气质量检测仪10min数据，当上次数据大于相应污染物分指数值，而当前10min数据大于上次10min数据的1.4倍时，发生1次，产生报警。突变报警可以反映微型空气质量检测仪周围是否有瞬时污染。2021年12月13 ～ 19日中山市微型空气质量检测仪突变报警情况见表6-4。由表6-4可以看出，微型空气质量检测仪颗粒物$PM_{2.5}$和PM_{10}突变报警次数总计均达到20次以上，站点出现颗粒物$PM_{2.5}$和PM_{10}的瞬时污染。该类报警信息建议现场实时巡查。根据比对报警和突变报警统计结果可以看出如表6-3和表6-4所列，2021年12月13 ～ 19日216石岐VOCs站点和380板芙VOCs站点微型空气质量检测仪两种报警次数总数最多。

表 6-4　2021 年 12 月 13 ～ 19 日中山市微型空气质量检测仪突变报警情况表
（统计报警次数超 15 次微型空气质量检测仪）

站点名称	PM_{10}/ 次	$PM_{2.5}$/ 次	合计 / 次
048 火炬 VOCs	11	4	15
004 大涌 VOCs	8	8	16
086 石岐	11	5	16
375 板芙	9	8	17
080 沙溪	10	7	17
061 民众	16	3	19
009 东区	11	9	20
373 板芙	23	1	24
380 板芙 VOCs	24	10	34

根据216石岐VOCs颗粒物浓度趋势（图6-4，书后另见彩图）及风向玫瑰图（图6-5，书后另见彩图），可知峰值出现的时间在18～23时，原因有可能是216石岐VOCs附近机动车排放引起的。建议加强该时间段正北方向的道路管控。

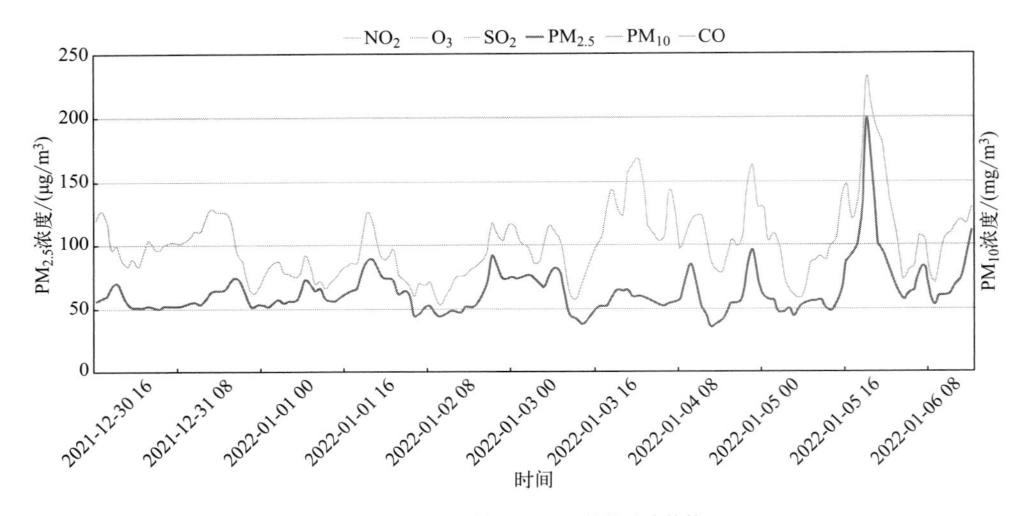

图6-4　216石岐VOCs颗粒物浓度趋势

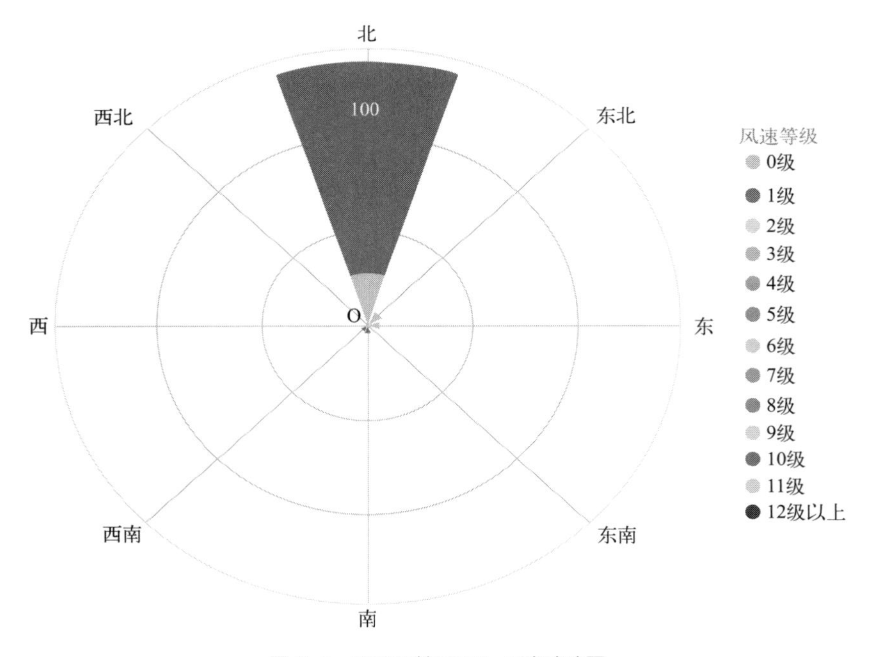

图6-5　216石岐VOCs风向玫瑰图

根据380板芙VOCs颗粒物浓度趋势如图6-6（书后另见彩图）及风向玫瑰图（图6-7，书后另见彩图）所示，可知峰值出现的时间19～03时，原因有可能是380板芙VOCs附近机动车排放、工业排放引起的。建议加强该时间段对正北方向的机动车排放及工业排放的管控。

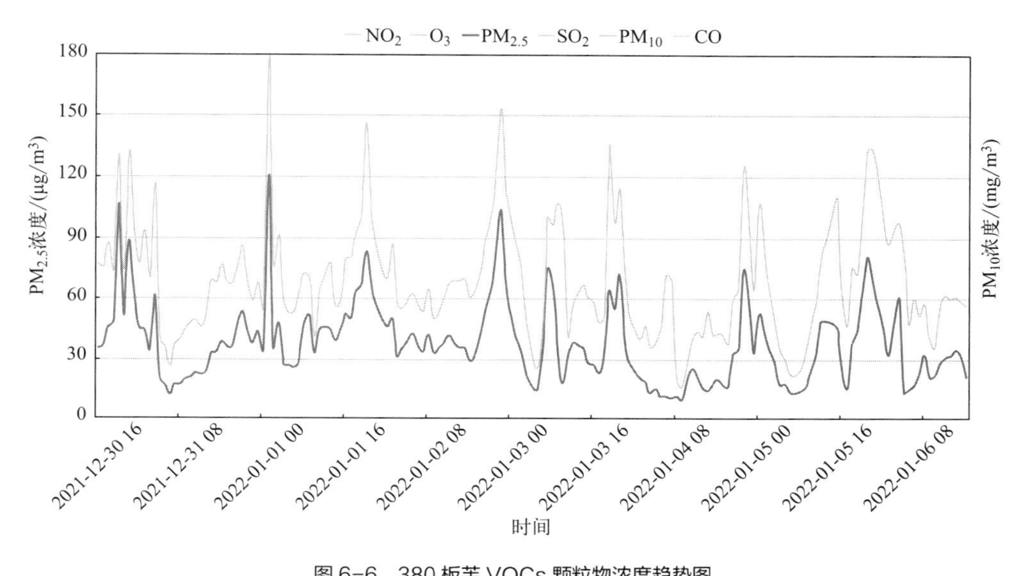

图6-6　380板芙VOCs颗粒物浓度趋势图

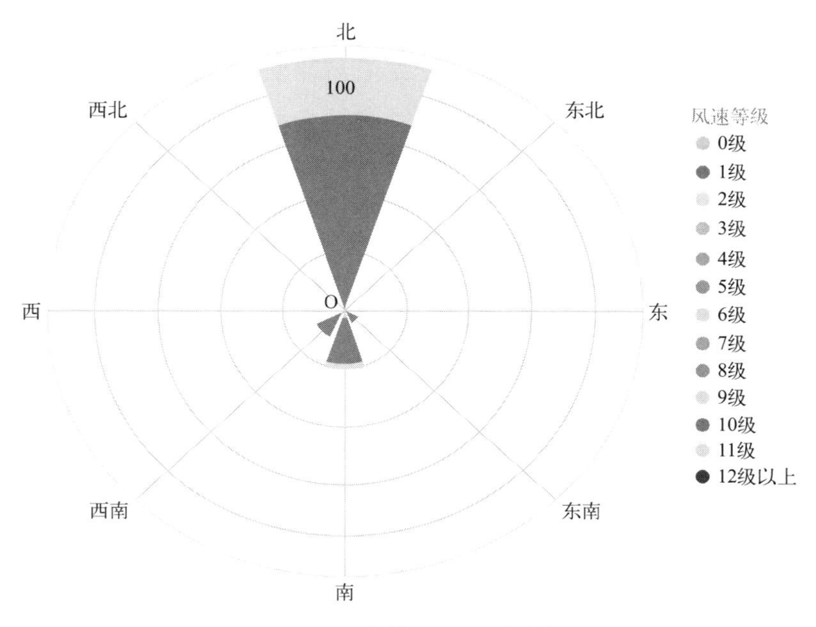

图6-7　380板芙VOCs风向玫瑰图

6.2.3　微型空气质量检测仪点排名

针对2021年12月13～19日中山市所有微型空气质量检测仪进行综合指数排名，排名倒数10位的六项污染物浓度、综合指数以及主要污染物情况如表6-5所列。由表6-5可知，本周354港口VOCs微型空气质量检测仪污染最严重，主要污染物为$PM_{2.5}$，浓度为86μg/m^3。

表6-5　2021年12月13～19日中山市微型空气质量检测仪排名表

站点名称	综合污染指数	主要污染物	SO_2/（μg/m^3）	NO_2/（μg/m^3）	PM_{10}/（mg/m^3）	CO/（μg/m^3）	O_3/（μg/m^3）	$PM_{2.5}$/（μg/m^3）
354港口VOCs	7.45	$PM_{2.5}$	17	60	157	1	116	86
375板芙	7.15	$PM_{2.5}$	6	59	136	1.1	134	88
083沙溪	6.52	$PM_{2.5}$	5	57	131	1	126	74
295横栏	6.35	$PM_{2.5}$	5	57	120	1.1	125	73
055民众	6.09	$PM_{2.5}$	6	58	115	1	108	69
224神湾	6.04	$PM_{2.5}$	6	28	122	0.6	162	82
081沙溪	5.95	$PM_{2.5}$	6	51	114	0.9	125	68
010东区	5.94	$PM_{2.5}$	18	46	112	0.7	130	67
074南头	5.86	$PM_{2.5}$	6	54	110	1	109	67
299小榄	5.78	$PM_{2.5}$	5	54	110	1	102	66

根据354港口VOCs趋势如图6-8所示（书后另见彩图），可知峰值出现的时间为22～03时，原因有可能是354港口VOCs微型空气质量检测仪附近机动车排放和工业排放引起的。建议加强该时间段东北方向机动车排放和工业排放的管控。

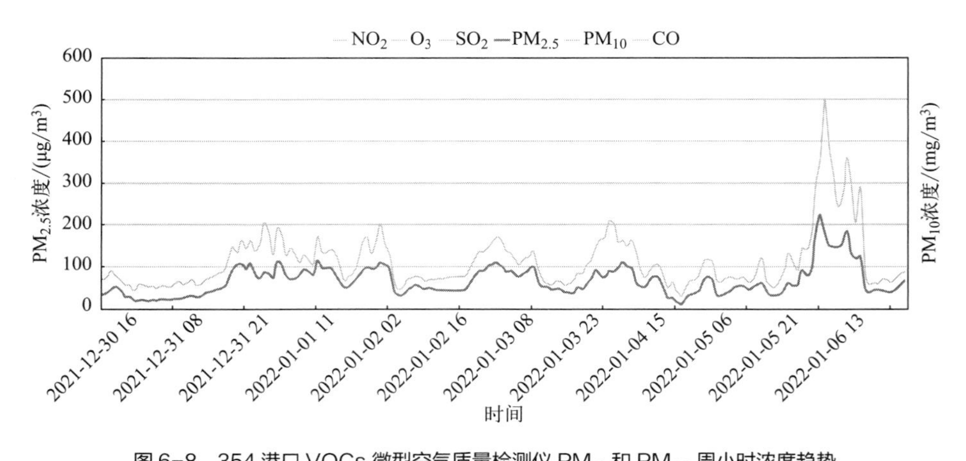

图6-8　354港口VOCs微型空气质量检测仪PM_{10}和$PM_{2.5}$周小时浓度趋势

6.2.4　微型空气质量检测仪点镇区排名

针对2021年11月22～28日中山市所有微型空气质量检测仪点所属镇区进行综合污染排名，如表6-6所列中可以看出，本周中山市所有镇区中五桂山街道排名第一，排名第二是坦洲镇，第三为神湾镇；而大涌镇排名倒数第一，石岐街道排名倒数第二，沙溪镇倒数第三。本周中山市23个镇区主要污染物以NO_2为主，中山市整体NO_2污染严重。

表6-6　2021年11月22～28日中山市各镇区排名表

排名	区域名称	综合指数	主要污染物
1	五桂山街道	3.64	NO_2
2	坦洲镇	3.69	O_3
3	神湾镇	3.74	NO_2
4	三乡镇	3.84	NO_2
5	南头镇	4.05	NO_2
6	南朗街道	4.09	$PM_{2.5}$
7	黄圃镇	4.35	NO_2
8	阜沙镇	4.37	NO_2
9	东凤镇	4.38	NO_2
10	小榄镇	4.42	NO_2
11	南区街道	4.57	NO_2
12	横栏镇	4.61	NO_2
13	西区街道	4.63	NO_2
14	三角镇	4.64	NO_2
14	古镇镇	4.64	NO_2
16	板芙镇	4.69	NO_2
17	港口镇	4.78	NO_2
18	火炬开发区	4.81	$PM_{2.5}$
19	东区街道	4.87	$PM_{2.5}$
20	民众街道	4.95	NO_2
21	沙溪镇	5.08	$PM_{2.5}$
22	石岐街道	5.11	$PM_{2.5}$
22	大涌镇	5.11	$PM_{2.5}$

6.3　全国首个微型空气质量检测仪走航应用

6.3.1　空气质量走航技术

空气质量走航监测技术可根据测量高度的不同分为地面监测和高空监测。

（1）地面监测

地面监测是指在较低的高度范围内进行监测，通常是在地面上或接近地面的位置。这种监测方法可以提供更接近地面层的空气质量信息，对局部区域的监测具有较高的分辨率。地面监测通常使用可携式传感器设备，例如移动监测站或传感器车辆来收集空气中的污染物数据。

（2）高空监测

高空监测则是指在较高的空中高度进行监测，可以覆盖更广阔的区域。这种监测方法通常利用飞行器，在较高的高度上进行巡航或飞行，从而获取更大范围的空气质量数据。高空监测可以提供更全面的空气质量图景，对于大范围的污染源分析和趋势监测非常有价值。

地面监测和高空监测在空气质量监测中起着互补的作用。地面监测适用于局部区域的详细监测和点源污染物监测，而高空监测适用于大范围的区域监测和污染源溯源分析。

6.3.2　中山市微型空气质量检测仪走航背景

广东省环保系统要求要真正在学懂、弄通、做实党的十九大精神上下功夫，进一步改进调查研究，切实按照省委“大学习、深调研、真落实”活动要求，坚持问题导向，深入基层一线，重点抓好6个方面工作：

① 要做好今冬明春大气污染防治等各项工作，不能在春节前出现工作松懈；

② 要持续抓好中央生态环境保护督察整改工作，对照时间节点加快整改步伐；

③ 要对标世界经济发达、生态环境质量好的城市群、城市，进一步

提升广东省污染治理目标要求、工作水平，坚决打好大气、水、土壤三大污染防治攻坚战；

④ 要紧密结合国家公园战略，充分运用先进科技手段，科学合理划定生态保护红线，建立完善科学管用的生态环境监测体系；

⑤ 要加快推进省以下环保机构监测监察执法垂直管理制度改革，进一步理顺体制机制；

⑥ 要抢抓历史机遇，尽快研究出台政策措施，促进广东环保产业发展。

为了响应号召，中山市目前已近安装的100套微型空气质量检测仪点实现了主城区和重点城区空气质量24小时不间断监测，再加上2期的200台微型监测站点待2019年安装完成后共计300台固定微型监测站——其中75台含VOCs传感器，实现了中山市2km×2km的网格化布点。由于现有的15台含VOCs的微型监测站集中到火炬区，不能在空间上对全中山市的VOCs情况进行全面的监测并作出评估，所以需要在现有微型空气质量检测仪点上的基础上再启动走航专项服务，对中山市的大气污染情况的地理分布进行无死角摸底巡查（含VOCs）。

6.3.3　走航排查污染源汇总

中山市微型空气质量检测仪走航排查污染源工作于2018年11月4日开展，走航工作开展过程中共投入软件工程师3人，数据分析师3人，运维工程师6人；走航工作部署为运维人员白天两个人一组，晚上两个人一组，架设好走航设备，带上便携式VOCs传感器收集数据。拿到数据后，前3天由数据分析师手工绘制走航图，每走航完一个镇区/区域后马上统计走航数据并编写走航简报，这3天软件工程师部署物联网车载系统，部署完成后由系统绘制走航污染图。24个镇区计划1个月内走完。截至2018年12月22日第一期微型空气质量检测仪走航排查污染源工作结束。

在本次走航的过程中累计发现120处污染源聚集区，其中工业聚集区有85处，这85处污染源涉及的企业超过200家，这些企业的主要污染物为VOCs，少数位置还存在$PM_{2.5}$和PM_{10}轻度污染的情况；除了VOCs和颗粒物污染之外还有3处SO_2数据达到中度污染的水平，1处餐饮聚集区、1处垃圾焚烧和1处塑胶厂。走航发现交通源污染的地方有3处，这3处过往大车多导致颗粒物和VOCs数据都较其他区域数据高。流动摊贩和无组织焚烧共计8处。除此之外还有29处数据偏高但是没有发现明显污染源的地方，这些数据偏高的地区需要第二期走航来确认污染源的位置。

从已完成的24个镇区走航排查得到的120个污染源结果可以看出，这24个镇区的污染源中工业企业污染源占很大比例，而各镇区的污染物主要为VOCs和颗粒物$PM_{2.5}$；其中主城区的污染物主要是颗粒物$PM_{2.5}$和VOCs，而工业企业集中镇区和污染较为严重镇区的主要污染物为VOCs。

6.3.4 走航系统介绍

中山环保物联网车载监测系统是按中山市环保局要求，组织一次针对中山市所有路段颗粒物和VOCs情况的摸排。

在中山市生态环境局的要求下，尽可能让走航系统更轻便实用。中山市生态环境局和运营团队项目协商讨论后，利用微型空气质量检测仪的便携性对微型空气质量检测仪的固定方式进行小改造，使得微型空气质量检测仪更容易固定到监测车上，并加上GPS定位模块使微型空气质量检测仪具有获取位置的功能，软件采用绘制轨迹和实时展示数据的方法。运营团队1d完成硬件小改装，1.5d完成走航效果图模板编写，3d完成物联网车载系统的搭建。

中山市车载走航系统硬件轻便，便于安装，只需要把设备放在车顶上插上电源即可使用。排查污染源效果明显，VOCs污染一抓一个准。走航系统还发现多起颗粒物和SO_2污染事件。

走航系统实时观察六参数+VOCs数据，数据升高可以马上做出响应。该系统使用远远低于市场现有装备，对操作人员和数据分析人员没有太高要求，上手可用，排查结果内容丰富。

6.3.5　线上线下联动执法

2018年12月21日，由中山市生态环境局牵头，带领相关职能部门的主要负责人对第一期走航系统发现的各类污染源进行复查。

复查走航过程中，走航车在经过可可体育（化名）的时候VOCs瞬时监测数据超过3000μg/m^3，市生态环境局执法工作人员马上下车排查，随后在现场发现可可体育（化名）在小巷子内露天晾晒刚喷涂好的立杆，继续深入该公司现场后发现喷漆车间里的工人正在进行喷涂作业，车间内的涂料味刺鼻难闻。为了找到该厂是否有废气处理装置，执法领导带队绕小巷穿过垃圾堆和养鸡圈才找到该车间的废气收集装置和排气筒，排查发现该车间废气（VOCs）直接通过3个排风扇排到收集箱体，再由排气筒直接将废气排放至大气中，中间无任何废气处理装置。市生态环境局领队要求该公司提供环保材料，该公司的工作人员以老板带走材料为由搪塞，后经多次交涉无果。市生态环境局领导通知街镇环保局现场执法，要求该厂立刻停产，待车间加上VOCs处理装置后再复产。

查完可可体育后走航车没走出200m车载物联网系统上的VOCs瞬时监测数据超过1000μg/m^3。随后市生态环境局领导带队下车查找污染源。凭借丰富的工作经验，市生态环境局领导通过风向发现疑似VOCs高值源，随后发现一栋楼上涂料桶堆放。排查过程中找到兔兔家具厂（化名），发现该家具厂存在直接排放废气（VOCs）的情况，可以看到该刷涂料车间排放口附近的玻璃都被废气染红如图6-9所示。与此同时，停在路边的监测设备传回现场执法人员的数据显示VOCs浓度为1800～2900μg/m^3。

查完兔兔家具厂（化名）后，继续上楼排查污染企业，随后发现马儿塑料包装（化名）厂车间内的塑料印染工序没有密闭，开盖的涂料筒直接放在车间内，废气通过风扇直排至街道外。现场排查如图6-10～图6-12所示。

找到VOCs浓度数据高的原因后，走航车随机走航发现一个巷子内VOCs的数据仍然处于500μg/m^3，高出城区350μg/m^3。随后中山市生态环境局领导排查附近企业，经过细致排查发现，漆明化工有限公司（化名）

厂房中的生产设备排放口均未安装活性炭吸附设备和排气筒，废气直接排放到开放的车间内，与排污许可证上活性炭吸附后经过排气筒排放的描述不一致。昌观路VOCs散点如图6-13所示。

图6-9　兔兔家具（化名）风扇直排废气

图6-10　马儿塑料包装厂车间

图 6-11　涂料桶无密封放置

图 6-12　风扇直排

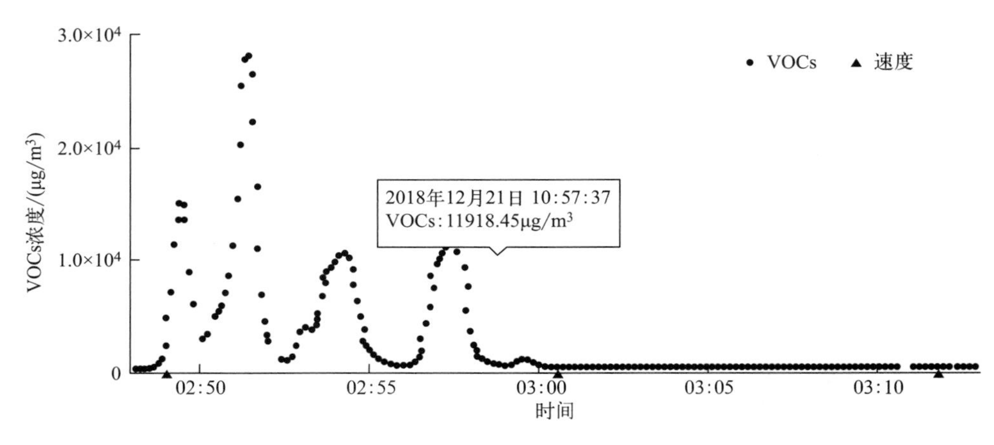

图 6-13 昌观路 VOCs 数据

6.3.6 二次复查

在第二次走航过程中发现多处工业烟囱存在冒黑烟的情况。2019年1月8日，由中山市生态环境局牵头，带领相关职能部门的主要负责人对二期走航发现的工业烟囱冒黑烟企业进行突击检查。本次检查分成两组进行：一组往三乡镇方向；二组往火炬开发区方向和大涌镇方向。

6.3.7 复查结果

本次走航完成了一期发现的120处污染点位、路段，其中有87处大气环境有所改善，33处大气环境尚未改善。尚未改善的33处中，主要为VOCs污染，有28处的污染物为VOCs，4处的污染物为颗粒物，还有2处为二氧化硫，其中有1处是VOCs与颗粒物污染。

第一次走航发现的29处数据偏高但是没有发现明显污染源的地方，第二次走航时并未发现明显的污染源，其中还有9处大气环境尚未改善。其中有8处污染物为VOCs，应与周边商业活动和居民活动有关；还有一处污染物为二氧化硫，该点在古镇镇曹步市场附近，应与市场周边餐饮小摊燃烧散煤有关。

从车载微观站数据看新发现污染源共计13处，其中有8处的污染物质为颗粒物，有4处的污染物质为二氧化硫，有1处的污染物质为VOCs。

二期走航过程中共计发现大气环境污染问题38起，其中无组织焚烧占17起，工业烟囱冒黑烟情况17起，道路扬尘严重路段2处，防尘措施较差的施工工地2处。二次走航复查VOCs改善明显，其他参数污染也于1周内全部处理完成。

6.3.8　项目成果获得媒体好评

搜狐网报如图6-14、图6-15和图6-16所示。

又拿了个“第一”！中山市原来如此“小清新”，惊艳整个广东省

2019-01-19 22:52

这两天，好天气唱起了主角

朋友圈刷起了久违的

蓝天、白云、阳光

美爆了！

图6-14　搜狐网报道（1）

大气污染检测“哨兵”

在一辆普通的轿车顶上

加装便携式传感器走航系统

车辆行驶的同时实现

沿途空气质量实时监测

这是2018年底

我市新采用的大气污染源监测“哨兵”

——大气走航观测车

图6-15　搜狐网报道（2）

2018年12月底，由市生态环境局牵头带领相关职能部门的主要负责人对第一期走航系统发现的各类污染源进行复查。排查了24个镇区共发现120个污染源。第二期走航主要目的是复查首期发现的问题是否仍然存在。结果显示，第一期存在的问题已经处理99处，未处理22处。据介绍，今年上半年本市还将再建设**200个空气质量微观站点**，实现全市网格化监测范围全覆盖，建成大气环境管理“天罗地网”！

图6-16　搜狐网报道（3）

6.4　帮扶空气质量较差镇区

6.4.1　石岐区帮扶背景

石岐区有两个标准站，年累计空气质量排名很差，从上可以看到石岐区的排名在全市第9，与城区4个镇区比较排名靠后。再比较东区可以看到石岐区和东区的主要差距在NO_2、O_3浓度低于东区，如表6-7所列。

应石岐区政府邀请，中山市生态环境局和服务团队为排名靠后城区做专项分析，次日组织会议为提高石岐区空气质量给出意见。

表 6-7　截至 2020 年 11 月 30 日中山市 24 镇区年累计空气质量情况

序号	镇区和街道	综合指数	优良天数	主要污染物	$PM_{2.5}$		PM_{10}		SO_2		NO_2		CO		O_3	
					浓度/(μg/m³)	指数	浓度/(μg/m³)	指数	浓度/(μg/m³)	指数	浓度/(μg/m³)	指数	浓度/(μg/m³)	指数	浓度/(μg/m³)	指数
1	五桂山区	2.55	323	O_3	16	0.46	33	0.47	8	0.13	18	0.45	0.923	0.23	129	0.81
2	三乡镇	2.58	327	O_3	18	0.51	35	0.5	8	0.13	17	0.42	0.912	0.23	127	0.79
3	坦洲镇	2.59	328	O_3	18	0.51	34	0.49	8	0.13	18	0.45	0.89	0.22	126	0.79
4	神湾镇	2.6	325	O_3	17	0.49	34	0.49	8	0.13	18	0.45	0.94	0.24	128	0.8
5	南朗镇	2.63	322	O_3	18	0.51	35	0.5	8	0.13	18	0.45	0.926	0.23	129	0.81
6	火炬开发区	2.66	320	O_3	18	0.51	34	0.49	8	0.13	19	0.48	0.902	0.23	132	0.82
7	东区街道	2.76	319	O_3	18	0.51	35	0.5	8	0.13	21	0.52	0.948	0.24	137	0.86
8	南区街道	2.79	318	O_3	18	0.51	36	0.51	7	0.12	24	0.6	0925	0.23	132	0.82
9	石岐区	2.8	321	O_3	18	0.51	35	0.5	7	0.12	25	0.62	0.922	0.23	132	0.82
10	板芙镇	2.82	322	O_3	19	0.54	36	0.51	7	0.12	24	0.6	0.948	0.24	129	0.81
11	西区	2.91	320	O_3	20	0.57	38	0.54	7	0.12	25	0.62	0.925	0.23	133	0.83
12	港口镇	2.91	319	O_3	19	0.54	37	0.53	7	0.12	25	0.62	0917	0.23	139	0.87
13	阜沙镇	2.92	320	O_3	20	0.57	39	0.56	7	0.12	25	0.62	0.919	0.23	132	0.82
14	小榄镇	2.92	320	O_3	21	0.6	40	0.57	7	0.12	24	0.6	0.889	0.22	129	0.81
15	古镇镇	2.92	321	O_3	21	0.6	40	0.57	7	0.12	25	0.62	0.892	0.22	126	0.79
16	民众镇	2.96	317	O_3	20	0.57	39	0.56	7	0.12	25	0.62	0.924	0.23	138	0.86
17	沙溪镇	2.96	319	O_3	21	0.6	40	0.57	7	0.12	24	0.6	0.905	0.23	135	0.84
18	东升镇	2.97	320	O_3	22	0.63	42	0.6	7	0.12	24	0.6	0.92	0.23	127	0.79
19	东凤镇	2.98	320	O_3	21	0.6	41	0.59	7	0.12	25	0.62	0.911	0.23	131	0.82

续表

序号	镇区和街道	综合指数	优良天数	主要污染物	$PM_{2.5}$		PM_{10}		SO_2		NO_2		CO		O_3	
					浓度/（μg/m³）	指数	浓度/（μg/m³）	指数	浓度/（μg/m³）	指数	浓度/（μg/m³）	指数	浓度/（μg/m³）	指数	浓度/（μg/m³）	指数
20	南头镇	3	320	O_3	22	0.63	40	0.57	7	0.12	25	0.62	0.911	0.23	133	0.83
21	三角镇	3.05	322	O_3	22	0.63	41	0.59	7	0.12	25	0.62	0.923	0.23	138	0.86
22	黄圃镇	3.06	320	O_3	22	0.63	42	0.6	7	0.12	25	0.62	0.919	0.23	137	0.86
23	横栏镇	3.09	321	O_3	24	0.69	45	0.64	7	0.12	24	0.6	0.912	0.23	129	0.81
24	大涌镇	3.1	318	O_3	24	0.69	44	0.63	7	0.12	24	0.6	0.908	0.23	133	0.83

6.4.2　石岐区空气质量情况周环比

中山市城区第48周的空气质量排名整体下降，从前10名次落后到15名次之后。如表6-8所列可以看到石岐区变化率最高的是颗粒物，$PM_{2.5}$环比升高60%。

表6-8　城区第48周空气质量环比

排名	区域名称	综合指数			$PM_{2.5}$	PM_{10}	SO_2	NO_2	CO（95%分位数）	O_3（90%分位数）
		2020年第48周	2020年第47周	环比率	环比率	环比率	环比率	环比率	环比率	环比率
1	南区街道	3.49	2.97	17.51%	41.18%	44.74%	0.00%	−5.26%	42.86%	8.11%
2	东区街道	3.56	2.97	19.87%	62.50%	56.76%	−11.11%	−2.86%	66.67%	−2.38%
3	石岐区街道	3.6	2.94	22.45%	60.00%	51.43%	25.00%	2.63%	42.86%	1.67%
4	西区街道	3.63	3.27	11.01%	23.81%	35.71%	0.00%	0.00%	28.57%	−4.96%

表6-9　石岐区第28周站点数据环比

站点	综合指数	SO_2	NO_2	PM_{10}	CO	O_3	$PM_{2.5}$
085石岐VOCs	9.80%	16.67%	6.98%	23.73%	25.00%	2.41%	4.65%
007石岐	9.24%	−11.11%	0.00%	37.14%	28.57%	−9.45%	33.33%
086石岐	17.24%	−30.00%	−4.55%	52.63%	42.86%	6.19%	52.94%
087石岐	23.39%	12.50%	0.00%	72.73%	25.00%	0.00%	62.50%
090石岐	26.74%	25.00%	14. 29%	52.78%	57.14%	0.00%	53.33%
216石岐VOCs	44.09%	100.00%	51.72%	36.84%	37.50%	30.08%	55.56%

观察如表6-9所列中各个站点数据变化情况，可以从站点$PM_{2.5}$数据变化情况中看到除了085号站点以外其他站点的数据整体上都上升超过33%。综合指数变化率较高的3个站点是在石岐区所有微观站点位置中偏南的站点。

6.4.3　石岐区微观站数据分析

所有石岐区微观站点的$PM_{2.5}$趋势如图6-17所示（书后另见彩图），从趋势图中可以看到长时间的$PM_{2.5}$累计过程。从4时到20时是一个不利于扩散污染物不断累积的过程。直到2020年11月27日7时后，这种静稳天气解除后$PM_{2.5}$数据才大幅降低。

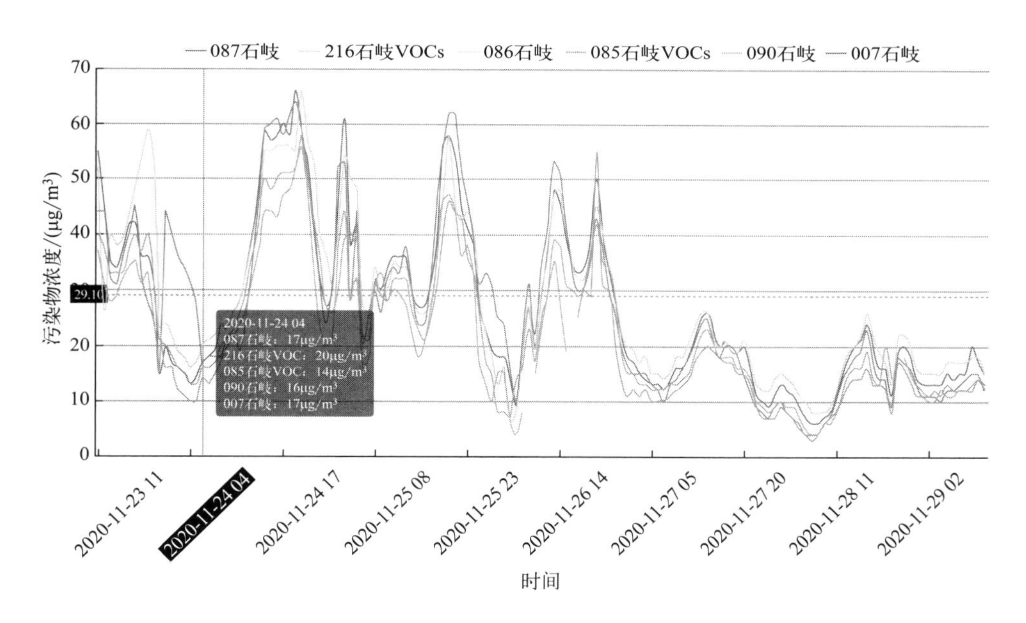

图6-17　石岐区微观站2020年11月23～29日$PM_{2.5}$趋势

6.4.4　石岐区污染物来源分析

中山市石岐区的污染来源主要受到来自广州市白云区的工业源和船舶油品的影响如图6-18所示。广州市白云区作为一个工业集中区，拥有

众多的工厂和制造业企业。这些工业活动产生大量的废气、废水和固体废物，其中包括氮氧化物（NO_x）、二氧化硫（SO_2）、颗粒物等。这些污染物可以通过大气传输到中山市石岐区，并对空气质量产生影响。因此，来自广州市白云区的工业源是石岐区空气污染的重要来源之一。

图 6-18　贡献源位置图

广州市白云区的船舶交通和航空业发达，大量船舶在该区域运行。船舶使用的燃油中含有硫化物，燃烧后会释放出二氧化硫（SO_2）和颗粒物等污染物。这些污染物通过大气传输到中山市石岐区，对空气质量产生负面影响。因此，船舶油品的燃烧排放是导致石岐区空气污染的另一个重要来源。

中山市石岐区周边地区，如古镇镇、横栏镇、黄圃镇、南头镇、东升镇等地，与石岐区接壤或靠近。这些地区的污染物排放可能会直接影响石岐区的二氧化氮（NO_2）浓度。特别是在2020年12月出现污染天预警且偏北风的情况下，如果这些地区的工业活动未受限制，石岐区的NO_2浓度超过70μg/m^{3}的概率将达到100%。

综上所述，中山市石岐区的污染主要来源于广州市白云区的工业源和船舶油品排放。此外，周边地区的污染物传输也对石岐区的空气质量产生影响。控制工业园的生产量和生产时间、限制船舶油品使用以及加强区域间的协调措施，都是减轻石岐区污染的关键措施。

6.4.5 帮扶结果

从分析结果上看中山市城区数据偏高是气象加工业机动车的综合影响，而且传输源较大，中山市城区空气质量在细颗粒物累积过程中在源头减排，城区做好餐饮油烟管理和交通疏导才能逐渐提升空气质量。

参考文献

[1] 李紫蕊 . 空气质量走航监测关键技术研究［D］. 天津：河北工业大学，2021.
[2] Fekih Mohamed Anis，Bechkit Walid，Rivano Herve，et al. Participatory air quality and urban heatislands monitoring system［J］. IEEE Transactions on Instrumentation and Measurement，2021，70：1-14.
[3] Hu Zhiwen，Cong Shuchang，Song Tiankuo，et al. AirScope：Mobile robots-assisted cooperativeindoor air quality sensing by distributed deep reinforcement learning［J］. IEEE Internet of ThingsJournal，2020，7（9）：9189-9200.
[4] Peng Chaochung，Hsu Chaoyung. Integration of an unmanned vehicle and its application to real-time gas detection and monitoring［C］. 2015 International Conference on Consumer Electronics-Taiwan（ICCE-TW），Taiwan，2015：320-321.

第 7 章

“双碳”背景下中山市减污降碳协同增效路径研究

7.1 相关的概念

7.1.1 碳中和

碳中和（carbon neutral），是指企业、团体或个人测算在一定时间内，直接或间接产生的温室气体排放总量，通过植树造林、节能减排等形式，抵消自身产生的二氧化碳排放，实现二氧化碳的“零排放”。

目前，有关碳中和内涵的理解，不同的组织或个人都有独特的见解。2018年，联合国政府间气候变化专门委员会（IPCC）发布了特别报告《全球变暖1.5℃》，根据这份报告，可以把碳中和定义为：当一个组织在一年内的二氧化碳（CO_2）排放通过二氧化碳去除技术应用达到平衡，就是碳中和或净零二氧化碳排放。国务委员兼外交部长王毅在十三届全国人大四次会议上提到，“碳”即二氧化碳，“中和”即正负相抵。排出的二氧化碳或温室气体被植树造林、节能减排等形式抵消，这就是所谓的“碳中和”。全国政协委员、苏州科技大学城市发展智库高级研究院副院长宋青认为“碳中和”，从概念上理解就是指一个组织一年内的二氧化碳排放，通过二氧化碳去除的技术应用来达到平衡。丁仲礼院士在中国科学院学部第七届学术年会全体院士学术报告会中指出“碳中和”可以被视为一个“三端发力”的体系，即第一端是能源供应端，尽可能用非碳能源替代化石能源发电、制氢，构建“新型电力系统或能源供应系统”；第二端是能源消费端，力争在居民生活、交通、工业、农业、建筑等绝大多数领域中，实现电力、氢能、地热、太阳能等非碳能源对化石能源消费的替代；第三端是人为固碳端，通过生态建设、土壤固碳、碳捕集封存等组合工程去除不得不排放的二氧化碳。简言之，就是选择合适的技术手段实现“减碳、固碳”，逐步达到碳中和。中国社会科学院工业经济研究所能源经济室主任、副研究员朱彤综合了不同机构和学者们观点，认为碳中和（carbon neutrality）是指通过碳去除（carbon removal）平衡二氧化碳排放，或者完全转向后碳经济（post-carbon economy）消除（eliminating）二氧化碳排放，实现二氧化碳净零排放（net zero carbon dioxide emissions）。

综上所述，碳中和并不是绝对零排放，而是要通过碳去除技术、低碳经济转型等方式实现人类生产生活活动中增加的二氧化碳与减少的量达到一个平衡的状态。如图 7-1 所示。

图 7-1 碳中和示意

7.1.2　碳达峰

“碳达峰”与“碳中和”是两个描述碳排放的不同概念，它们的关系是紧密联系的。所谓碳达峰，指的是在某一个时点，二氧化碳的排放不再增长达到峰值，之后逐步下降。碳达峰在达到峰值前碳排放量是逐渐增加的，而达到峰值后碳排放量则是逐渐下降的。实质上，相对于碳达峰而言，碳中和意味着碳排放量是最低的，而相对于碳中和而言，碳达峰意味着碳排放量是最高且是峰值，两者是相互依存的。国家应对气候变化战略研究和国际合作中心副研究员张志强指出，碳达峰是碳中和的前置条件，只有实现碳达峰才能实现碳中和。碳中和的实现要建立在碳达峰实现的基础上，一方面是碳达峰的时间，碳排放达峰时间越早，实现碳中和的压力越小，碳排放达峰时间越晚，实现碳中和的压力越大；另一方面是碳达峰峰值水平，峰值越高，实现碳中和所要求的技术进步和发展模式转变的速度就越快、难度就越大，峰值水平越低，减排成本和减排难度就越低。从碳达峰到碳中和的时间越长，减排压力就会越小。

7.1.3　协同效应

2001年，联合国政府间气候变化专门委员会（IPCC）首次明确提出了“协同效应”这个概念。“协同效应”指的是为了达到某个目的而实行的相关政策而同时获得的效应，也就是温室气体减排政策的非气候效益。温室气体和大气污染物主要的来源是化石燃料燃烧产生的，这种同根同源性的特点决定了两者应当协同控制而不是分别对待。在政策成本不变的情况下，气候变化或大气污染控制政策能带来其他非气候的效益，例如环境优化、公共健康提升、社会效益增加等。2004年，我国环境保护部下属机构环境与经济研究中心提出“协同效应”应包括两大方面的内容：一是控制温室气体排放的同时减少了其他大气污染物（挥发性有机物、颗粒物、氮氧化物、二氧化硫等）的排放；二是在大气污染物减排及生态环境网络建设的同时减少二氧化碳、POPs 等其他温室气体的排放。

2022年6月13日，生态环境部办公厅印发了《减污降碳协同增效实施方案》，该方案提出，面对生态文明建设新形势新任务新要求，基于环境污染物和碳排放高度同根同源的特征，必须立足实际，遵循减污降碳内在规律，强化源头治理、系统治理、综合治理，切实发挥好降碳行动对生态环境质量改善的源头牵引作用，充分利用现有生态环境制度体系协同促进低碳发展，创新政策措施，优化治理路线，推动减污降碳协同增效。在此背景下，“协同效应”理论对于我国打好污染防治攻坚战和推动实现“碳达峰、碳中和”的双重目标具有重要意义。

7.1.4 减污降碳协同效应

减污降碳协同效应指的是某一区域减少大气污染物的排放，能够同时达到减少二氧化碳的排放或控制温室气体的排放，实现协同减排的效果，从而达到保护环境和应对气候变化的目的。减污降碳协同效应的意义在于实现环境保护和应对气候变化的双重目标。通过采取综合性、协同性的措施，既可以减少环境污染物的排放，又可以减少温室气体的排放，实现了环境保护和低碳发展的“双赢”。

（1）减污降碳协同效应的意义

具体来说，减污降碳协同效应有以下几个方面的意义：

① 保护环境。减少污染物的排放可以减少空气、水体和土壤的污染，改善环境质量，保护生态系统的健康。

② 应对气候变化。减少温室气体的排放可以控制全球气温上升，减少极端气候事件的发生，保护人类的生存环境。

③ 推动经济转型。减少传统能源的使用，推广清洁能源和绿色交通方式等，可以促进经济结构转型，推动经济可持续发展。

④ 提高国际竞争力。减少污染和温室气体的排放，可以提高企业的环保形象和品牌价值，增强企业的国际竞争力。

综上所述，减污降碳协同效应不仅有助于保护环境、应对气候变化，还有助于推动经济转型和提高国际竞争力，是一种可持续发展的战略选择。

（2）减污降碳协同效应研究涉及的几个主要方面

目前，有关减污降碳协同效应的研究主要涉及以下几个方面：

① 减污降碳协同效应的评估和测算方法。对于减污降碳协同效应的评估方法，研究者主要采用可计算的一般均衡模型（computable general equilibrium model，CGE）、低排放分析平台（low emissions analysis platform，LEAP）、协同控制效应分级评估方法、耦合协调模型等。

② 减污降碳协同效应的影响因素。减污降碳协同效应的影响因素包括政策、技术、经济、社会等，政策因素主要包括政府的环保和能源政策；技术因素主要包括清洁能源、绿色交通等技术的应用；经济因素主要包括能源价格、环保成本等因素；社会因素主要包括公众环保意识、企业环保责任等因素。

③ 减污降碳协同效应的实践案例。在中国，政府通过推广清洁能源、加强废弃物的分类和处理、控制工业污染等措施，取得了显著的减污降碳协同效应。

④ 减污降碳协同效应的政策建议。为了进一步促进减污降碳协同效应的实现，研究者提出了一系列政策建议，包括加强政策协调、推广清洁能源、提高废弃物处理技术水平、加强环保宣传教育等方面。这些政策建议可以为政府和企业制定减污降碳协同效应的具体措施提供参考。

总的来看，减污降碳协同效应的研究主要包括评估方法、影响因素、实践案例和政策建议等方面，为政府和企业制定减污降碳协同效应的具体措施提供了重要的参考。

7.2　我国“双碳”的相关政策

一直以来，中国都是采取积极的措施应对全球气候变化。这些年来，无论是中央层面还是地方层面都出台了一系列应对全球气候变化的政策。这充分展示了我国作为负责任大国的担当，同时也体现了我国作为引领者推动完善全球气候治理的决心，也是我国对构建全球人类命运共同体的重要贡献。

为了应对全球气候变化，我国在2005年已采取了相关的行动措施，《中共中央关于制定国民经济和社会发展第十一个五年规划的建议》中提到：“十一五”期间单位国内生产总值能耗降低20%左右，主要污染物排放总量减少10%的约束性指标。2020年9月22日，习近平主席在第七十五届联合国大会一般性辩论上提出，中国二氧化碳排放权力争于2030年前达到峰值，争取在2060年前实现碳中和！这是我国首次明确提出碳达峰和碳中和的目标，同时也体现了我国有信心、有能力去应对全球气候变化这一挑战。如表 7-1 所列。

表 7-1　中国中央层面应对全球气候变化的相关政策

时间	政策 / 文件	相关内容
2005 年 10 月	《中共中央关于制定国民经济和社会发展第十一个五年规划的建议》	“十一五”期间单位国内生产总值能耗降低 20% 左右，主要污染物排放总量减少 10% 的约束性指标
2009 年 9 月	《携手应对气候变化挑战》——在联合国气候变化峰会开幕式上的讲话	时任国家主席胡锦涛在这次峰会讲话中提出节能减排的措施，一是加强节能、提高能效工作，争取到 2020 年单位国内生产总值二氧化碳排放比 2005 年有显著下降；二是大力发展可再生能源和核能，争取到 2020 年非化石能源占一次能源消费比重达到 15% 左右；三是大力增加森林碳汇，争取到 2020 年森林面积比 2005 年增加 4000 万公顷，森林蓄积量比 2005 年增加 13 亿立方米；四是大力发展绿色经济，积极发展低碳经济和循环经济，研发和推广气候友好技术
2015 年 6 月	《强化应对气候变化行动——中国国家自主贡献》	中国确定了到 2030 年的自主行动目标：二氧化碳排放 2030 年左右达到峰值并争取尽早达峰；单位国内生产总值二氧化碳排放比 2005 年下降 60% ～ 65%，非化石能源占一次能源消费比重达到 20% 左右，森林蓄积量比 2005 年增加 45 亿立方米左右。中国还强化应对气候变化行动政策和措施，涵盖体制机制、生产方式、消费模式、经济政策、科技创新、国际合作等领域
2015 年 11 月	习近平主席在第二十一届联合国气候变化大会（COP21）的首脑峰会上的重要讲话	我国第二次提出 2030 年相对减排行动目标，即二氧化碳排放 2030 年左右达到峰值并争取尽早达峰；单位国内生产总值二氧化碳排放比 2005 年下降 60% ～ 65%，非化石能源占一次能源消费比重达到 20% 左右，森林蓄积量比 2005 年增加 45 亿立方米左右
2015 年	习近平主席在联合国气候变化巴黎大会讲话	中国将把生态文明建设作为“十三五”规划重要内容，落实创新、协调、绿色、开放、共享的新发展理念，通过科技创新和体制机制创新，实施优化产业结构、构建低碳能源体系、发展绿色建筑和低碳交通、建立全国碳排放交易市场等一系列政策措施，形成人和自然和谐发展现代化建设新格局

续表

时间	政策/文件	相关内容
2020年9月22日	习近平主席在第七十五届联合国大会一般性辩论上的讲话	中国将提高国家自主贡献力度，采取更加有力的政策和措施，二氧化碳排放力争于2030年前达到峰值，努力争取2060年前实现碳中和
2020年9月30日	习近平主席在联合国生物多样性峰会上的讲话	采取更加有力的政策和措施，二氧化碳排放力争于2030年前达到峰值，努力争取2060年前实现碳中和，为实现应对气候变化《巴黎协定》确定的目标做出更大努力和贡献
2020年10月21日	《关于促进应对气候变化投融资的指导意见》	积极促进围绕碳中和开展的投融资协作
2020年12月12日	习近平总书记在气候雄心峰会上发表重要讲话	进一步宣布：到2030年中国单位国内生产总值二氧化碳排放将比2005年下降65%以上，非化石能源占一次能源消费比重将达到25%左右，森林蓄积量将比2005年增加60亿立方米，风电、太阳能发电总装机容量将达到12亿千瓦以上
2021年1月11日	《关于统筹和加强应对气候变化与生态环境保护相关工作的指导意见》	该意见明确：坚持目标导向，围绕落实二氧化碳排放达峰目标与碳中和愿景，统筹推进应对气候变化与生态环境保护相关工作。突出协同增效，把降碳作为源头治理的“牛鼻子”，协同控制温室气体与污染物排放。推动战略规划统筹融合，推动应对气候变化相关工作存在的突出问题、碳达峰目标任务落实情况等纳入生态环境保护督察范畴，紧盯督察问题整改
2021年3月	《2021年政府工作报告》	提出扎实做好碳达峰、碳中和各项工作，制定2030年前碳排放达峰行动方案。优化产业结构和能源结构，推动煤炭清洁高效利用，大力发展新能源，在确保安全的前提下积极有序发展核电等重点工作任务
2021年7月16日	全国碳排放权交易市场上线交易启动	全国碳市场的碳排放权注册登记系统由湖北省牵头建设、运行和维护，交易系统由上海市牵头建设、运行和维护，数据报送系统依托全国排污许可证管理信息平台建成
2021年10月24日	《中共中央 国务院关于完整准确全面贯彻新发展理念做好碳达峰碳中和工作的意见》	主要目标：作为碳达峰碳中和“1+N”政策体系中的“1”，为碳达峰碳中和这项重大工作进行系统谋划、总体部署。重点任务：坚持系统观念，提出10方面31项重点任务，明确了碳达峰碳中和工作的路线图、施工图
2021年10月26日	《2030年前碳达峰行动方案》	国务院印发《2030年前碳达峰行动方案》，聚焦2030年前碳达峰目标，对推进碳达峰工作作出总体部署。方案部署了十项重点任务，要求将碳达峰贯穿于经济社会发展全过程和各方面，重点实施能源绿色低碳转型行动、节能降碳增效行动、工业领域碳达峰行动、城乡建设碳达峰行动、交通运输绿色低碳行动、循环经济助力降碳行动、绿色低碳科技创新行动、碳汇能力巩固提升行动、绿色低碳全民行动、各地区梯次有序碳达峰行动等“碳达峰十大行动”

为助力实现碳中和愿景，我国31个省、自治区、直辖市已发布落实碳达峰、碳中和的行动方案，如表7-2所列。总的来看，各地方在推进碳达峰、碳中和工作的过程中，聚焦于能源结构的改变、打造绿色的工业体系、建设低碳示范区、提升生态系统碳汇能力等方面。

表7-2 中国地方层面应对全球气候变化的相关政策

省市	碳达峰、碳中和的相关政策文件
北京	“十四五”时期，北京生态文明要有明显提升，碳排放稳中有降，碳中和迈出坚实步伐，为应对气候变化作出北京示范。要加强细颗粒物、臭氧、温室气体协同控制，突出碳排放强度和总量“双控”，明确碳中和时间表、路线图。推进能源结构调整和交通、建筑等重点领域节能。严格落实全域全过程扬尘管控。实施节水行动方案，全市污水处理率达到95.8%。加强土地资源环境管理，新增造林绿化15万亩
天津	制定实施碳排放达峰行动方案，推动钢铁等重点行业率先达峰和煤炭消费尽早达峰。完善能源消费双控制度，协同推进减污降碳，实施工业污染排放双控，推动工业绿色转型
上海	上海将制定全市碳排放达峰行动计划，着力推动电力、钢铁、化工等重点领域和重点用能单位节能降碳，确保在2025年前实现碳排放达峰。加快产业结构优化升级，深化能源清洁高效利用，进一步提高生态系统碳汇能力，积极推进全国碳排放权交易市场建设，推动经济社会发展全面绿色转型
重庆	推动绿色低碳发展，健全生态文明制度体系，构建绿色低碳产业体系，开展二氧化碳排放达峰行动，建设一批零碳示范园区，培育碳排放权交易市场
河北	“十四五”期间，我省落实碳达峰、碳中和目标面临着新形势、新任务、新要求，要坚决贯彻落实习近平总书记关于“3060目标”的重要宣示精神，充分认识碳达峰行动的重要性和紧迫性，围绕中央经济工作会议部署，结合生态环境部工作安排，抓紧谋划制定我省二氧化碳排放达峰行动方案，积极推动河北省碳达峰、碳中和战略研究，持续打好污染防治攻坚战，努力实现减污降碳协同效应，把降碳作为推动河北省经济结构、能源结构、产业结构低碳转型的总抓手，实实在在推动我省绿色低碳发展
山西	把开展碳达峰作为深化能源革命综合改革试点的牵引举措，研究制定行动方案。推动煤矿绿色智能开采，推动煤炭分质分级梯级利用，抓好煤炭消费减量等量替代。建立电力现货市场交易体系，完善战略性新兴产业电价机制。加快开发利用新能源。开展能源互联网建设试点。探索用能权、碳排放交易市场建设
辽宁	科学编制并实施碳排放达峰行动方案，大力发展风电，光伏等可再生能源。支持氢能规模化应用和装备发展。建设碳交易市场，推进碳排放权市场化交易
吉林	推动绿色低碳发展。启动二氧化碳排放达峰行动，加强重点行业和重要领域绿色化改造，全面构建绿色能源、绿色制造体系，建设绿色工厂、绿色工业园区，加快煤改气、煤改电、煤改生物质，促进生产生活方式绿色转型。支持白城建设碳中和示范园区。深入推进重点行业清洁生产审核，挖掘企业节能减排潜力，从源头减少污染排放，发展壮大环保产业。支持乾安等县市建设清洁能源经济示范区。创建一批国家生态文明建设示范市县和“绿水青山就是金山银山”实践创新基地
江苏	大力发展绿色产业，加快推动能源革命，促进生产生活方式绿色低碳转型，力争提前实现碳达峰。制定实施二氧化碳排放达峰及“十四五”行动方案，加快产业结构、能源结构、运输结构和农业投入结构调整，扎实推进清洁生产，发展壮大绿色产业，加强节能改造管理，完善能源消费双控制度，提升生态系统碳汇能力，严格控制新上高耗能、高排放项目，加快形成绿色生产生活方式，促进绿色低碳循环发展

续表

省市	碳达峰、碳中和的相关政策文件
浙江	启动实施碳达峰行动，开展低碳工业园区建设和“零碳”体系试点；优化电力、天然气价格市场化机制；大力调整能源结构、产业结构、运输结构，非化石能源占一次能源比重提高到 20.8%，煤电装机占比下降 2 个百分点；加快淘汰落后和过剩产能，腾出用能空间 180 万吨标煤；加快推进碳排放权交易试点
安徽	制定实施碳排放达峰行动方案。严控高耗能产业规模和项目数量。推进“外电入皖”，全年受进区外电 260 亿千瓦时以上。推广应用节能新技术、新设备，完成电能替代 60 亿千瓦时。推进绿色储能基地建设。建设天然气主干管道 160 公里，天然气消费量扩大到 65 亿立方米。扩大光伏、风能、生物质能等可再生能源应用，新增可再生能源发电装机 100 万千瓦以上。提升生态系统碳汇能力，完成造林 140 万亩
福建	制定实施二氧化碳排放达峰行动方案，支持厦门、南平等地率先达峰，推进低碳城市、低碳园区、低碳社区试点。强化区域流域水资源“双控”。加大批而未供和闲置土地处置力度，推进城镇低效用地再开发。深化“电动福建”建设。实施工程建设项目“绿色施工”行动，坚决打击盗采河砂、海砂行为。大力倡导光盘行动，革除滥食野生动物等陋习，有序推进县城生活垃圾分类，推广使用降解塑料包装。积极创建节约型机关、绿色家庭、绿色学校
江西	制定碳达峰行动计划方案，协同推进减污降碳。“十四五”期间，江西省将围绕 2030 年前二氧化碳排放达峰目标和 2060 年前实现碳中和的愿景，以“降碳”为抓手，协同推进应对气候变化与生态环境治理，促进经济社会发展绿色转型升级，重点做好以下三项工作。实施碳排放达峰行动计划；大力推进碳市场建设；建立健全应对气候变化管理体系
山东	强化源头管控，加快优化能源结构、产业结构、交通运输结构、农业投入结构。完善高耗能行业差别化政策，实施煤炭消费总量控制，推进清洁能源倍增行动，积极推进能源生产和消费革命。发展绿色金融，支持绿色技术创新，大力推进清洁生产和生态工业园区建设，发展壮大环保产业，推进重点行业和领域绿色化改造。推广“无废城市”建设，实现设区市垃圾分类处置全覆盖。开展绿色生活创建活动，推动形成简约适度、绿色低碳的生活方式。降低碳排放强度，制定碳排放达峰行动方案
河南	制定碳排放达峰行动方案，探索用能预算管理和区域能评，完善能源消费双控制度，建立健全用能权、碳排放权等初始分配和市场化交易机制。推动以煤为主的能源体系加快转型，积极发展可再生能源等新兴能源产业，谋划推进外电入豫第三通道。推动重点行业清洁生产和绿色化改造，推广使用环保节能装备和产品，实施铁路专用线进企入园工程，开展多领域低碳试点创建，提升绿色发展水平
湖北	研究制定我省碳达峰方案，开展近零碳排放示范区建设。加快建设全国碳排放权注册登记结算系统。大力发展循环经济、低碳经济，培育壮大节能环保、清洁能源产业。推进绿色建筑、绿色工厂、绿色产品、绿色园区、绿色供应链建设。加强先进适用绿色技术和装备研发制造、产业化及示范应用。推行垃圾分类和减量化、资源化利用。深化县域节水型社会达标创建。探索生态产品价值实现机制
湖南	发展环境治理和绿色制造产业，推进钢铁、建材、电镀、石化、造纸等重点行业绿色转型，大力发展装配式建筑、绿色建筑。支持探索零碳示范创建。全面建立资源节约集约循环利用制度，实行能源和水资源消耗、建设用地等总量和强度双控，开展工业固废资源综合利用示范创建，加强畜禽养殖废弃物无害化处理、资源化利用，加快生活垃圾焚烧发电等终端设施建设。抓好矿业转型和绿色矿山、绿色园区、绿色交通建设。倡导绿色生活方式
广东	落实国家碳达峰、碳中和部署要求，分区域分行业推动碳排放达峰，深化碳交易试点。加快调整优化能源结构，大力发展天然气、风能、太阳能、核能等清洁能源，提升天然气在一次能源中占比。研究建立用能预算管理制度，严控新上高耗能项目。制定更严格的环保、能耗标准，全面推进有色、建材、陶瓷、纺织印染、造纸等传统制造业绿色化低碳化改造。培育壮大节能环保产业，推广应用节能低碳环保产品，全面推行绿色建筑

续表

省市	碳达峰、碳中和的相关政策文件
海南	研究制定碳排放达峰行动方案。清洁能源装机比重提升至 70%，实现分布式电源发电量全额消纳。推广清洁能源汽车 2.5 万辆，启动建设世界新能源汽车体验中心。推广装配式建造项目面积 1700 万平方米，促进部品部件生产能力与需求相匹配。4 个地级市垃圾分类试点提升实效，其他市县提前谋划。扩大“禁塑”成果，实现替代品规范化和全流程可追溯。推进热带雨林国家公园建设，完成核心保护区生态搬迁
四川	推进国家清洁能源示范省建设，发展节能环保、风光水电清洁能源等绿色产业，建设绿色产业示范基地。促进资源节约集约循环利用，实施产业园区绿色化、循环化改造，全面推进清洁生产，大力实施节水行动。制定二氧化碳排放达峰行动方案，推动用能权、碳排放权交易。持续推进能源消耗和总量强度“双控”，实施电能替代工程和重点节能工程。倡导绿色生活方式，推行“光盘行动”，建设节约型社会，创建节约型机关
贵州	划定落实“三条控制线”。实施“三线一单”生态环境分区管控。推进绿色经济倍增计划，创建绿色矿山、绿色工厂、绿色园区。倡导绿色出行，公共领域新增或更新车辆新能源汽车比例不低于 80%，加强充电桩建设。实施资源有偿使用和生态补偿制度，推广环境污染强制责任保险制度，健全生态补偿机制，推动排污权、碳排放权等市场化交易
云南	争取部省共建国家级绿色发展先行区。持续推进森林云南建设和大规模国土绿化行动，全面推行林长制。促进资源循环利用，为国家碳达峰、碳中和作贡献。深入开展污染防治行动。全面推进美丽城乡建设
陕西	加快实施“三线一单”生态环境分区管控，积极创建国家生态文明试验区。开展碳达峰、碳中和研究，编制省级达峰行动方案。积极推行清洁生产，大力发展节能环保产业，深入实施能源消耗总量和强度双控行动，推进碳排放权市场化交易。倡导绿色生活方式，推广新能源汽车、绿色建材、节能家电、高效照明等产品，开展绿色家庭、绿色学校、绿色社区、绿色出行等创建活动
甘肃	全面推行林长制。编制我省碳排放达峰行动方案。鼓励甘南开发碳汇项目，积极参与全国碳市场交易。健全完善全省环境权益交易平台。实施“三线一单”生态环境分区管控，对生态环境违法违规问题零容忍、严查处
青海	率先建立以国家公园为主体的自然保护地体系。推动生产生活方式绿色转型。大幅提高能源资源利用效率，主要污染物排放总量持续减少，主要城市空气优良天数比例达到 90% 左右。完善生态文明制度体系，建立生态产品价值实现机制。优化国土空间开发保护格局，国家生态安全屏障更加巩固
黑龙江	落实城市更新行动，统筹城市规划、生态建设、建设管理，打造“一城山水半城林”的秀美城市新印象
内蒙古	加强生态文明建设，全面推行绿色低碳生产生活方式，构筑祖国北疆万里绿色长城，加快生态建设。坚持保护优先、恢复为主，统筹推进山水林田湖草综合整治工程，持续打好污染防治攻坚战。深入创建国家级森林城市，探索实施“林长制”，稳步推进“四个一”工程建设，加强燃煤锅炉、机动车污染管控，确保大气环境质量 $PM_{2.5}$ 年均值稳定达到国家二级标准，优良天数比例达到 90% 以上
广西	加强生态文明建设，深入推进污染防治攻坚战，狠抓大气污染防治攻坚，推进漓江、南流江、九洲江、钦江等重点流域水环境综合治理，开展土壤污染综合防治。开展自然灾害综合风险普查，提升全社会抵御自然灾害的综合防范能力。统筹推进自然资源资产产权制度改革，促进自然资源集约开发利用和生态保护修复

续表

省市	碳达峰、碳中和的相关政策文件
西藏	编制实施生态文明高地建设规划。研究制定碳达峰行动方案。深入打好污染防治攻坚战。深入实施重大生态工程。深化生态安全屏障保护与建设。持续推进“两江四河”流域造林绿化、防沙治沙等重点工程。加强重点流域水生态保护
宁夏	完善区域联防联控机制，推进重点行业超低排放改造，加大老旧柴油货车淘汰，大幅减少重污染天气。实行能源总量和强度“双控”，推广清洁生产和循环经济，推进煤炭减量替代，加大新能源开发利用，实现减污降碳协同效应最大化
新疆	深入实施可持续发展战略。健全生态环境保护机制。禁“三高”项目进新疆，落实最严格的生态保护制度。立足新疆能源实际。积极谋划和推动碳达峰、碳中和工作。推动绿色低碳发展。加强生态环境建设，统筹开展治沙治水和森林草原保护，持续开展大气、水污染防治和土壤污染风险防治，实现减污降碳协同效应

7.3　中山市大气污染物和 CO_2 排放现状

7.3.1　大气污染物

2018 ～ 2021年中山市二氧化硫年均值变化情况如图7-2所示，全市二氧化硫年均值浓度逐年下降，达到《环境空气质量标准》（GB 3095—2012）二级标准。2018年以来，中山市二氧化氮年均值浓度均达到环境空气质量二级标准，二氧化氮年均浓度呈下降趋势，2020年和2021年二氧化氮年均值浓度为实施空气质量新标准以来的最低值。总体上来说，2018 ～ 2021年中山市可吸入颗粒物（PM_{10}）和细颗粒物（$PM_{2.5}$）总体上呈下降趋势，且均达到《环境空气质量标准》（GB 3095—2012）二级标准。2018 ～ 2021年臭氧最大8h滑动平均值第90百分位数浓度变化情况如图7-2所示。从总体上分析，2018 ～ 2021年臭氧浓度波动降低，2019年臭氧最大8h滑动平均值第90百分位数浓度超过了《环境空气质量标准》（GB 3095—2012）二级标准。2018 ～ 2021年一氧化碳日均值第95百分位数浓度变化情况如图7-2所示，从总体上分析2018 ～ 2021年CO浓度逐渐下降。

综上所述，2018 ～ 2021年中山市二氧化硫、二氧化氮、可吸入颗粒物、细颗粒物和一氧化碳浓度呈下降趋势，环境空气质量总体呈现好转，空气质量改善工作虽然已经取得了一定成效。然而，受本地移动源、工业固定源、外来输送源等多种来源的复合型城市大气污染影响，中山市的臭氧污染问题仍较为突出，需引起重视。

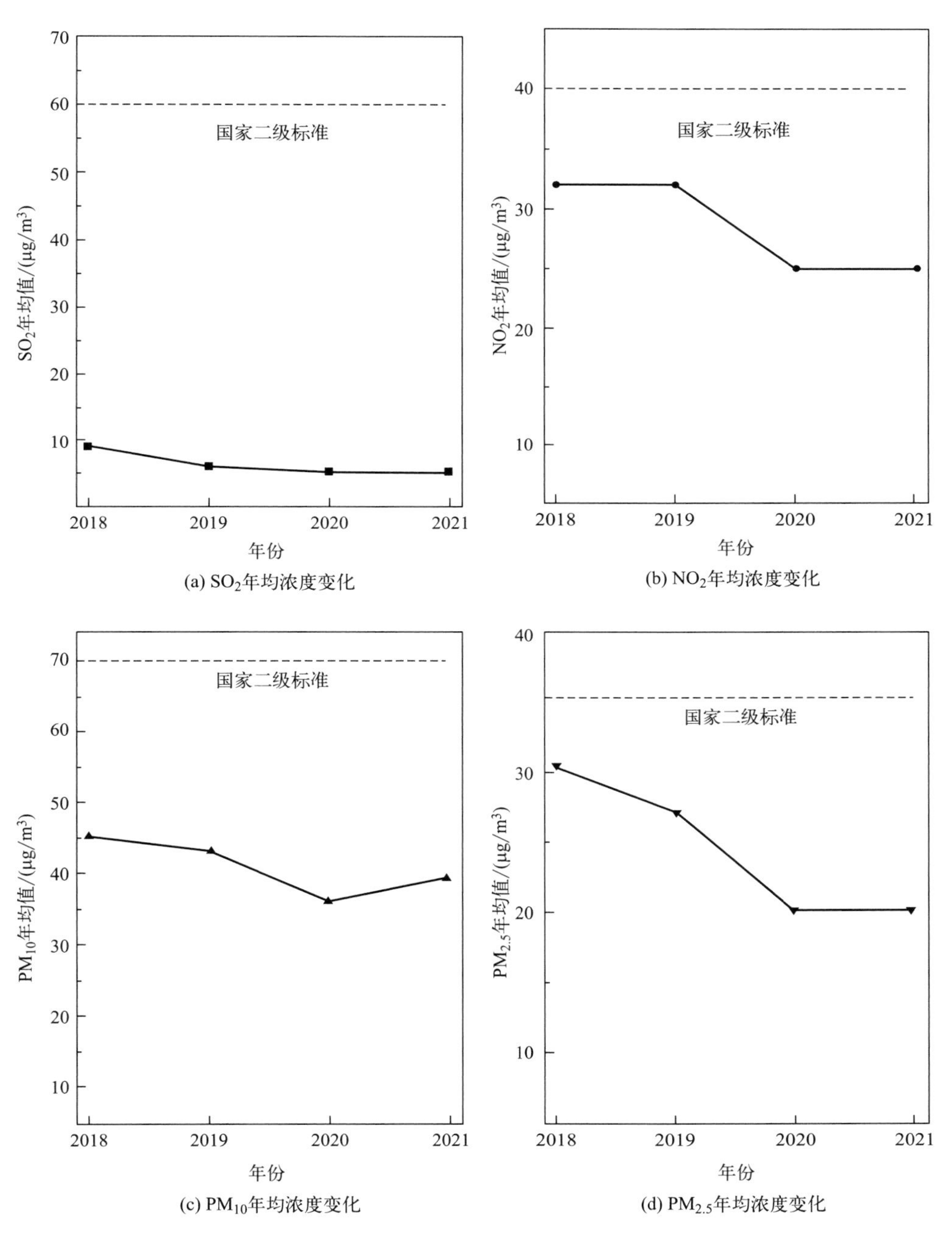

图 7-2

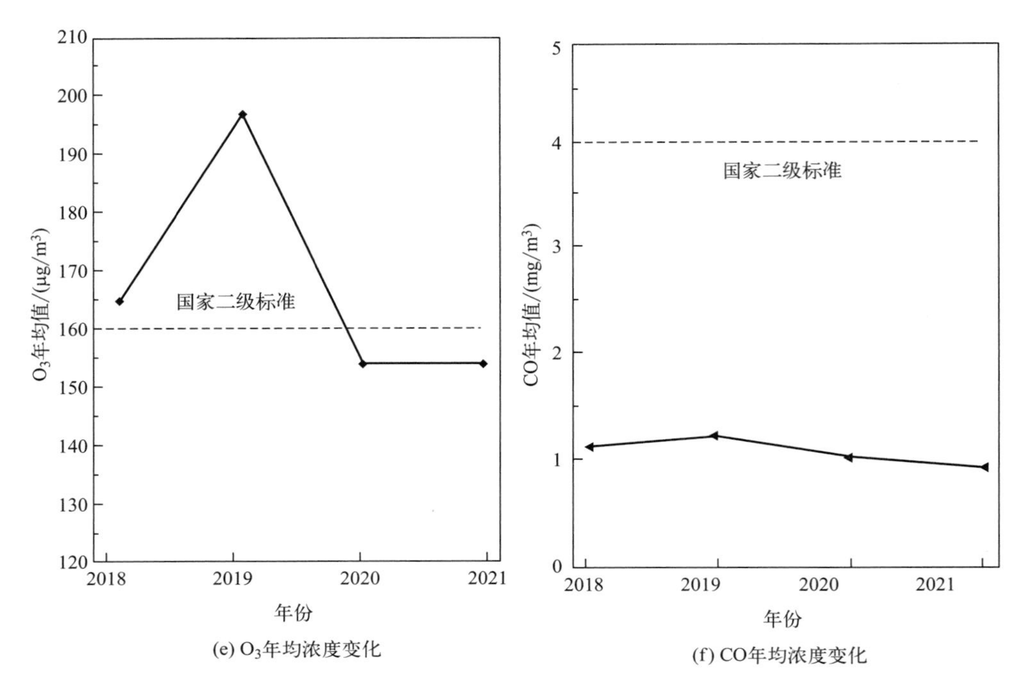

图 7-2　2018 ~ 2021 年中山市 SO_2、NO_2、PM_{10}、$PM_{2.5}$、O_3 和 CO 年均浓度变化趋势

7.3.2　CO_2 排放现状

根据中国城市温室气体数据集可知如图7-3所示，2005年、2010年、2015年和2020年中山市二氧化碳总排放分别为1601万吨、1509万吨、2170万吨和2682万吨，全市的二氧化碳排放量总体上呈上升的趋势。

根据中山市2010 ～ 2020年十年间能源消费数据与2020年碳排放数据进行能源消费与碳排放现状分析如下。

（1）分行业能源消费结构

如图7-4（书后另见彩图）、图7-5所示。从分行业能源消费比重来看，2010 ～ 2020年间工业始终是中山市能源消费大户，但工业能源消费量比重整体逐年下降；居民生活消费成为第二大能耗部门，2020年其能耗比重达20.69%；交通运输、仓储和邮政业成为第三大的能源消耗部门。

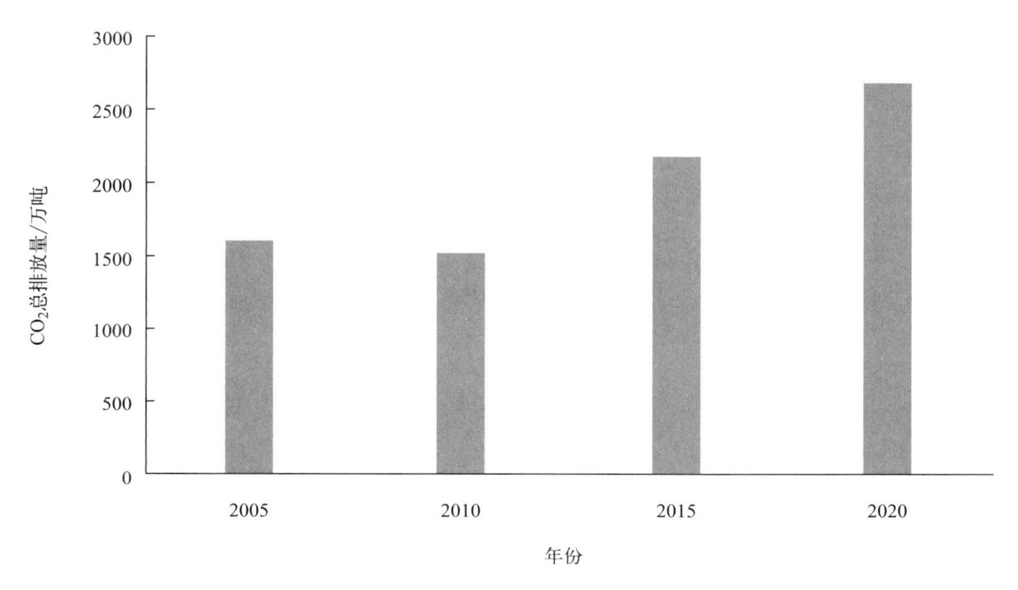

图 7-3 2005 年、2010 年、2015 年和 2020 年中山市二氧化碳总排放
［数据来源：中国城市温室气体工作组（CCG）］

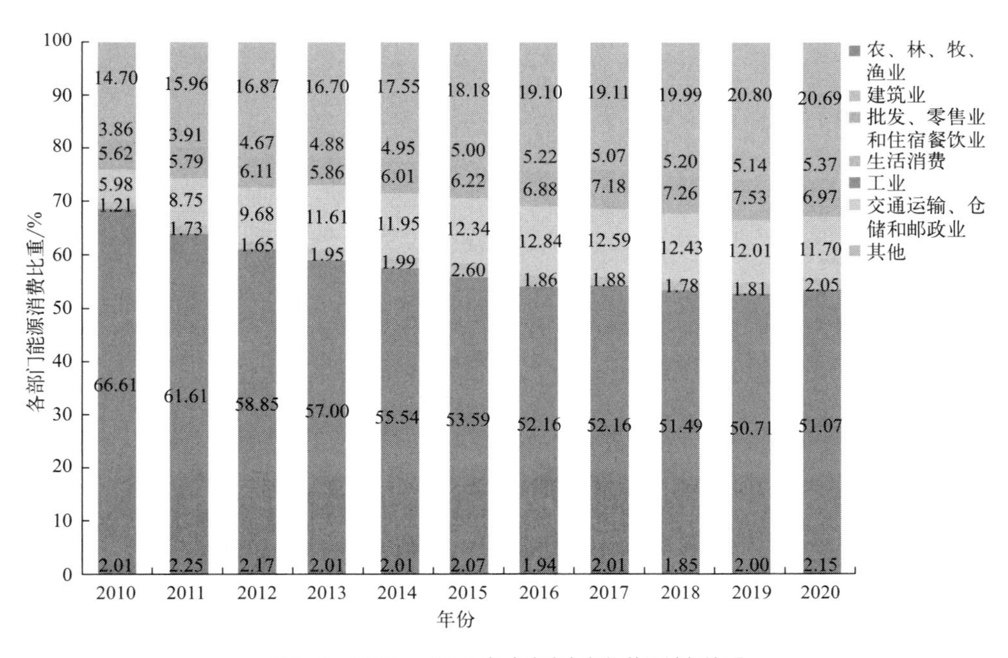

图 7-4 2010 ~ 2020 年中山市各部门能源消耗比重

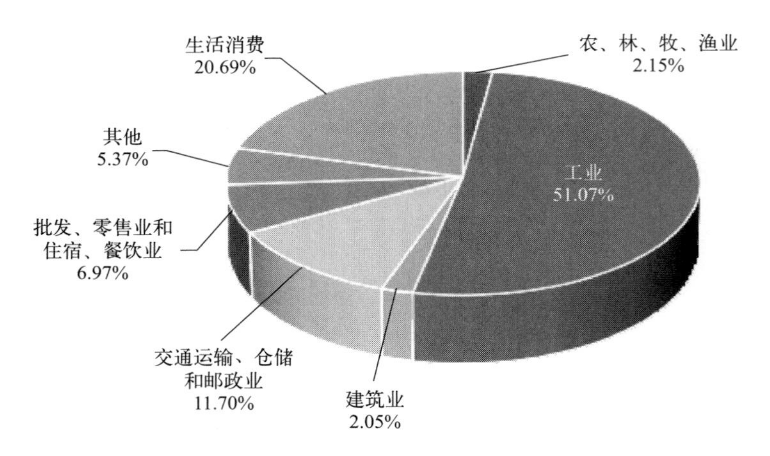

图 7-5　2020 年中山市分行业能源消耗比重

（2）重点领域碳排放结构

如图7-6（书后另见彩图）、图7-7所示。根据历年的温室气体排放数据，能源利用和外购电力产生的二氧化碳排放是中山市温室气体排放中的重要组成部分。天然气类清洁能源的碳排放比重逐步增加，但高碳能源油品（如交通领域）以及燃煤发电的碳排放比重仍处于较高水平。

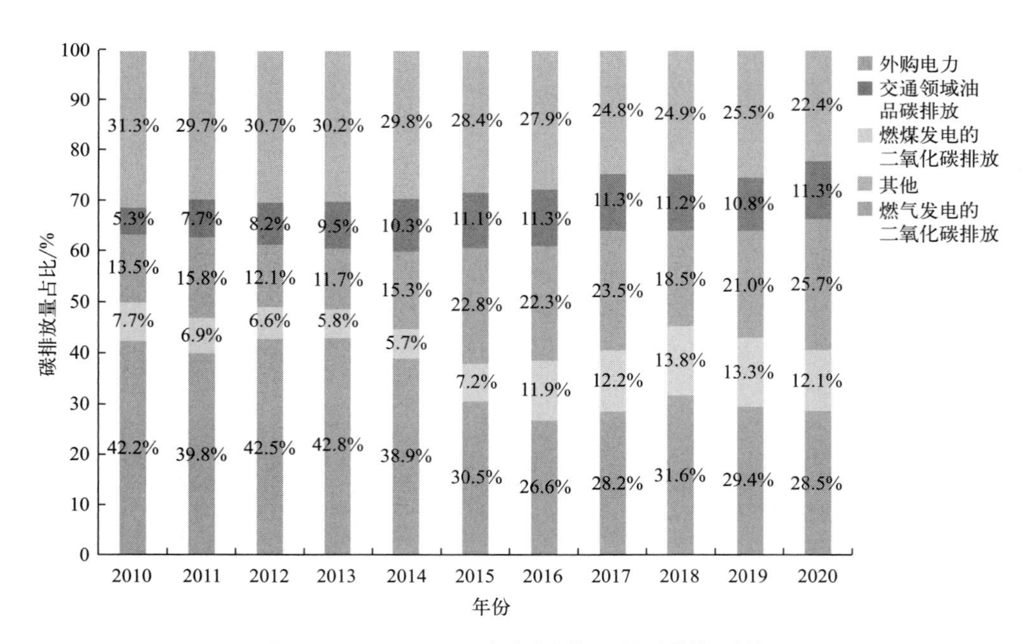

图 7-6　2010 ~ 2020 年中山市能源利用碳排放量占比

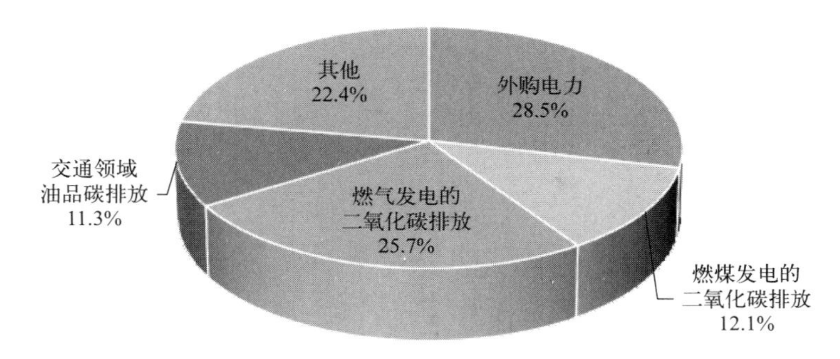

图7-7 2020年中山市重点领域二氧化碳排放占比

(3)分行业碳排放结构

如图7-8(书后另见彩图)、图7-9所示。

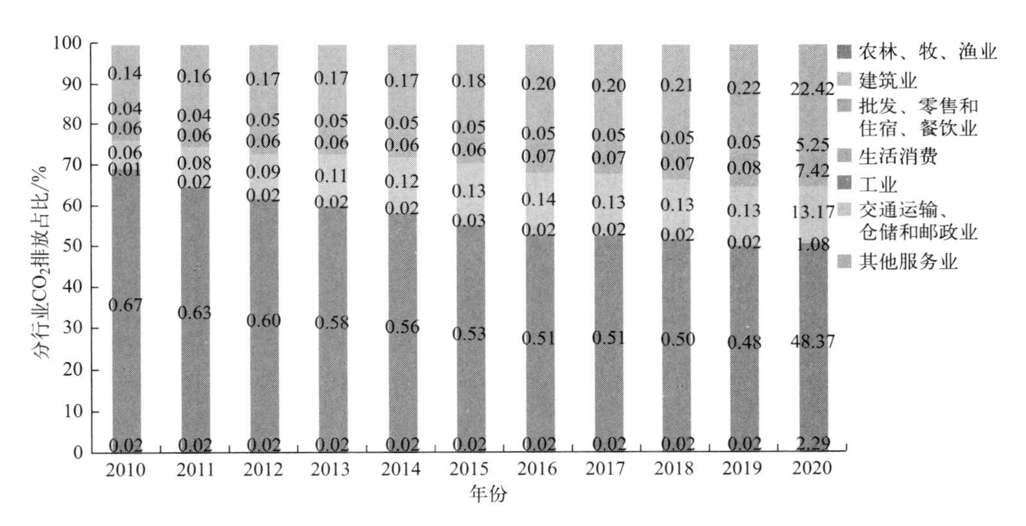

图7-8 2010～2020年中山市分行业二氧化碳排放占比

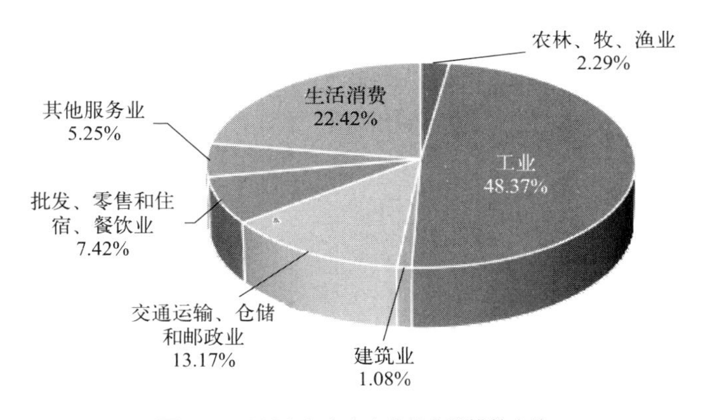

图7-9 2020年中山市分行业碳排放占比

2010～2020年，中山市除工业和建筑业部门以外，其余各产业部门碳排放整体均呈上升趋势。其中，交通运输、仓储和邮政业碳排放增速最为明显，年均增速达到9.04%；居民生活消费次之，年均增速达到4.99%；其他服务业以及批发、零售和住宿、餐饮业碳排放以年均3.70%和3.42%的增速逐年递增。

（4）重点控排企业碳排放结构

如图7-10所示。根据2020年中山市10家重点控排企业碳排放核查数据，2020年中山市重点控排企业整体碳排放量（934.3万吨）占碳排放总量（1869.3万吨）的49.98%，重点控排企业中碳排放较高的主要为各类发电企业；其次为造纸和纺织企业。

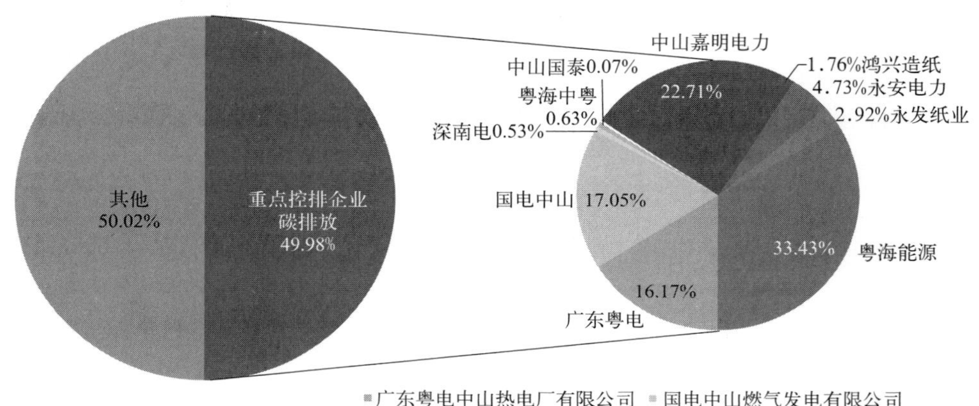

图7-10　2020年中山市重点控排企业二氧化碳排放占比

7.4　中山市减污降碳协同增效路径分析

近年来，随着城市化进程的加速，中山市的经济发展取得了显著成就，但同时也带来了环境污染和碳排放的问题。为了实现可持续发展，减少环境污染和碳排放已成为中山市发展的重要任务。因此，中山市走减污降碳协同增效之路具有重要意义。中山市应该加大力度，采取有效措施，推进减污降碳协同增效工作，为实现可持续发展做出积极贡献。

为了助力我国碳达峰、碳中和目标的实现，中山市减污降碳实施路径要聚焦城市自身特点、重点领域和重点任务，其减污降碳协同增效路径主要包括以下几个方面。

（1）建设城市大气污染物和温室气体排放数据共享和管理智慧平台

推动“双碳”目标下城市大气污染减少以及温室气体减排的路径探索，有效开展城市减污降碳协同发展工作。通过建设城市大气污染物和温室气体排放数据共享和管理智慧平台，可以摸清城市的污染物及碳排放底数，评估减污降碳潜力。

城市大气污染物和温室气体排放数据共享和管理智慧平台主要包括数据采集和监测、数据处理和分析、数据共享和交流、数据管理和安全，以及决策支持和应用。

① 数据采集和监测：通过建立大气污染物和温室气体排放监测站点，采集和监测城市大气污染物和温室气体排放数据，实现数据的实时采集和监测。

② 数据处理和分析：对采集到的大气污染物和温室气体排放数据进行处理和分析，包括数据清洗、数据整合、数据分析和数据挖掘等，实现数据的全面、准确和及时的处理和分析。

③ 数据共享和交流：将处理和分析后的数据进行共享和交流，包括数据的发布、数据的查询和数据的下载等，实现数据的共享和交流，促进各方之间的合作和交流。

④ 数据管理和安全：对采集、处理和共享的数据进行管理和安全，包括数据的备份、数据的存储和数据的安全保障等，确保数据的安全性和可靠性。

⑤ 决策支持和应用：基于采集、处理和共享的数据，开发相关的应用程序和决策支持系统，为城市大气污染物和温室气体排放的管理和决策提供支持和参考。

通过建设城市大气污染物和温室气体排放数据共享和管理智慧平台，

可以实现城市大气污染物和温室气体排放数据的全面、准确和及时的采集、处理和共享，为城市大气污染物和温室气体排放的管理和决策提供支持和参考，促进城市可持续发展。例如，城市可以建设双碳智慧服务管理平台（碳账本），一图摸清碳底数、一键获取企业实时数据，对企业分级评价，分类施策，调动企业积极性，让政府说得清底数、看得清方向、讲得清措施。“碳账本”通过政府端自上而下的双碳监管、分类施策，企业端自下而上的数据报送、主动作为，贯穿上下的沟通交流、数据交互体系，形成良好的低碳发展双向通道。

双碳智慧服务管理平台（碳账本）的功能主要包括双碳地图、双碳进度跟踪、数据报送、数据体检、企业评价和区域碳资产管理等功能，如图7-11所示。

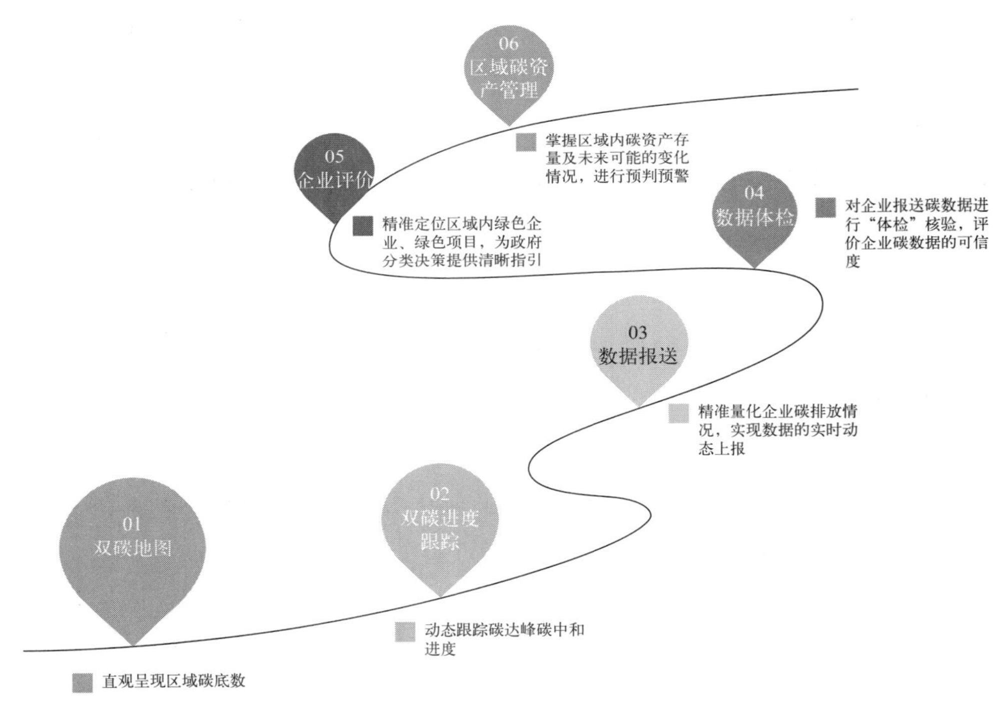

图7-11　双碳智慧服务管理平台（碳账本）的功能

① 双碳地图。直观呈现区域碳底数。

② 双碳进度跟踪。动态跟踪碳达峰碳中和进度。

③ 数据报送。精准量化企业碳排放情况，实现数据的实时动态上报。

④ 数据体检。对企业报送碳数据进行“体检”核验，评价企业碳数据的可信度。

⑤ 企业评价。精准定位区域内绿色企业、绿色项目，为政府分类决策提供清晰指引。

⑥ 区域碳资产管理。掌握区域内碳资产存量及未来可能的变化情况，进行预判预警。

（2）城市能源结构的低碳化转型，推广和应用可再生能源

中山市加大清洁能源的推广力度，如太阳能、风能等，减少对传统能源的依赖，降低碳排放。根据城市自身的太阳能、风能、水能、氢能、生物质能、地热能、海洋能等资源的禀赋情况（见图7-12），构建“零碳”能源供应体系，建设可再生能源基地，构建以太阳能、风能、生物质能等为主体的新型电力系统，同时稳步推进水能、氢能等清洁能源的使用。

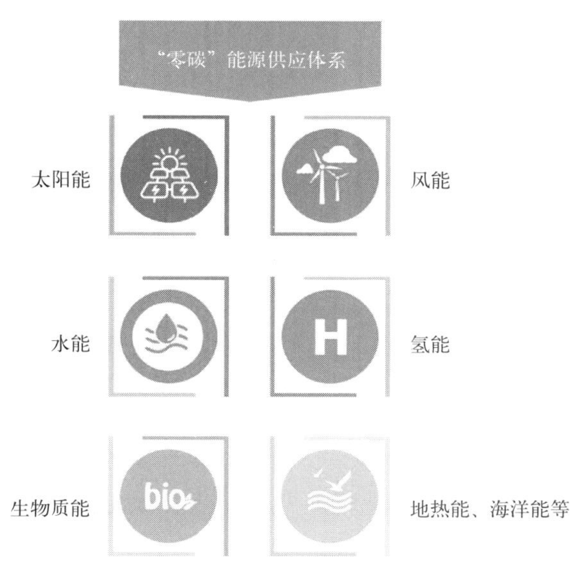

图 7-12 “零碳”能源供应体系

（3）严格防控污染物和温室气体

中山市可以加强对企业和工厂的污染治理力度，通过加强监管和处罚，促使企业和工厂更加重视环境保护，减少污染排放。为了提升城市

工业生产大气污染和温室气体碳排放数据透明化水平，推广应用工业领域减污降碳监测分级管控平台，进一步推进区域工业生产大气污染物和碳排放较大幅度下降。

（4）大气污染和碳排放减排技术的不断提高，应用具有创新性和突破性的减污降碳技术

中山市可以大力发展绿色产业，例如环保科技、新能源汽车等，通过绿色产业的发展，促进经济增长的同时也能够减少污染排放。城市工业生产在发展的过程中要朝着绿色低碳的方向发展，逐步促进区域工业生产的碳排放达峰、稳步下降以及达到工业生产节能、减污、降碳的考核目标。推动区域工业绿色、低碳、循环发展，打造以绿色工厂、绿色产品、绿色园区和绿色供应链相互链接的区域绿色工业体系。

（5）打造城市绿色交通体系

城市绿色交通体系的构建主要包括这几个方面：

① 加大区域清洁能源公交车、新能源出租车和共享单车的投放；

② 港口码头要使用环保能源；

③ 区域的充电桩数量要满足电动车的需求，保障纯电动车的电力；

④ 融合大数据技术、人工智能技术、GPS及GIS技术等构建区域交通智慧监控平台，让区域交通运行状况以及交通能耗碳排放数据可感知、可存储、可视化，助力交通节能减排。

⑤ 建立城市交通“碳积分”平台，倡导公众搭乘公交、地铁出行、骑行等低碳的交通方式（图7-13），并记录好公众低碳行为的数据，形成个人的“碳积分”，这些“碳积分”可以获得购买优惠以及政策激励优惠。

（6）减污降碳行为激励机制

对城市各企业、市民的减污降碳行为进行具体量化和赋予一定价值，制定环保奖励政策、推广环保税收等，促进企业和居民更加积极地参与环保行动，共同减少污染排放和碳排放。

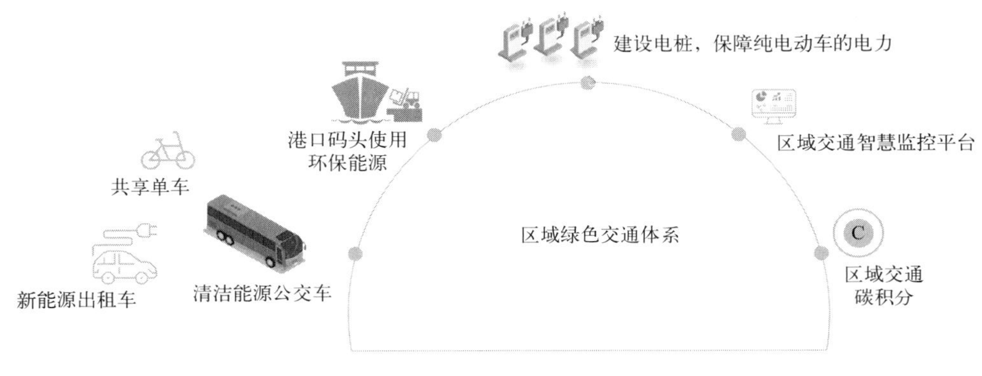

图 7-13 区域绿色交通体系

参考文献

[1] 陈晓红，张嘉敏，唐湘博．中国工业减污降碳协同效应及其影响机制［J］．资源科学，2022，44（12）：2387-2398.

[2] 狄乾斌，陈小龙，侯智文．“双碳”目标下中国三大城市群减污降碳协同治理区域差异及关键路径识别［J］．资源科学，2022，44（6）：1155-1167.

[3] 费伟良，崔永丽，刘兆香，等．“双碳”目标下工业园区减污降碳协同增效路径研究［J］．中国环保产业，2022（12）：19-22.

[4] 何军飞．城镇温室气体排放清单和低碳发展研究［J］．绿色科技，2021，23（12）：102-107，113.

[5] 蒋争明．中山市 2013 ～ 2020 年环境空气质量变化趋势及原因分析［J］．广东化工，2023，50（5）：159-162.

[6] 林坤容．技术减排视角下粤港澳大湾区二氧化碳和大气污染物协同控制路径研究［D］．广州：广东工业大学，2022.

[7] 马伟波，赵立君，王楠，等．长三角城市群减污降碳驱动因素研究［J］．生态与农村环境学报，2022，38（10）：1273-1281.

[8] 单玉龙，彭悦，楚碧武，等．我国重点行业氮氧化物管控现状及减排策略［J］． 环境科学研究，2023，36（3）：431-438.

[9] 什么是“碳达峰”和“碳中和”？．央视网，2020-12-23［引用日期 2021-03-02］.

[10] 碳达峰、碳中和的经济学解读．光明日报，2021-06-22.

[11] 唐湘博，张野，曹利珍，等．中国减污降碳协同效应的时空特征及其影响机制分析［J］．环境科学研究，2022，35（10）：2252-2263.

[12] 王力，冯相昭，马彤，等．典型城市减污降碳协同控制潜力评价研究：以渭南市为例［J］．环境科学研究，2022，35（8）：2006-2014.

[13] 王毅提到的“碳中和”是啥？．央视网，2021-03-08

[14] 杨儒浦，王敏，胡敬韬，等．工业园区减污降碳协同增效评价方法及实证研究［J］．环境科学研究，2023，36（2）：422-430.

[15] 原伟鹏，孙慧，王晶，等．中国城市减污降碳协同的时空演化及驱动力探析［J］.

经济地理，2022，42（10）：72-82.

［16］郑佳佳，孙星，张牧吟，等．温室气体减排与大气污染控制的协同效应——国内外研究综述［J］．生态经济，2015，11：133-137.

［17］中科院学部全体院士学术报告会上，这七位院士讲了啥？．经济日报，2021-05-30.

［18］周丽，夏玉辉，陈文颖．中国低碳发展目标及协同效益研究综述［J］．中国人口·资源与环境，2020，30（7）：10-17.

［19］朱彤．理解碳中和内涵的三个维度［J］．中国电力企业管理，2021（22）：20-22.

［20］Clean Air Asia. Making co-benefits work：Clean air management assessment［R］. Beijing，2011.

［21］IPCC. Special report on global warming of 1.5℃［M］． UK：Cambridge University Press，2018.

［22］Swart R，Amann M，Raes F，et al. A good climate for clean air：Linkages between climate change and air pollution. An EditorialEssay［J］． Climatic Change，2004，66（3），263-269.

［23］Smith K R，Haigler E. Co-benefits of climate mitigation and health protection in energy systems：Scoping methods［J］． Annu Rev Public Health，2008，29：11-25.

第 8 章

结论与展望

8.1 智慧环保系统

智慧环保系统是一种基于先进技术的智能化环保解决方案，其目的是通过收集、处理和分析环境数据，为人类社会提供更清洁、更健康的生态环境。该系统采用了多种先进的技术手段，如人工智能技术、物联网技术、大数据技术、区块链技术和云计算技术等，可以实现对环境的实时监测、预警和管理。一般来说，智慧环保系统包括以下核心功能。

（1）环境数据采集

系统通过安装在不同区域的传感器，可以实时采集环境数据，如空气质量、水质情况、噪声水平等。这些数据会被传输到中央控制台进行分析和处理。

（2）数据分析和预警

系统利用人工智能和大数据分析技术，对采集到的数据进行分析和处理，提供实时的环境质量分析和预警，例如气体浓度超标、水质污染等。

（3）智能化管理

系统可以根据分析结果，自动控制相关设备，如净化设备、通风系统等，以达到优化环境质量的目的。此外，系统还可以根据数据预测，提前采取措施，以避免环境污染和灾害的发生。

（4）公众参与

系统支持公众参与，通过移动应用程序和网站等方式，让公众了解环境质量信息，提供环保建议和反馈，以促进环保行动的开展。

环境污染已经成为全球性问题，给人类社会和自然环境带来了巨大的威胁。智慧环保系统能够全面、实时地监测环境污染状况，及时发现问题，有效减少环境污染对人类健康和自然生态的破坏。智慧环保系统能够提高环境治理的效率和精准度。传统的环境监测方式通常需要投入大量人力物力，监测点覆盖范围有限，数据采集和分析效率低下，容易出现漏洞和误差。而智慧环保系统利用先进的传感器、无线通信和大数据技术，能够实现全面、自动化、精准的环境监测和数据分析，从而提高环境治理的效率和精度。智慧环保系统有助于促进环境保护与可持续发展的有机结合。智慧环保系统可以实现环境监测、数据分析和管理的全流程数字化和智能化，为各方利益相关者提供更准确、更丰富、更实用的环境信息和决策支持。通过这种方式，可以促进环境保护与经济社会发展的有机结合，实现可持续发展的目标。因此，智慧环保系统的重要性和必要性不仅在于改善环境质量，还在于推动经济社会可持续发展，保障人类健康和未来时代的生存和发展。

智慧环保系统在大气污染监测方面的应用非常重要，可以帮助监测和控制城市的空气质量，减少空气污染对人体和环境的影响。智慧环保系统在大气污染监测中的应用主要包括：

① 自动监测网络。智慧环保系统可以建立一个城市范围的自动监测网络，安装空气监测站点，实现对全市内各个区域的空气质量进行实时监测。同时，系统可以自动收集、处理和分析监测数据，生成数据报告和预警信息。

② 空气质量预测。智慧环保系统可以通过分析历史数据和气象预报，

预测城市未来的空气质量状况，提供给市民和政府有用的信息和建议，帮助人们做出合理的行动决策。

③ 智能监控。智慧环保系统可以采用多种传感器，对空气中的各种污染物进行实时监测，包括$PM_{2.5}$、PM_{10}、SO_2、NO_x等，还可以监测气象参数如温度、湿度、风向和风速等。监测数据可以通过无线网络实时传输到环保部门和公众视野内，确保数据的准确性和实时性。

④ 公众参与。智慧环保系统还可以通过移动应用程序和互联网，让公众随时查看和了解空气质量信息，并提供有用的建议和反馈。这样，公众可以更加积极地参与到环保事业中来一起推动城市的环境改善。

总之，智慧环保系统在大气污染监测方面的应用是非常重要的，可以帮助城市更好地管理和控制污染，保护人们的健康和环境的可持续发展。

为了提高治污效率和治污精准度，2022年中山市生态环境局采用智慧环保系统对大气污染进行实时监测和数据分析，实现对污染源的快速定位和精准治理。该系统以物联网、云计算、大数据等新一代信息技术为基础，通过构建全省首个“线上生态环境局”，实现了国、省、市、科室之间的信息共享和数据集成，提升了环保工作的科学化、信息化、智能化水平。同时，通过智慧环保系统的应用，可以实现企业污染物排放实时监控、自动预警和联动处置，提高了环保监管的精准性和效率，有助于推动中山市生态文明建设和可持续发展。

8.2 智慧环保技术发展的展望

随着数字化、信息化、智能化的快速发展，智慧环保技术也在不断创新和发展。未来，智慧环保系统将更加智能化、集成化和可持续化，更好地实现对环境污染的防治和治理。一方面，智慧环保系统将继续引入更加先进的技术，如5G、人工智能、大数据、区块链等，提升系统的智能化水平，实现更加精细化的环境监测和管理。另一方面，智慧环保系统将更加注重集成化，实现与其他城市管理系统的联动，例如城市交通、供水、供电等，共同实现城市生态环境的可持续发展。此外，智慧环保系统还将重视可持续化发展，推广绿色环保技术和可持续发展理念，提高社会公众的环保意识和参与度。总之，未来智慧环保系统将继续在技术创新、集成化和可持续化方面不断发展，为城市环境保护事业做出更大的贡献。

智慧环保技术的发展具有广阔的应用前景和重大的社会意义。首先，智慧环保技术的发展可以提高环境保护的效率和质量。传统的环保监管模式主要依赖于人工巡检和抽检，存在监管范围有限、监管效率低、数据准确性不高等问题，无法满足环保监管的需要。而智慧环保技术可以实现对环境污染源的实时监测，及时发现问题，实现精准治理，提高环境保护的效率和质量。其次，智慧环保技术的发展可以促进环保产业的发展。随着环保法规的逐步完善和执行力度的加强，环保产业已成为国家重点扶持的战略性新兴产业。而智慧环保技术的发展可以提高环保产业的技术含量和附加值，推动环保产业的发展和壮大。此外，智慧环保技术的发展还可以推动城市智能化和可持续发展。城市化进程的加速和人口的不断增长，使得城市环境面临越来越大的压力，智慧环保技术可以提供环保数据支撑和决策分析，推动城市智能化和可持续发展，提高城市的环境质量和居民的生活品质。未来，随着技术的不断进步，智慧环保技术的应用场景将不断拓展。例如，可以将智慧环保技术与人工智能等技术相结合，实现环保数据分析的自动化和智能化；可以将智慧环保技术与区块链技术相结合，实现环境污染追溯溯源的透明化和可信度；可以将智慧环保技术应用于海洋环保和生态保护等领域，实现环保监管的全方位和多层次。

在空气污染治理方面，智慧环保系统可以实现对大气污染源的实时监测和控制，同时可以对空气质量进行长期监测和评估，帮助政府制定更加科学的环保政策。在垃圾处理方面，智慧环保系统可以实现对垃圾产生和处理过程的监控和管理，实现垃圾分类、减量化、无害化和资源化利用。在水资源管理方面，智慧环保系统可以实现对水资源的实时监测和管理，帮助城市合理利用水资源，降低水资源的浪费和污染。

总的来说，智慧环保技术的发展不仅可以提高环保管理的效率和精准度，还可以促进城市的可持续发展，提高城市的环境质量和居民的生活品质。随着智慧环保技术的不断发展和应用，我们有理由相信，未来城市的环保管理将会更加智慧、高效、可持续。

参考文献

[1] 当区块链遇上智慧环保 每个数据都被赋予新的功能 [J]. 中国环保产业，2020,(5): 10-12.
[2] 李凯. 环保大数据在智慧环保监管领域的应用思考 [J]. 皮革制作与环保科技，2022，3（1）：33-35.
[3] 林显乐. 人工智能技术在智慧环保中的深度应用 [J]. 中国安防，2020（11）：84-89.
[4] 王熙. 基于物联网和环保技术的智慧环保平台建设研究 [J]. 互联网周刊，2022（10）：38-41.
[5] 徐改花. 生态环境大数据引领下的智慧环保体系构建 [J]. 能源与环境，2022（3）：98-100.

图 5-3　生态环境大数据 - 大气网格化服务平台界面
（网址：http：//www.dpt.daqi110.com/login.jsp）

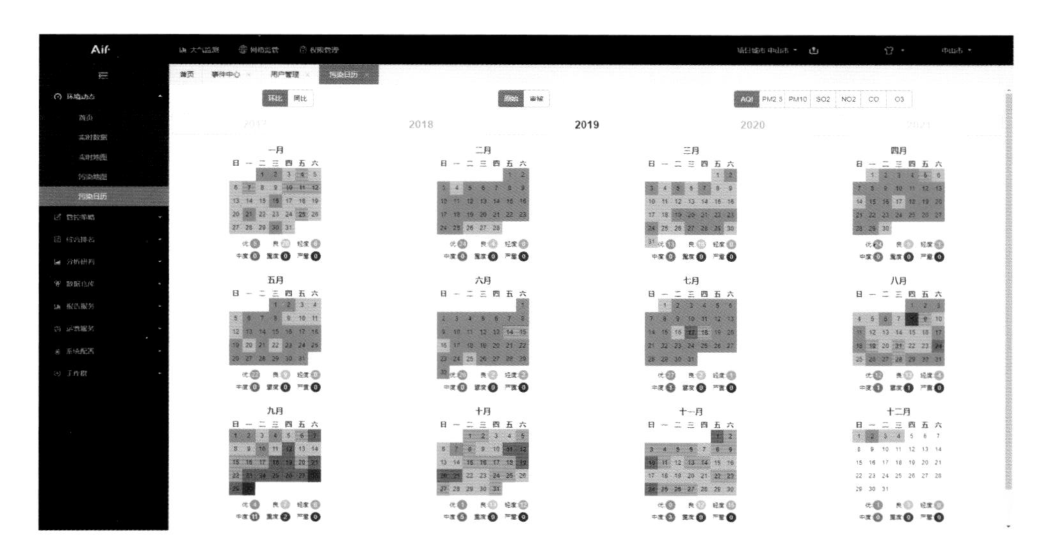

图 5-5　大气环境动态污染日历查询功能界面

图 5-6　达标考核的功能界面

图 5-11　分析研判模块的相关性分析功能界面

图 5-12　分析研判模块的风向玫瑰分析功能界面

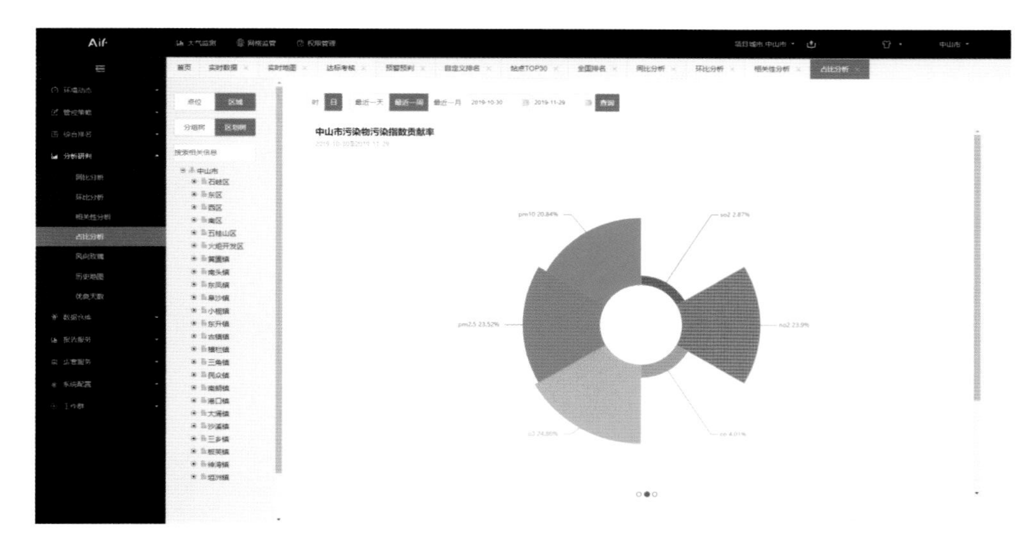

图 5-13　分析研判模块的占比分析功能界面

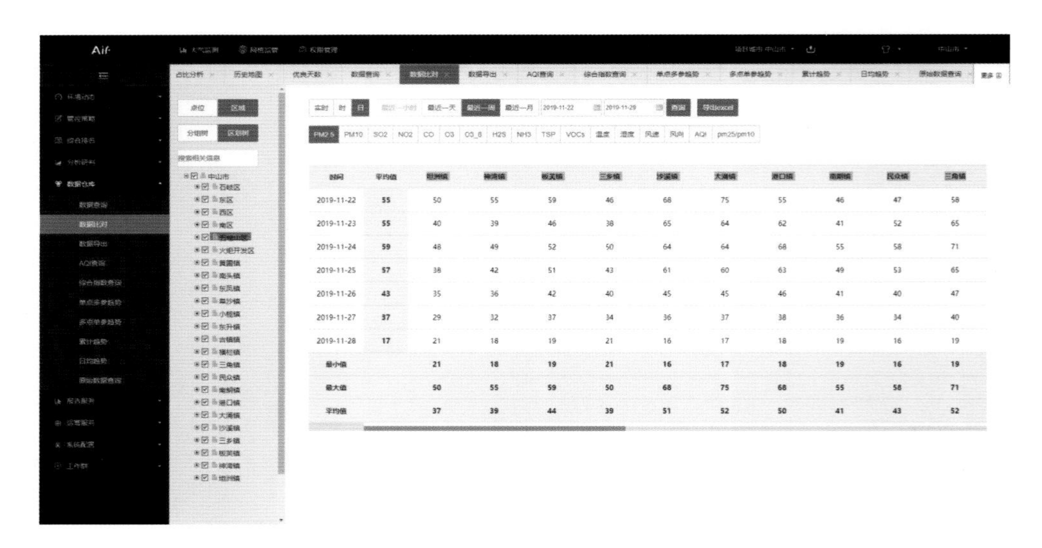

图 5-16　数据比对模块的功能界面

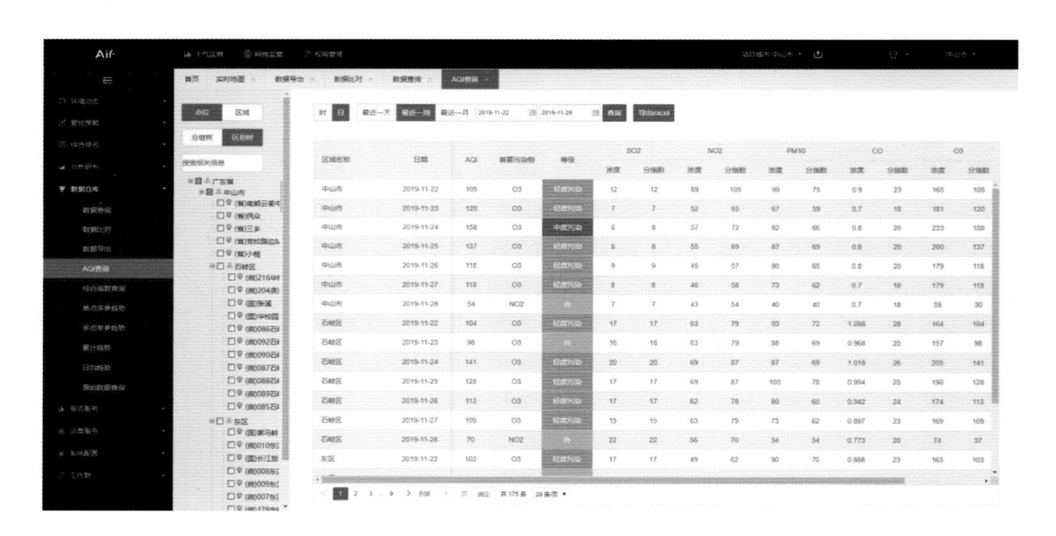

图 5-17　AQI 查询的功能界面

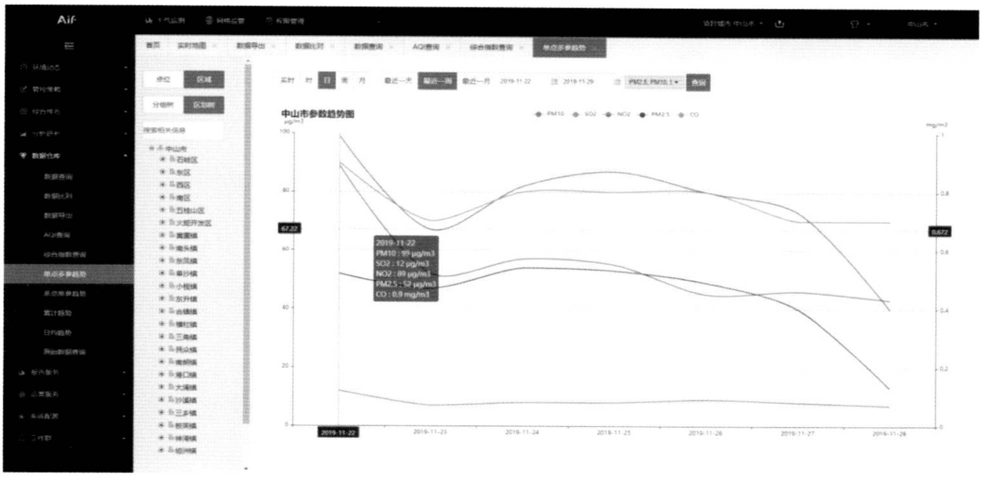

图 5-18　单点多参数趋势模块的功能界面

图 5-38　质量控制 - 在线监控

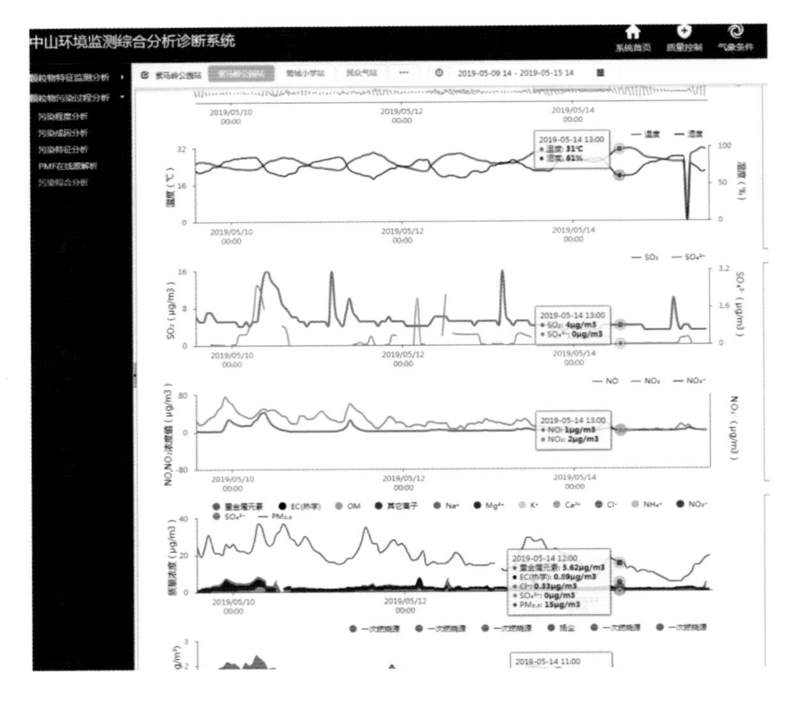

图 5-41　颗粒物综合分析

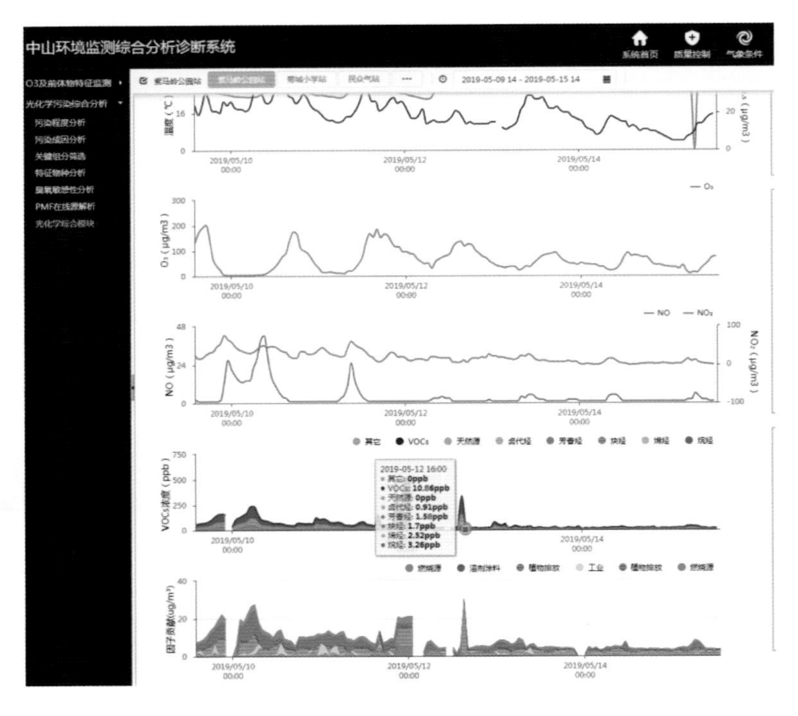

图 5-42　光化学综合分析

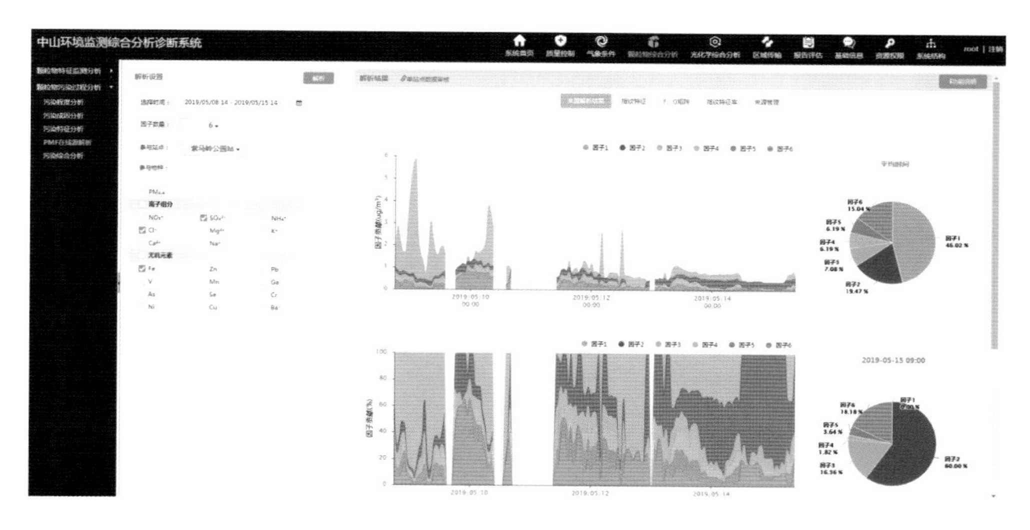

图 5-43　颗粒物综合分析 -PMF 在线源解析

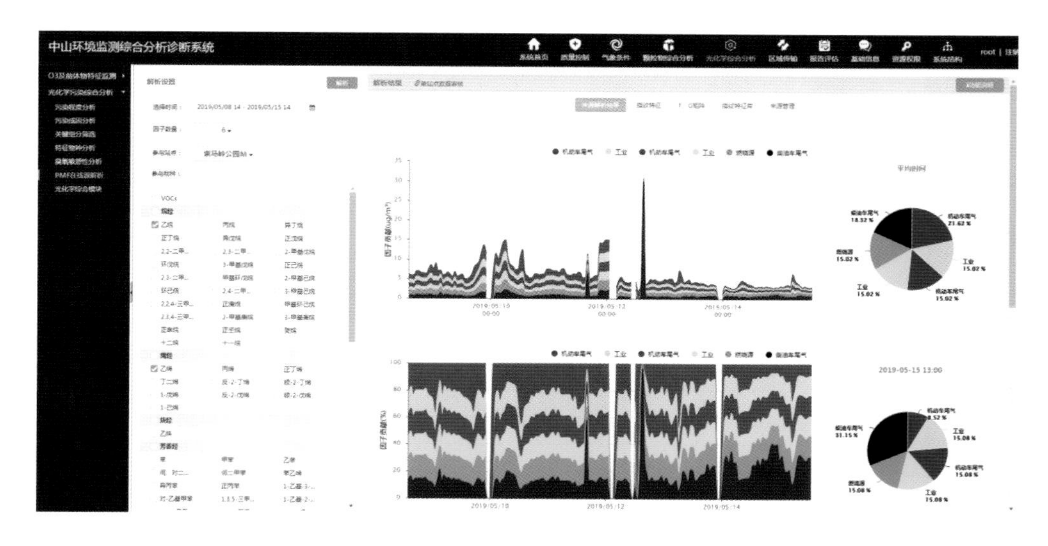

图 5-44　光化学综合分析 -PMF 在线源解析

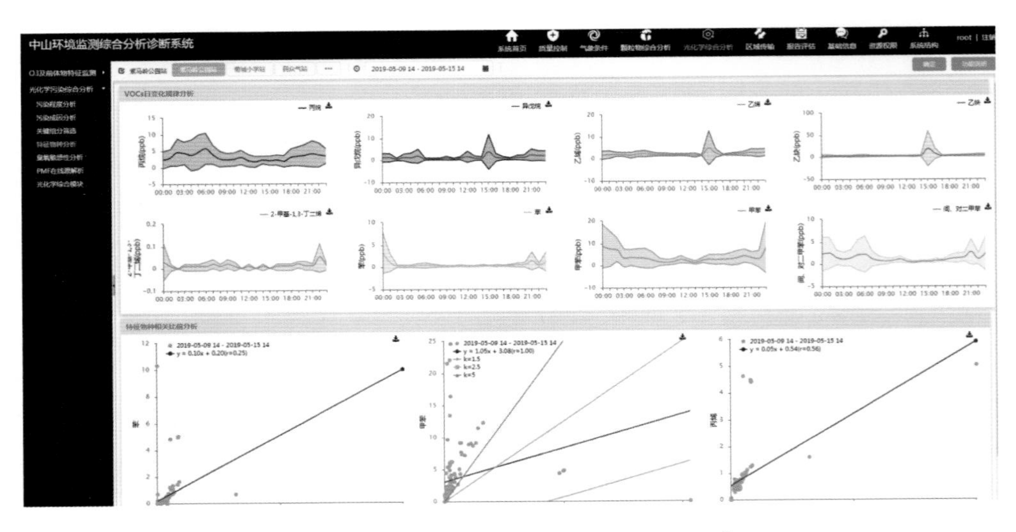

图 5-45　光化学综合分析 - 特征物种分析（1ppb=10^{-9}, 下同）

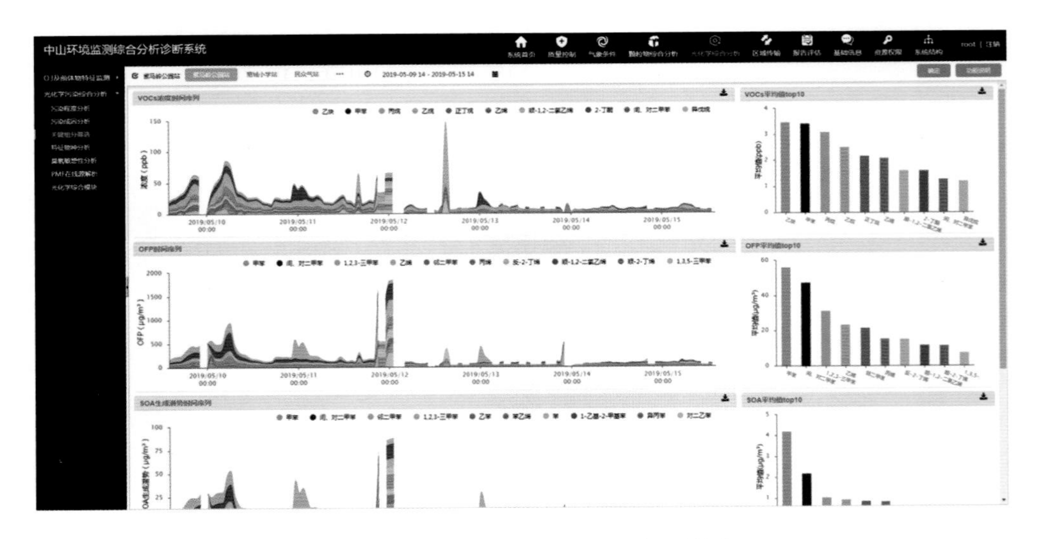

图 5-46　光化学污染综合分析 - 关键组分筛选

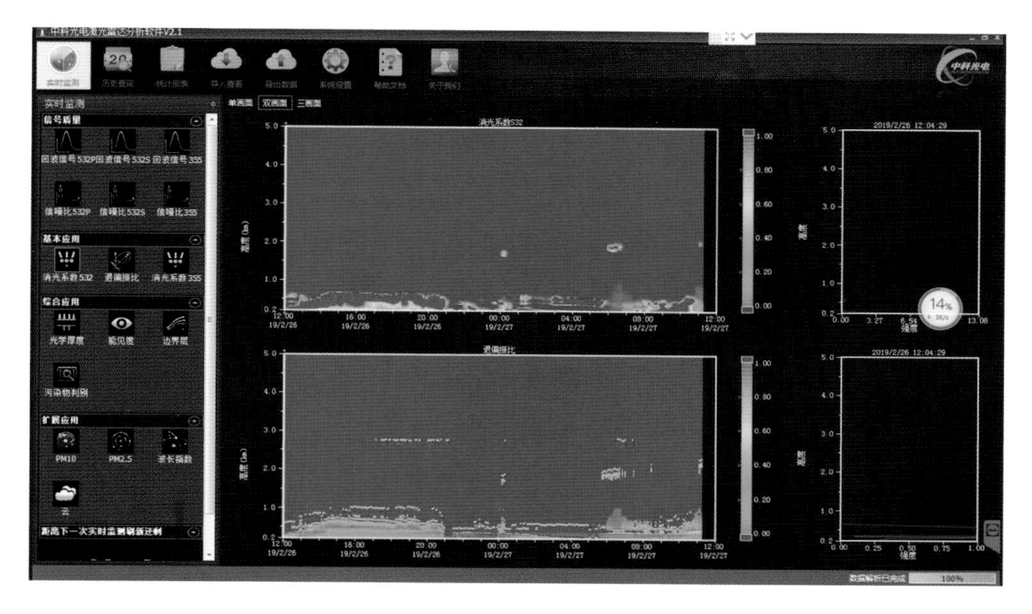

图 5-51　雷达消光数据

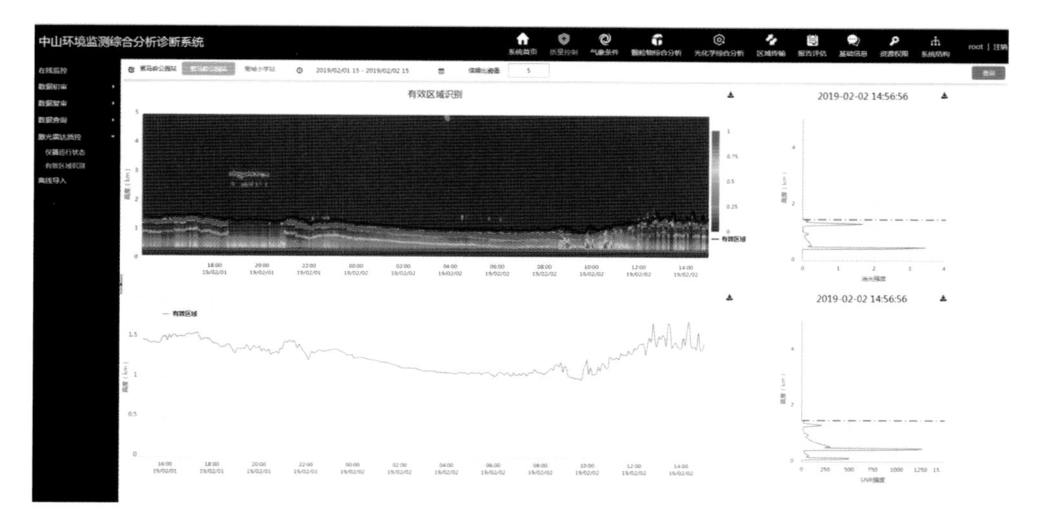

图 5-53　激光雷达有效区域识别

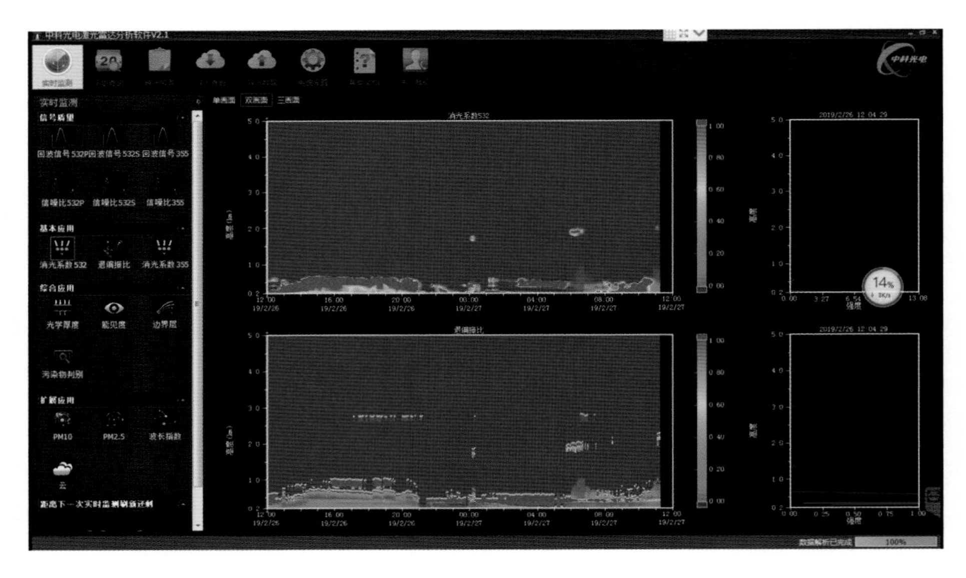

图 5-54　激光雷达有效区域识别

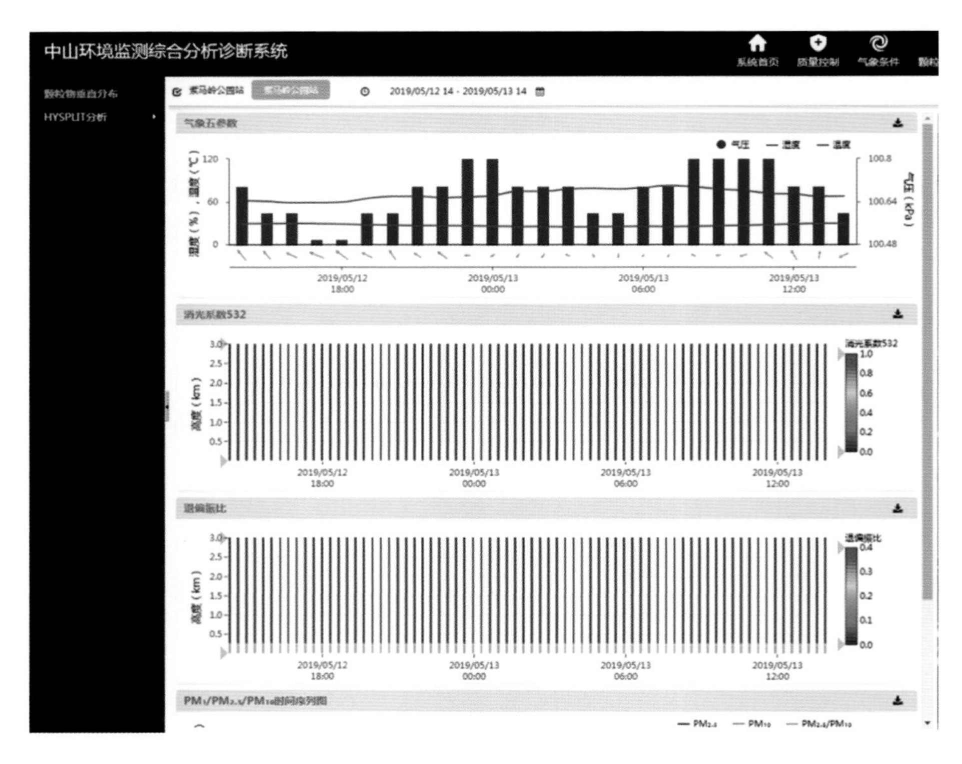

图 5-55　区域传输－颗粒物垂直分布

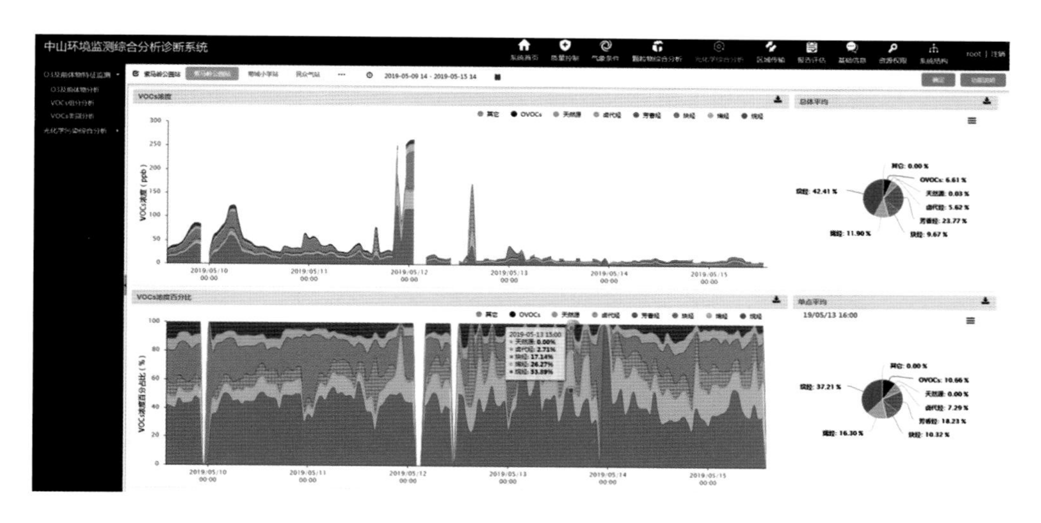

图 5-56　光化学综合分析 -VOCs 类别分析

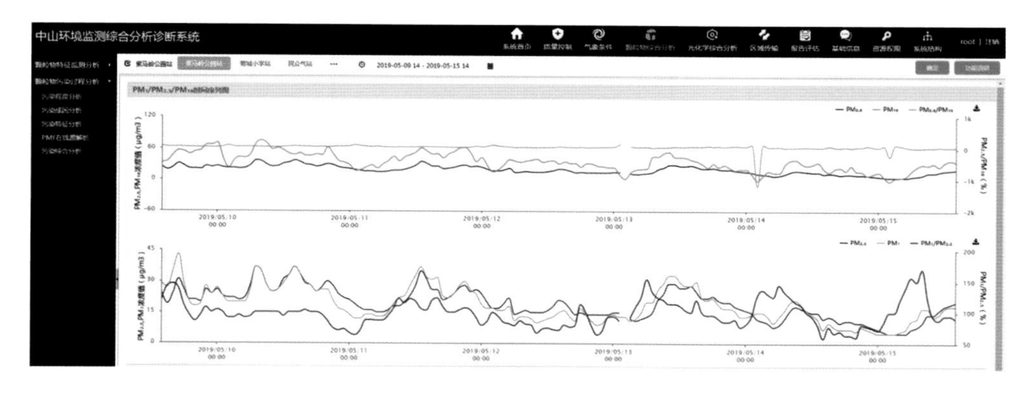

图 5-57　颗粒物综合分析 - 污染程度分析

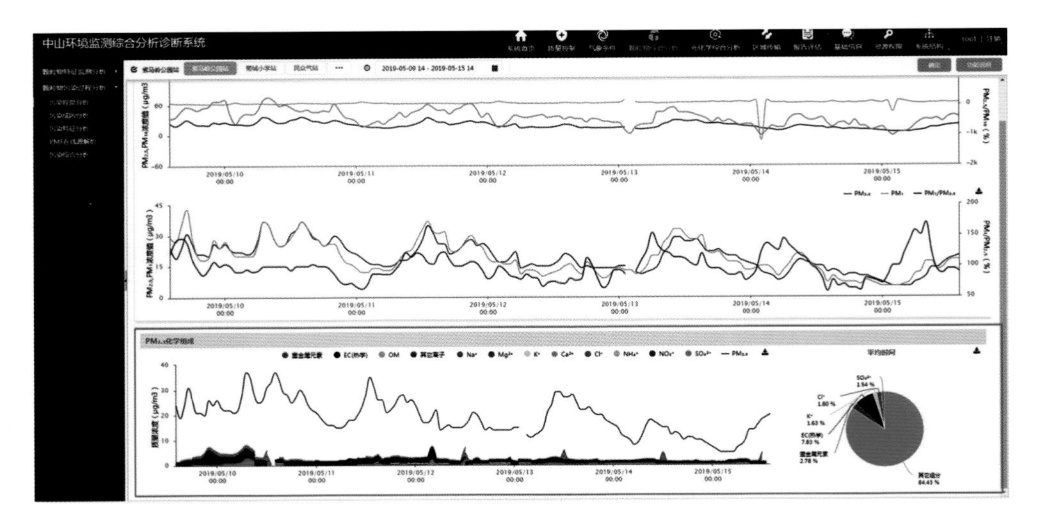

图 5-58　颗粒物综合分析 - 污染程度分析 $-PM_{2.5}$ 化学组分

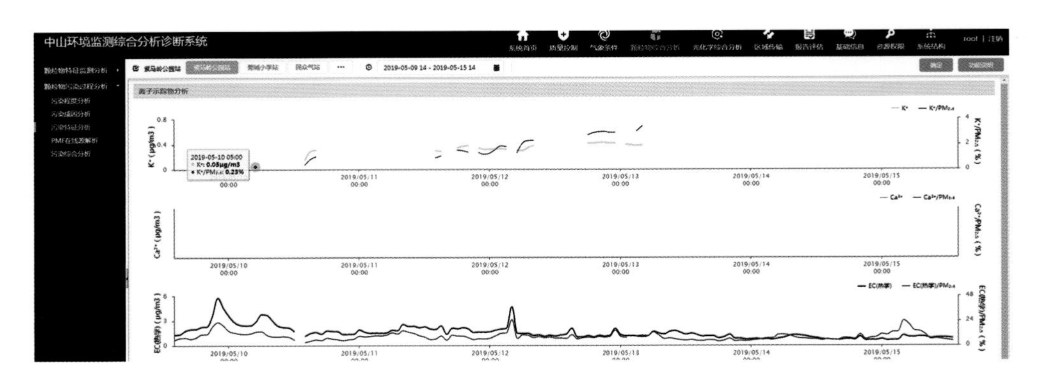

图 5-59　颗粒物综合分析 - 污染特征分析

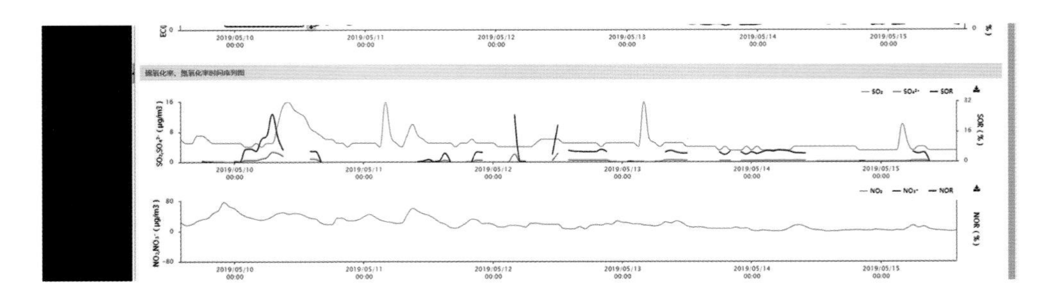

图 5-60　颗粒物综合分析 - 污染特征分析 - 硫氧化率、氮氧化率时间序列

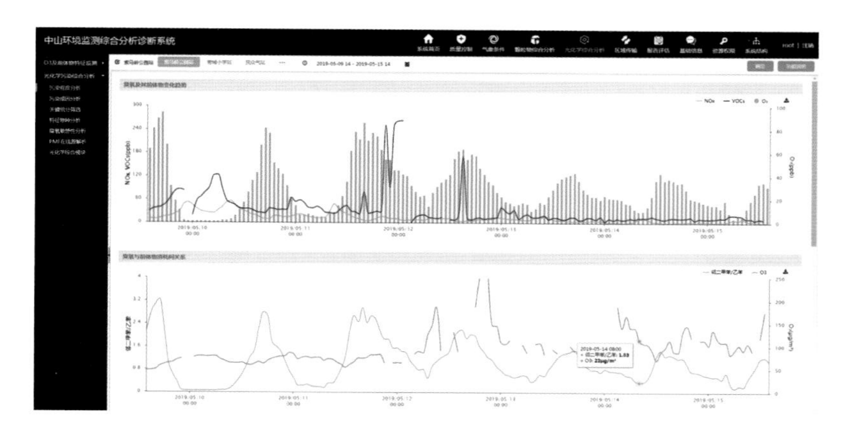

图 5-61　光化学综合分析 - 污染程度分析

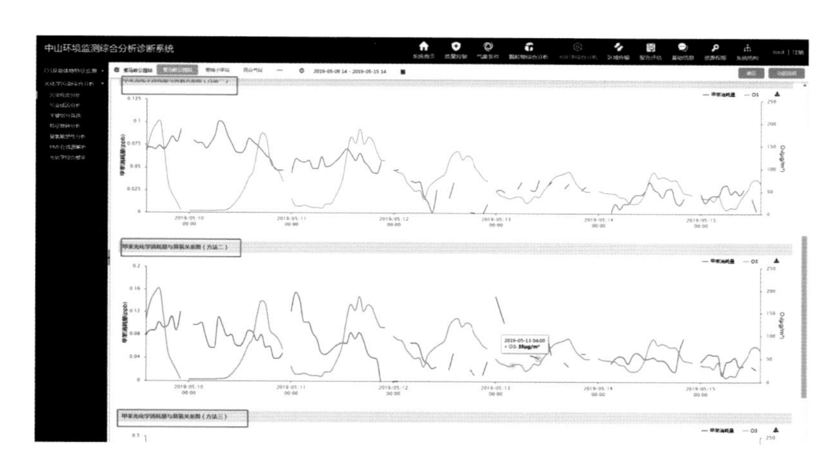

图 5-62　光化学综合分析 - 污染程度分析 - 方法 1 ~ 3

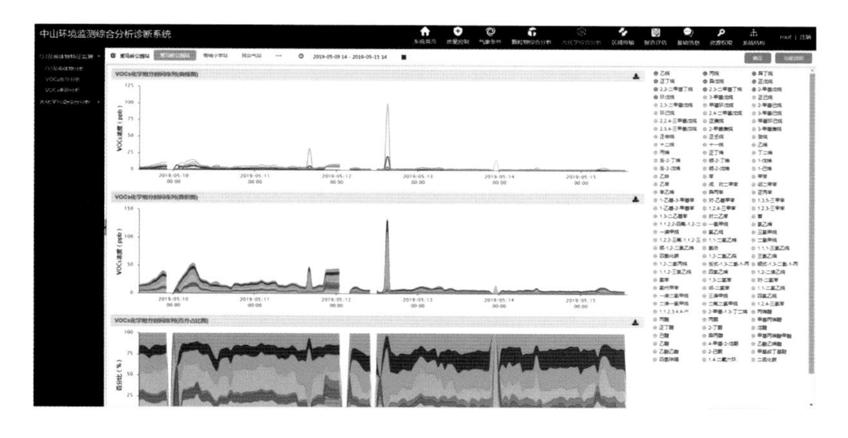

图 5-63　光化学综合分析 -VOCs 组分分析

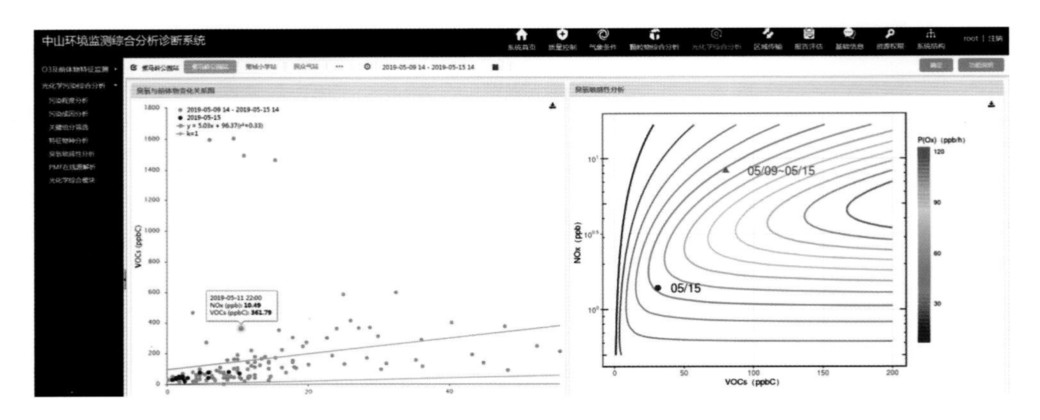

图 5-64　光化学综合分析 - 臭氧敏感性分析

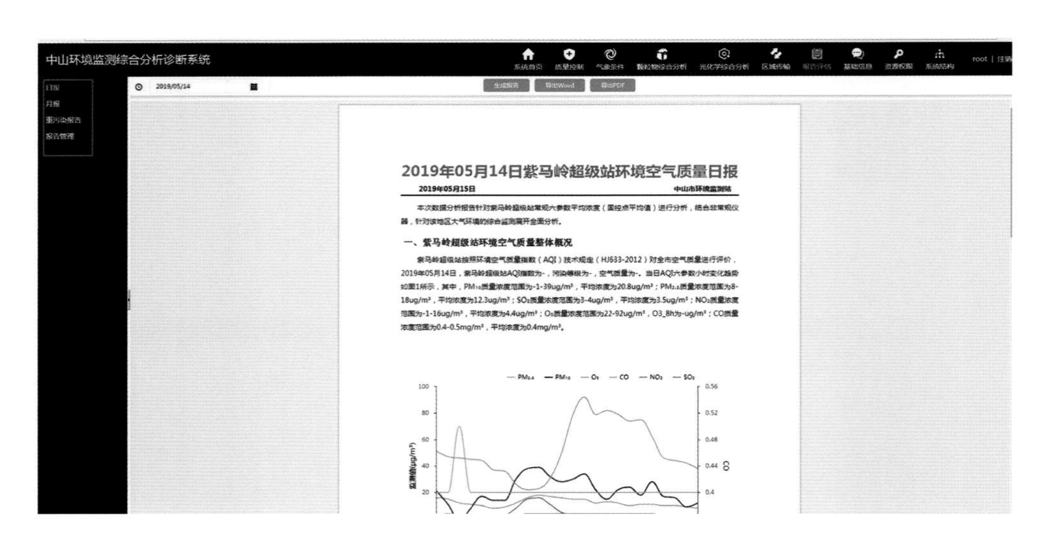

图 5-65　环境空气质量报告

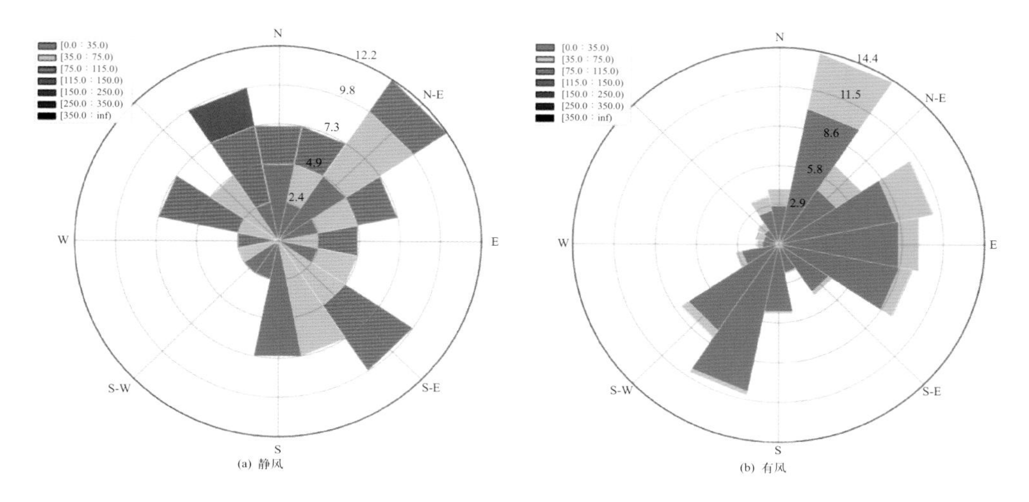

图 5-67　2020 年张溪站点风向和 $PM_{2.5}$ 玫瑰图

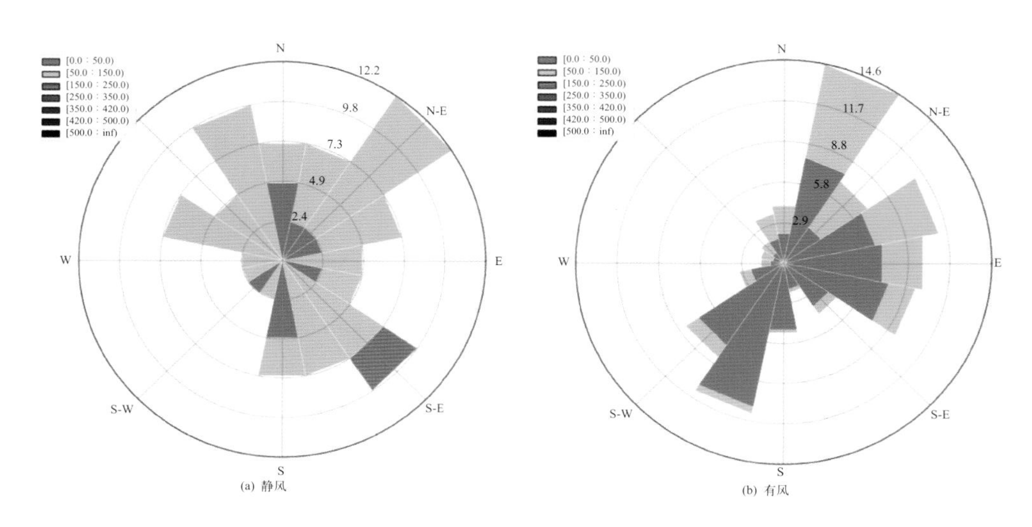

图 5-68　2020 年张溪站点风向和 PM_{10} 玫瑰图

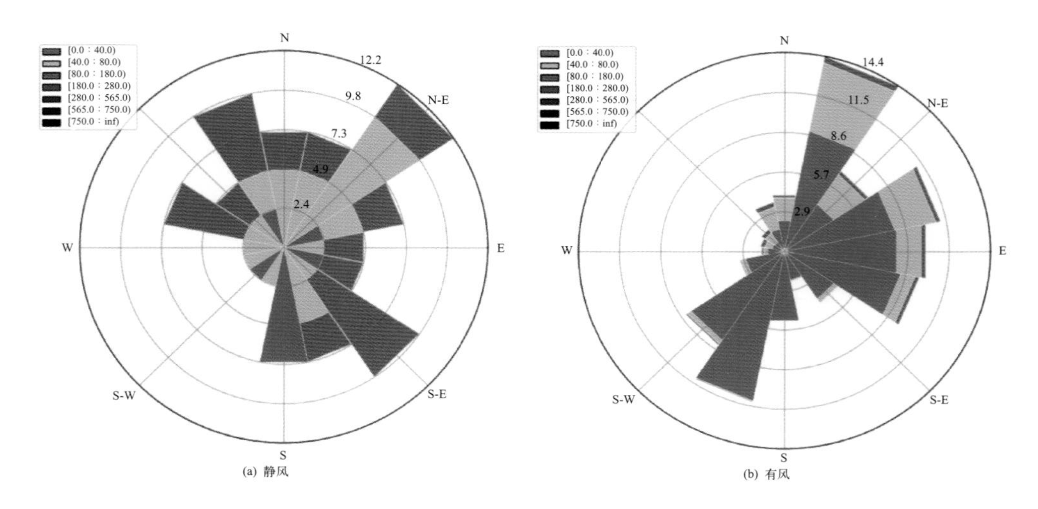

图 5-70　2020 年张溪站点风向和 NO_2 玫瑰图

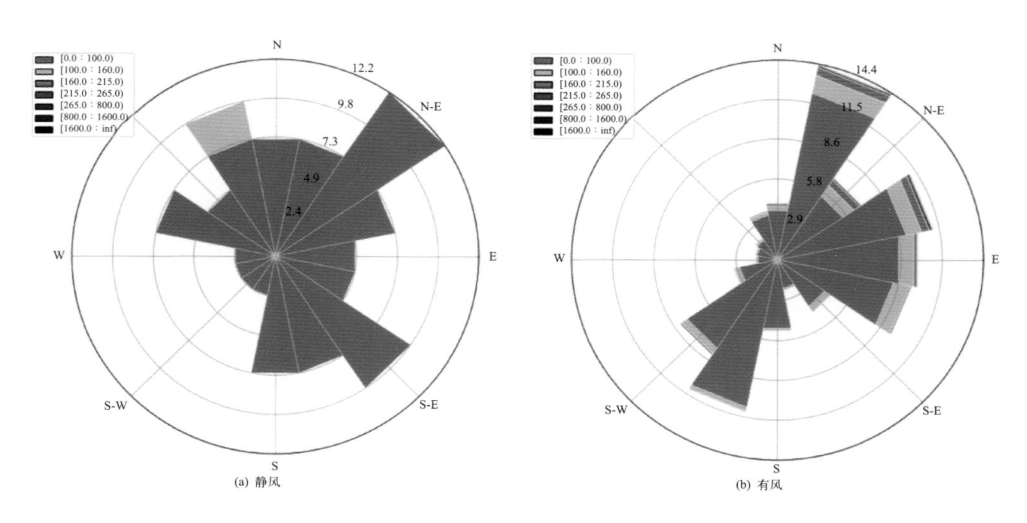

图 5-71　2020 年张溪站点风向和 O_3 玫瑰图

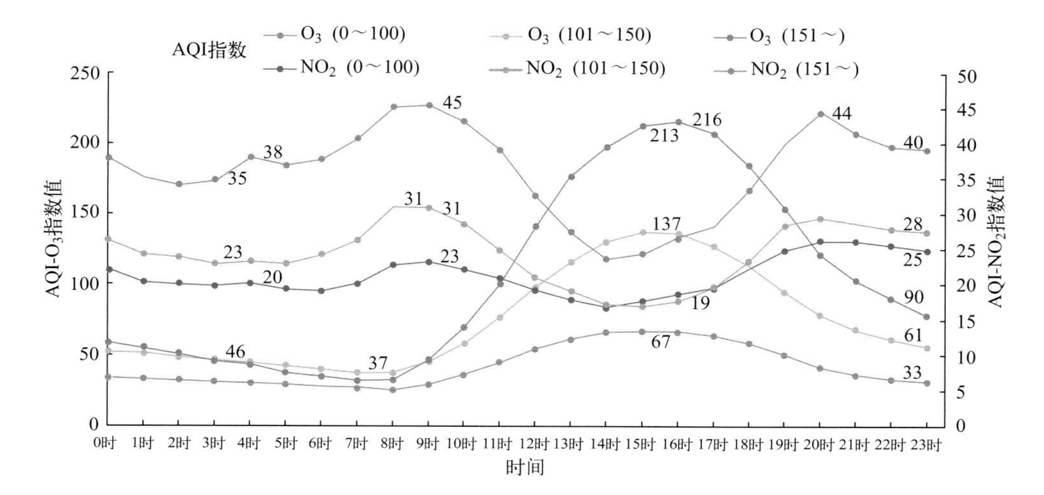

图 5-72　臭氧污染天分类统计

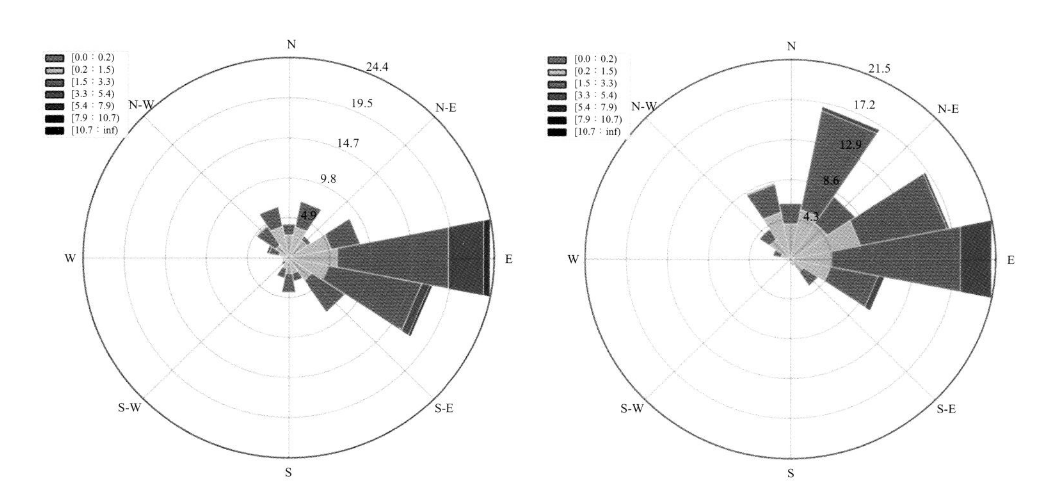

图 5-76　2019 年 2 月 11 ~ 19 日风向玫瑰图　　图 5-77　2020 年 2 月 1 ~ 9 日风向玫瑰图

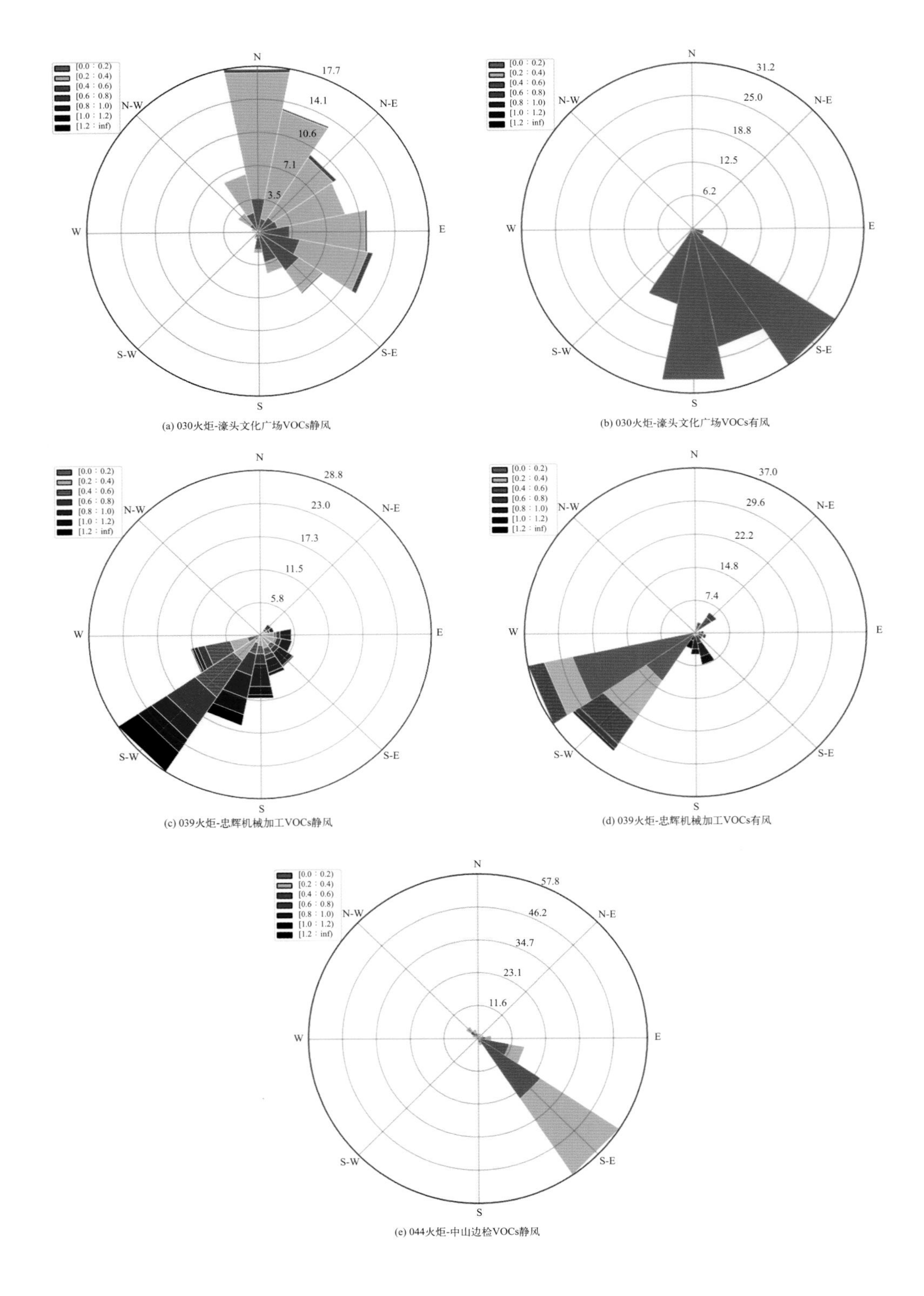

(a) 030火炬-濠头文化广场VOCs静风

(b) 030火炬-濠头文化广场VOCs有风

(c) 039火炬-忠辉机械加工VOCs静风

(d) 039火炬-忠辉机械加工VOCs有风

(e) 044火炬-中山边检VOCs静风

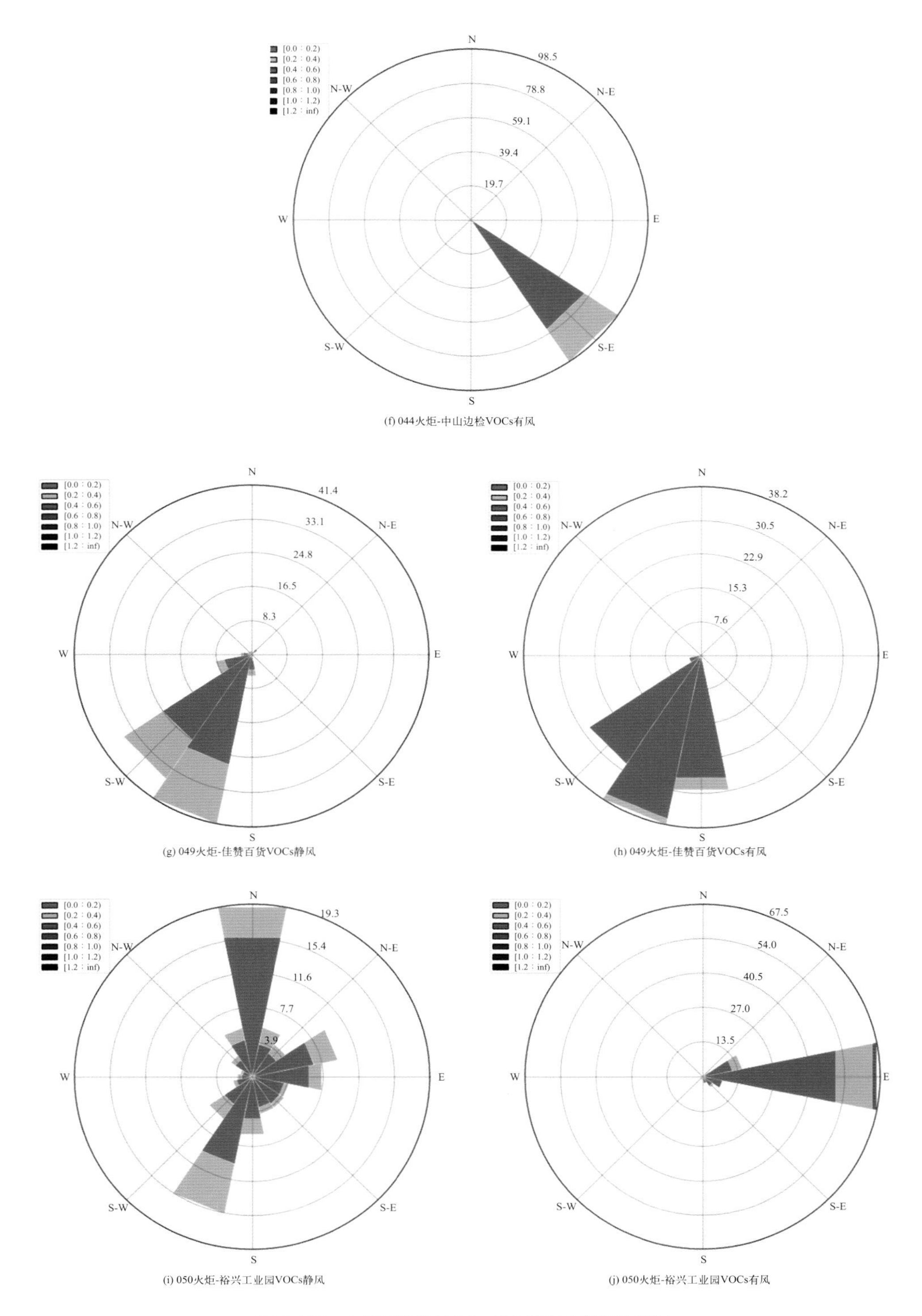

图 5-78　火炬区站点 VOCs 数据和风向数据玫瑰图

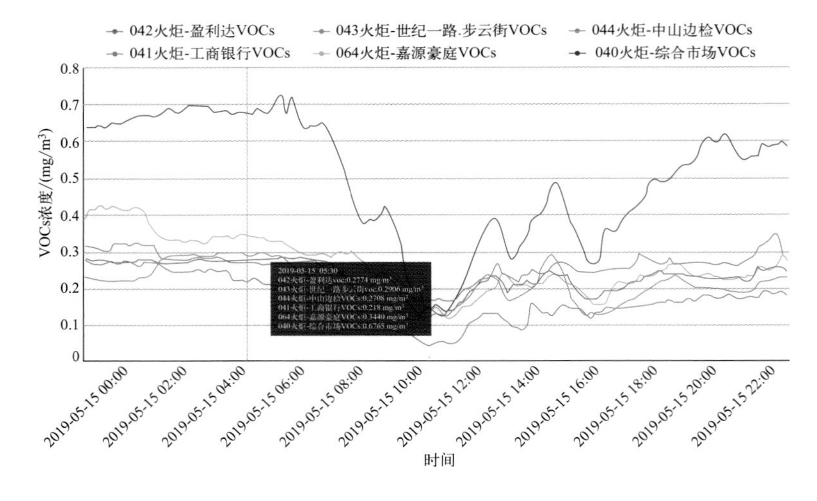

图 5-84　受到恶臭影响站点 VOCs 数据趋势图

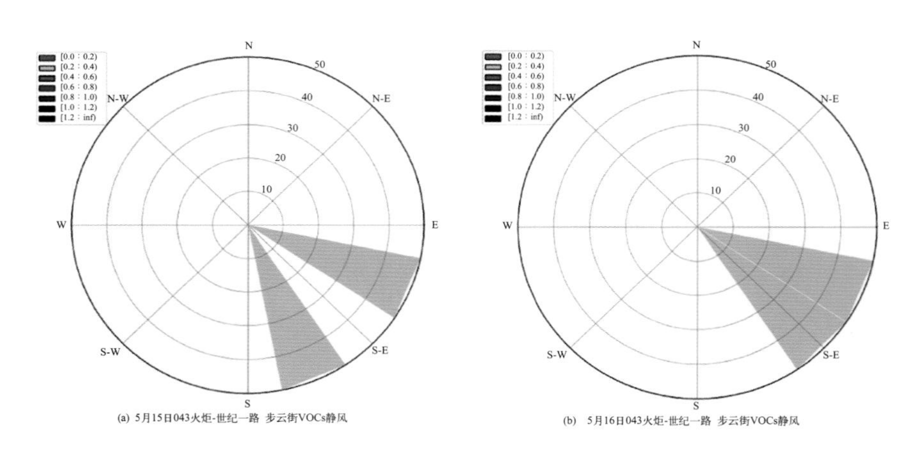

图 5-91　5 月 15 日、16 日 VOCs 浓度及风向玫瑰图

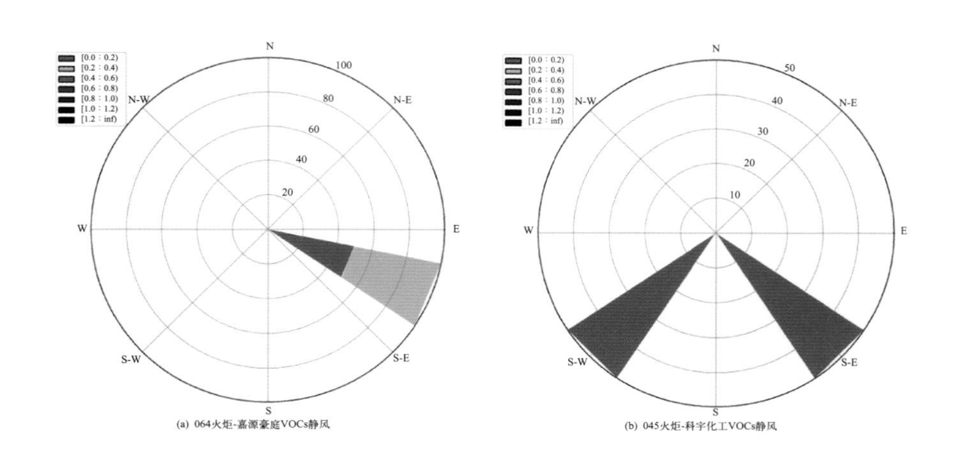

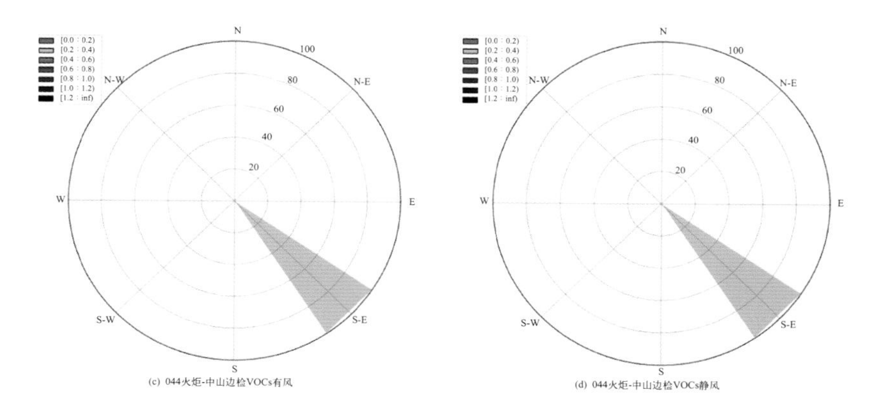

图 5-92　5 月 15 日其他站点 VOCs 浓度及风向玫瑰图

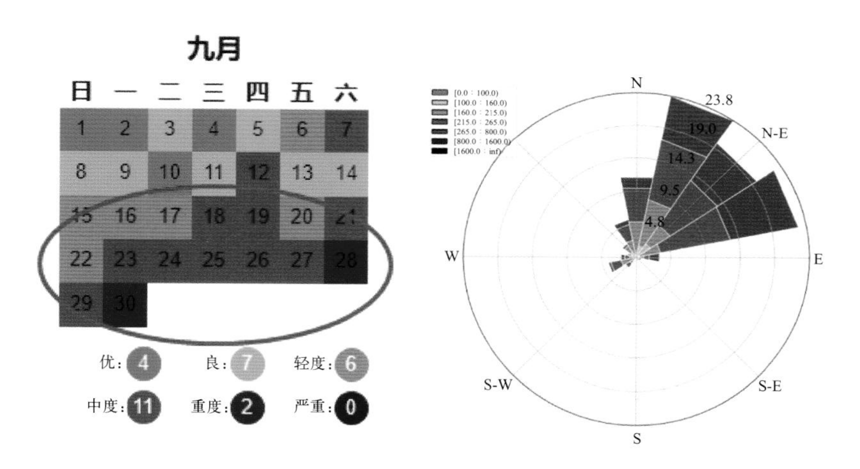

图 5-96　9 月份污染日历及风向玫瑰图

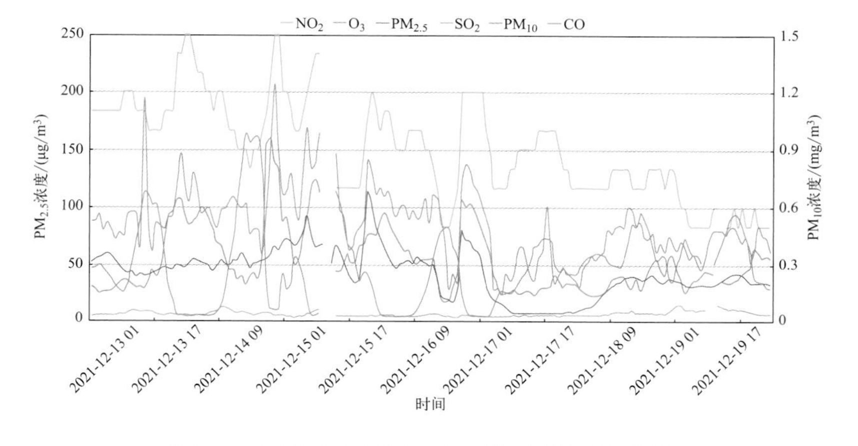

图 6-3　2021 年 12 月 13 ~ 19 日张溪标准站污染趋势图

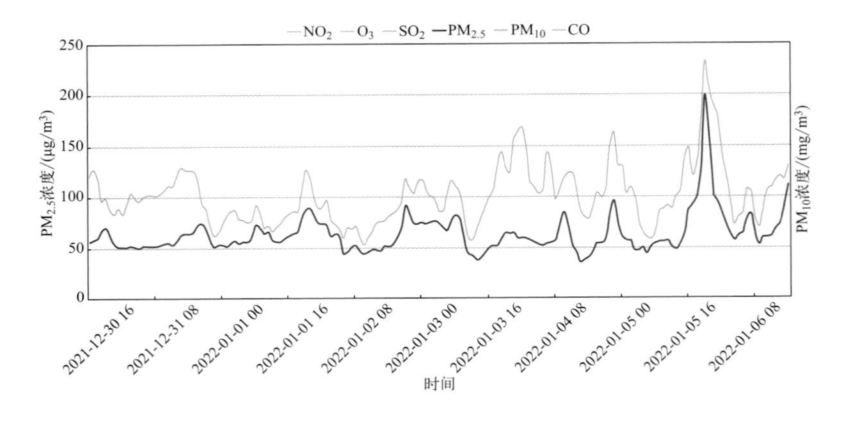

图 6-4　216 石岐 VOCs 颗粒物浓度趋势

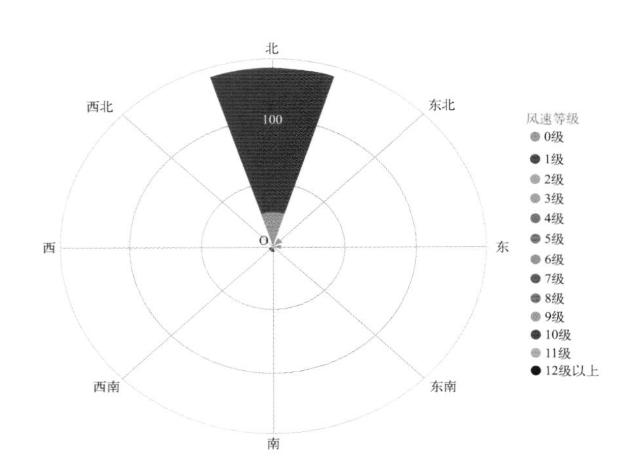

图 6-5　216 石岐 VOCs 风向玫瑰图

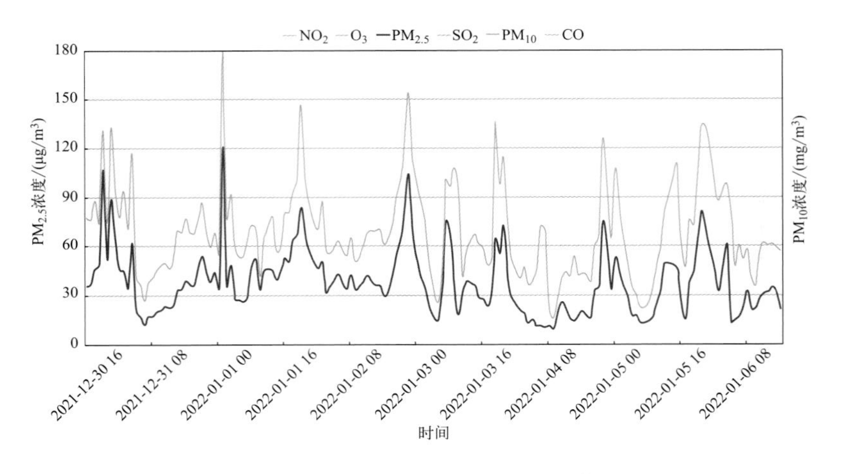

图 6-6　380 板芙 VOCs 颗粒物浓度趋势图

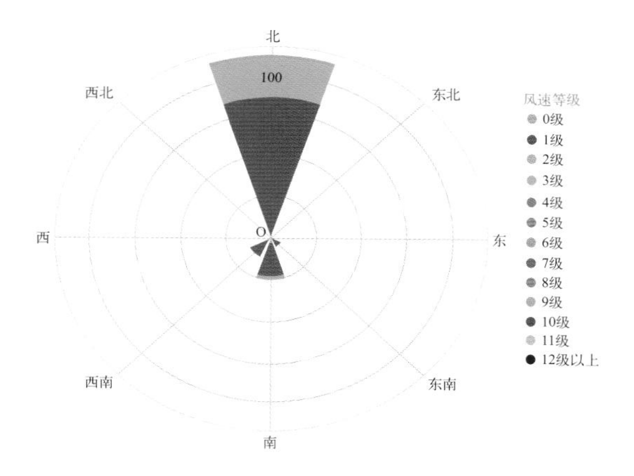

图 6-7 380 板芙 VOCs 风向玫瑰图

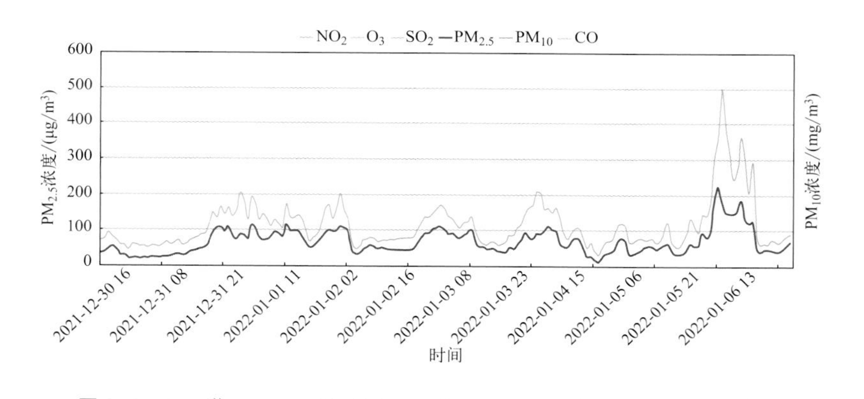

图 6-8 354 港口 VOCs 微型空气质量检测仪 PM_{10} 和 $PM_{2.5}$ 周小时浓度趋势

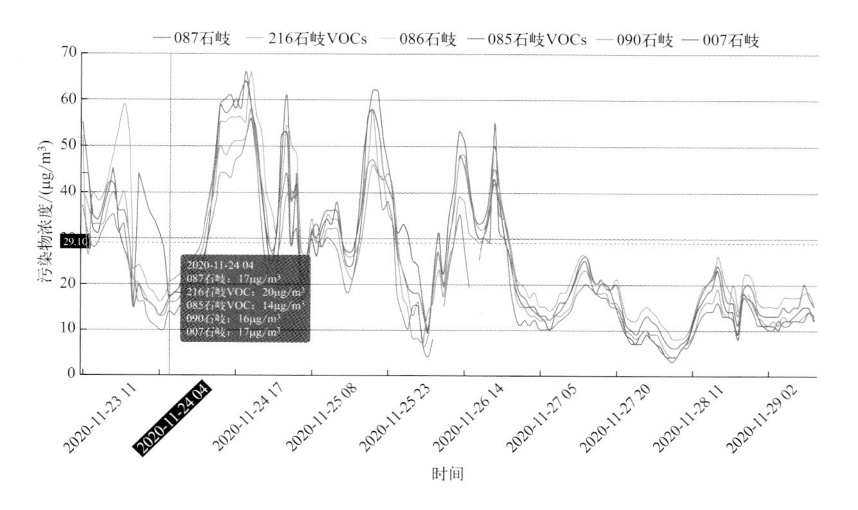

图 6-17 石岐区微观站 2020 年 11 月 23 ~ 29 日 $PM_{2.5}$ 趋势图

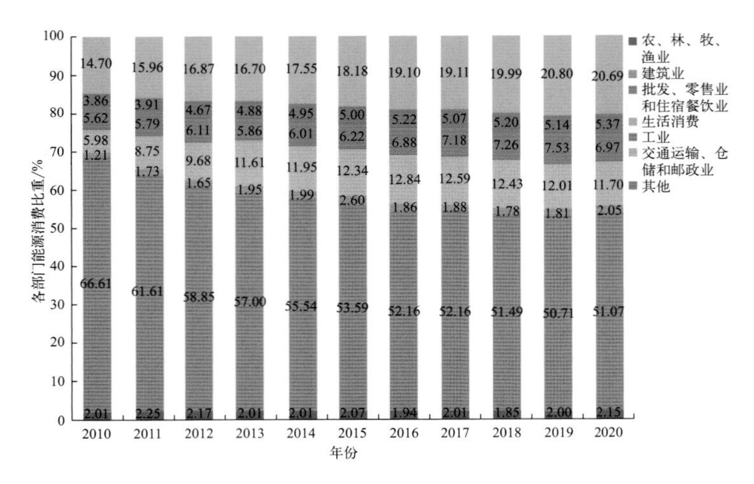

图 7-4　2010~2020 年中山市各部门能源消耗比重

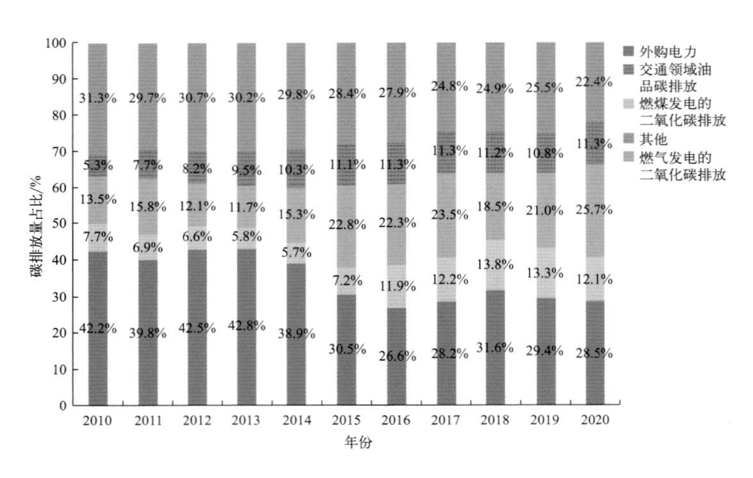

图 7-6　2010~2020 年中山市能源利用碳排放量占比

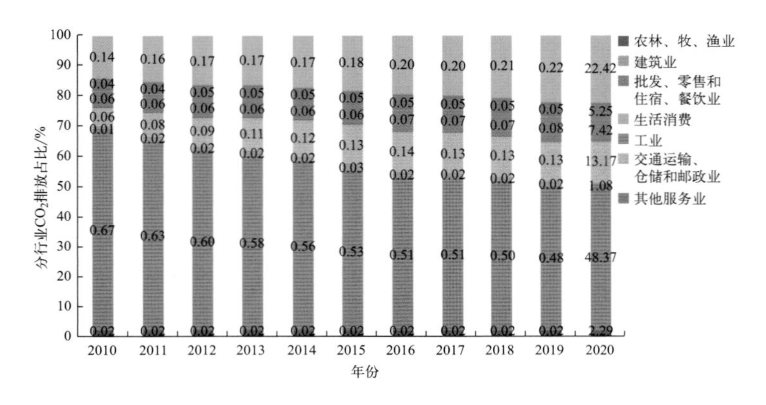

图 7-8　2010~2020 年中山市分行业二氧化碳排放占比